銀座

土地と建物が語る街の歴史

岡本哲志

GINZA

はじめに

銀座という言葉の親しみやすさ

「ギンザ」という言葉の響きに、日本人であれば誰しもが親しみを感じる。私が生まれ育った東京の西郊に、「〇〇銀座」と名のつく路線商店街があった。銀座とは比較にならないほどの小さな商店街だが、今も健在である。このような銀座は東京中、あるいは全国に分布しており、その数は五百近くあるとも言われている。そのために、多くの人たちはいつも身近に銀座があり、「ギンザ」という言葉の響きを日常的に受け止めていた。

だが本物の銀座となると、私は高校生最後の年になるまで一度も訪れたことがない。知り合いに「これは銀座の〇〇で買った万年筆だ」と言われても、憧れ以上の実感はなかった。子供のころ晴れがましい場として親に連れて行かれたのは、戦後ターミナル駅として急成長した新宿である。その後も、ここですべてがこと足りていた。本当はそのことが、銀座を訪れなかった大きな理由ではない。田舎臭さの残る新宿に比べ、ハイカラなイメージをもつ本物の銀座は、言葉の響きとまるで違う世界に思われたからだ。私のような東京の田舎者にとっては、いかにも敷居が高すぎた。

この親しみのある響きをもつ「ギンザ」の名は、貨幣が製造、検査されていた場所にちなんでつけられた。もちろん、これは日本一の繁華街・銀座の話である。徳川の時代、江戸には「金座」と「銀座」が置かれた。「金座」は日本橋に、「銀座」は銀座にあった。この「銀座」は寛政一二（一八〇〇）年日本橋に移されるが、記憶の片隅に「銀座」の名は土地と結びついて残ることになる。このことでいつも不思議に思うのだが、「金座」と結びついた日本橋が全国にその名を印していないことである。全国にも日本橋の名はあるが、この場合必ずしも江戸の大店が集まる日本橋にちなんでつけられたわけではない。一方、金座もその輝かしさから言えば、銀座より遥かに場所の価値を高める言葉のはずである。それでも、「きんざ」という言葉の響きから、商店街の活気や親しみを感じる人はいないのではないか。

だからと言って、「銀座」が商店街の象徴的な存在となったのはそう古い話ではない。せいぜい明治の終わり頃からである。そこにはどうも、「ギンザ」という言葉の響きと、銀座が日本独特の路線商店街を遥かに凌ぐ繁華街として、その魅力を築きあげたプロセスが絶妙にマッチしているように思える。

江戸時代、商業活動の中心は日本橋である。ここは、全国から集められた物資が隅田川を通って日本橋川沿いの河岸に集められ、圧倒的に経済力が集中していた。その日本橋の力は近代に入っても保持される。それに比べ、江戸時代の銀座は鎗や刀、日用品をつくる職人の町であり、華々しいスポットライトがあてられることはなかった。銀座の出発点がこのような庶民感覚の町であったからこそ、「金座」ではなく「銀座」が私たちの気持ちのどこかに親しみを抱かせるのだろうか。そして、煉瓦街建設以降の銀座は、独自の繁華街をつくりあげ、世界の人たちも知る所となる。そこには、商店街のサクセスストーリーがある。ひょっとしたら、銀座の生い立ちが、高級感だけでない、親しみやすさを感じさせるのかもしれない。そのことを肌で確かめるために、実際に銀座を訪れる必要があるようだ。

銀座の時空を旅する前に、ちょっと銀ブラ

日本人は旅好きである。だが街歩きとなると、一斉にトーンダウンしてしまう。日本の大都市には、西欧のように歴史的な古い建物群の残る街並みがないからであろうか。それでも、銀座には街歩きの代名詞でもある「銀ブラ」という言葉がある。ゆったりとした歩道、連続するショーウィンドー、そこを行き来する人たちもファッショナブルな服装で歩いている。高度成長期、大衆化した車が都市や商店街に洪水のように流れ込んできたが、銀座はいまでも歩いて楽しい街である。少なくとも、車を気にせず歩ける場所が多い。

新橋から京橋まで、少し気ままに銀座通りを中心に、ぶらりと「ギンザ」を歩いてみよう。銀座六丁目あたりの移り変わるショーウィンドーに目を向けていると、ビルの中にある通路に目が止まる。裏通りに抜けられるようになっていて、通路というよりは路地を思わせる。そこを抜けると、裏通り沿いのむかいのビルにもまたガラスのドア越しに通路があった。その両側には小割りされた店が並んでおり、さらに奥の道まで通り抜けできる。このあたりはまるでビルの中の路地が街をネットワークしているようだ。

このようなビルは、銀座七、八丁目に行けば、より多く立地している。そればかりではない。現在もむかしながらの雰囲気を伝える路地が多い。一歩中に入り込むと銀座通りとはまた違った世界が広がる。街の中の路地、ビルの中の路地。どう

して銀座にはこのような路地が多いのか、読者の方も不思議に思っていただけるとありがたい。このことは、街のしくみや建物の成り立ち、人々のいとなみの歴史と大いに関係がありそうだからである。それらを紐解くことで、別の視点からも現在の銀座が実に魅力的な場をつくりだしていることに気づくはずだ。

銀座の不思議は何も路地だけではない。銀座の裏通りには、銀座六丁目の朝日ビルディングなど、広い敷地に大きな建物が建てられていたり、小さな間口の店が軒を並べていたりする。もちろん銀座通りでも、ペンシルビルが建ち並ぶ一画があると思えば、デパートのように広い敷地を占める建物もある。銀座は建物の間口や大きさが一様ではない。路地裏に入り込めば、現在でも銀座一、二丁目や銀座七、八丁目の一角には小さな木造の建物が独立して、あるいは寄り集まるようにして建ち並んでいる。「どうして、大きい建物や小さい建物がバラバラに建っているのか」という素朴な疑問が浮かび上がる。

アムステルダムの中心部など、ヨーロッパの古い都市は建物の間口がほぼ同じ幅で、規則的に並ぶ。町並みの中に間口の広い建物がはめ込まれていたとしても、それは標準サイズの建物の二倍、あるいは三倍の幅である。複数の建物に代わって一つの大きな建物に建て替えられただけである。ところが、現在の銀座はそのような規則性がほとんどないように見える。ヨーロッパの古い町のように、建物の成り立ちだけでは、銀座の都市空間を明らかにできそうもない。

ただ、街の構造を知る重要な鍵は素朴な疑問の先に隠されていることが得てして多い。「西洋とは違い、土地が日本の都市の空間を規定しているのではないか」という別の考えが浮かぶ。それでは、土地と建物の関係から、さまざまな疑問を解き明かしてくれる銀座の本があるのだろうか。そのことを確かめた上で、この本が意図する方向性を示しておきたい。ただその前に、もう少し銀ブラを楽しむことにしよう。

銀座の大きさと身体感覚を体験する

銀座は幾度もの災害を経験している。それだけではなく、活発な商業活動の場を反映しているのだろう、銀座通りには古い建物を見かけることがあまりない。銀ブラも半分ほど来たところで、やっと戦前に建てられた服部時計店（現和光）のビルが目の前に全容を現わす。雑誌などで銀座の特集を組むと、必ずこの建物の写真が載る。今では、この和光の建物抜きに銀座を語れないほどの存在感がある。「このビルが無くなったら銀座通りの街並みや銀座のイメージはどうなるのだろう」と、心配する人も多いはずだ。この建物を見ていると、銀座がどのような建築の変容プロセスを経て現在の都市空間に至ったのかが気になりはじめる。そのことがわかると、和光の建物の存在感がどのあたりから来ているのかも探れそうだ。

見上げると時計塔が時刻を知らせている（図1）。銀ブラをしているこの銀座通り、真北に向かって京橋まで延びているわけではない。まっすぐなこの通りは、東側にほぼ四五度の角度で振れている（便宜上本書では京橋方向を北、新橋方向を南とする）。道行く人の視界からは隠れているが、時計塔には四つの同じ型をした時計が東西南北にはめ込んである。その一つ、交差点から見上げた面は、正確に南を向いている。碁盤目状の街に方向感覚を失いがちな私でもすぐに位置関係がわかり、助かる。

このようなグリッド・パターンでできた街となると、ニューヨークのマンハッタンがすぐ思い出される。ただし、銀座の一つの街区面積はマンハッタンの四分の一程度と狭い。これでは、将来ニューヨークの摩天楼のような超高層ビルが林立する都市景観になりそうもない。それではこの街区がいつごろできたのだろうか。この疑問は後のお楽しみなのだが、路地も含めて、銀座での街歩きを体験すると、車を意識した近代以降の空間づくりと違い、この街は思いのほか身体感覚にあった空間サイズであることが足裏に伝わってくる。

銀座四丁目の交差点からさらに五〇〇メートルほど京橋の方に歩くと、銀座通りを制覇したことになる。その全長は約一キロメートル強である。パリのシャンゼリゼ通りもほぼ同じくらいの長さであるから、街の散歩には短すぎもせず、かといって疲れもしないほどよい距離だ。ちょうどこの範囲に銀座煉瓦街が明治のはじめ頃つくられた。もうすこし詳しく言うと、煉瓦建築が建てられたのは、汐留川、外堀川、京橋川、そして三十間堀川に囲まれた場所である（図2）。現在それらの堀割は、三方が高速道路、残りの一方が昭和通りから銀座通り寄りに一街区入った宅地となっている。当時の明治新政府は、この範囲だけを煉瓦街にしようとしたわけではない。予算など、結果としてここだけが西欧化した街の風景となった。

銀座を囲っていた掘割は、江戸時代の初期にすでにできていた。銀座は三百年以上ものあいだ島としての歴史を刻み、その内側ではさまざまな生活のドラマが繰り返されていたことになる。江戸時代は、当然車社会ではなく、徒歩が中心である。この掘割で限定された都市環境は歩くことが基本につくられていた。銀座通りや路地を歩き回っていて、実に身体感覚にあった街だとつくづく感じるのは、もともとヒューマンな空間スケールをもちあわせていたからである。このことは、現在においても銀座のかけがえのない財産であり続けている。それでは、どうして江戸時代の空間のサイズなり、スケール感が今日の銀座に受け継がれたのだろうか。このことを探るのも、この本を読み進める上での楽しみの一つとなりそうだ。

図１　時計塔を持つ和光のビル（旧服部時計店）（1994年撮影）

図２　明治30年頃の三十間堀川と三原橋（『資生堂百年史』より）

土地と建物から都市空間を読む試み

このようにちょっと銀ブラしただけでも、銀座の特異性がいくつか浮びあがる。だが、今日の銀座がどのようにできたのかはまだはっきりしない。その歴史的背景がどこにあるのかを知りたくなる。

銀座は日本の街の中でも特に名が知られている。銀座を対象に書かれた本は数えきれない。それらは、路地や銀座で生活していた人々の様子、すでに失われた風景や建築、煉瓦街ができた背景など、さまざまな視点から実に活き活きとその場の情景を描きだしていて興味深い。たとえば、明治・大正期の街並みや建物、なりわいを克明に記した野口孝一氏の『明治の銀座職人話』（青蛙房、一九八三年）や瀬田兼丸氏の『遠ざかる大正　私の銀座』（新泉社、一九八六年）の本を手に、通りや路地を当時と比較して歩いてみると、変化してしまった風景が再現できるようで実に楽しい。

日本で最初に近代的な街並みとなった銀座の建設に関しては、川崎房五郎氏の『銀座煉瓦街の建設』（都市紀要三、東京都、一九五五年）や藤森照信氏の『明治の東京計画』（岩波書店、一九八二年）がある。『銀座煉瓦街の建設』では、煉瓦街建設の方針や建築に関する法律策定の経緯が詳しく述べられており、どのように煉瓦街がつくられたのかがわかる。いま一つの『明治の東京計画』は、官主導で西欧的な街の景観を整えていく街区や建築の計画について詳細に述べられており、街並みや煉瓦建築を空間的に把握することができる。さらに、この研究では計画段階から完成するまでの煉瓦街に携わってきた人々の動きを丁寧に追っている。完成した煉瓦街・銀座がその後発展するきっかけをつくった要因については、小木新造氏の「銀座煉瓦地考」（林屋辰三郎編『文明開化の研究』岩波書店、一九七九年）の研究がある。小木氏は、新聞社の立地とそこに勤める記者、そして当時ビジュアルな情報源であった錦絵の存在が重要であることを指摘し、これらの仕掛けによって銀座が注目されるようになったと述べており、興味深い着目点を示してくれている。

このような銀座の研究に対し、明治期や昭和初期の街並みの景観構造と建築の関係を新たな視点で論じた著述がある。初田亨氏の『都市の明治』（筑摩書房、一九八一年）と『モダン都市の空間博物学』（彰国社、一九九五年）は、市井の目線から鋭く時代を切り取り、新たな銀座像を私たちに伝えてくれた。そこには、和洋折衷した近代日本の建築の特性がよく示されている。また本書とも関連する土地に関しては、銀座の煉瓦街建設前後の土地所有の変化を扱った研究がある。それは、野口孝一氏の「銀座煉瓦街の建設と地主ならびに家屋所有者の状況」（東京都立大学都市研究センター編『東京　成長と計画　1868－

1988』一九八八年）である。煉瓦街建設で銀座の土地が激しく変化する状況を詳細に分析しており、銀座の土地所有の重要さを示した最初の成果である。

ここにあげたいずれの著書も、銀座のある時代を鋭く描きだした名著ばかりである。だが、これらの著書からは江戸の都市構造が近代以降の銀座の街づくりにどのように影響し、現在の大中小のさまざまな建物が寄り集まるユニークな都市空間をつくりだせたのかを明らかにできない。しかも、そのことを江戸から現在まで通して論じた銀座の研究なり著述もない。

詳細に銀座調査をした平成六（一九九四）年時点で、銀座には一一七五棟の建物があった。その九八％の建物が一つの敷地の上に建てられていた。銀座の建物を見て歩けば、敷地の形状もわかってしまうように思える。だからと言って、「どうして、大きい建物や小さい建物がバラバラに建っているのか」という素朴な疑問に答えたことにはならない。江戸時代には、土地と建物の関係が一対一ではなかった。それは今日とまったく異なる土地と建物の関係をつくりだしており、一つの敷地には複数の建物が建てられていたからである。

その後、銀座の敷地数は現在までに倍以上に増え、逆に建物の数は三分の一以下に減る。土地と建物を別々に研究しただけでは、都市空間が変貌するメカニズムをクリアーに描きだすことはできそうもない。むしろ土地と建物の関係を一体的に分析し、それを時代の比較で読み解いていくことが、先の素朴な疑問に対し、具体的に答えられる唯一の方法ではないかと考えるようになった。本書は、既存研究をベースにしながらも、現在の銀座をつくりだしてきた街のしくみ、都市空間の形成原理を土地と建物の関係から歴史的に解き明かそうとしている。全体の構成は、銀座の歴史を四つの章にわけ、各時代の土地と建物の関係性を一貫して重要な柱に据えて論じている。

第一章では、江戸時代における銀座で試みられた都市計画の特色をまず描きだすことにした。その上で、日本の近代都市計画の曙と言われた煉瓦街と江戸時代の都市構造とがどのようにかかわり、ユニークな銀座のしくみをつくりあげる結果になったのかについて、煉瓦街建設の経緯を辿りながら解き明かしている。さらに、新しくできた煉瓦街の何が、その後の銀座に大きな意味をもたらすことになったのか、その要因も探っている。

第二章では、明治期の銀座の土地所有とそこに建つ建物の関係に光をあて、都市がつくりだしている空間の特色を明らかにしている。その結果見えてきたことは、街の構造や敷地に建つ建物のあり方が江戸時代を色濃く継承し続けていたことと同時に、煉瓦街の建設が予想外のところで、現在の銀座の魅力に貢献していることである。さらにここでは、銀座に根ざし

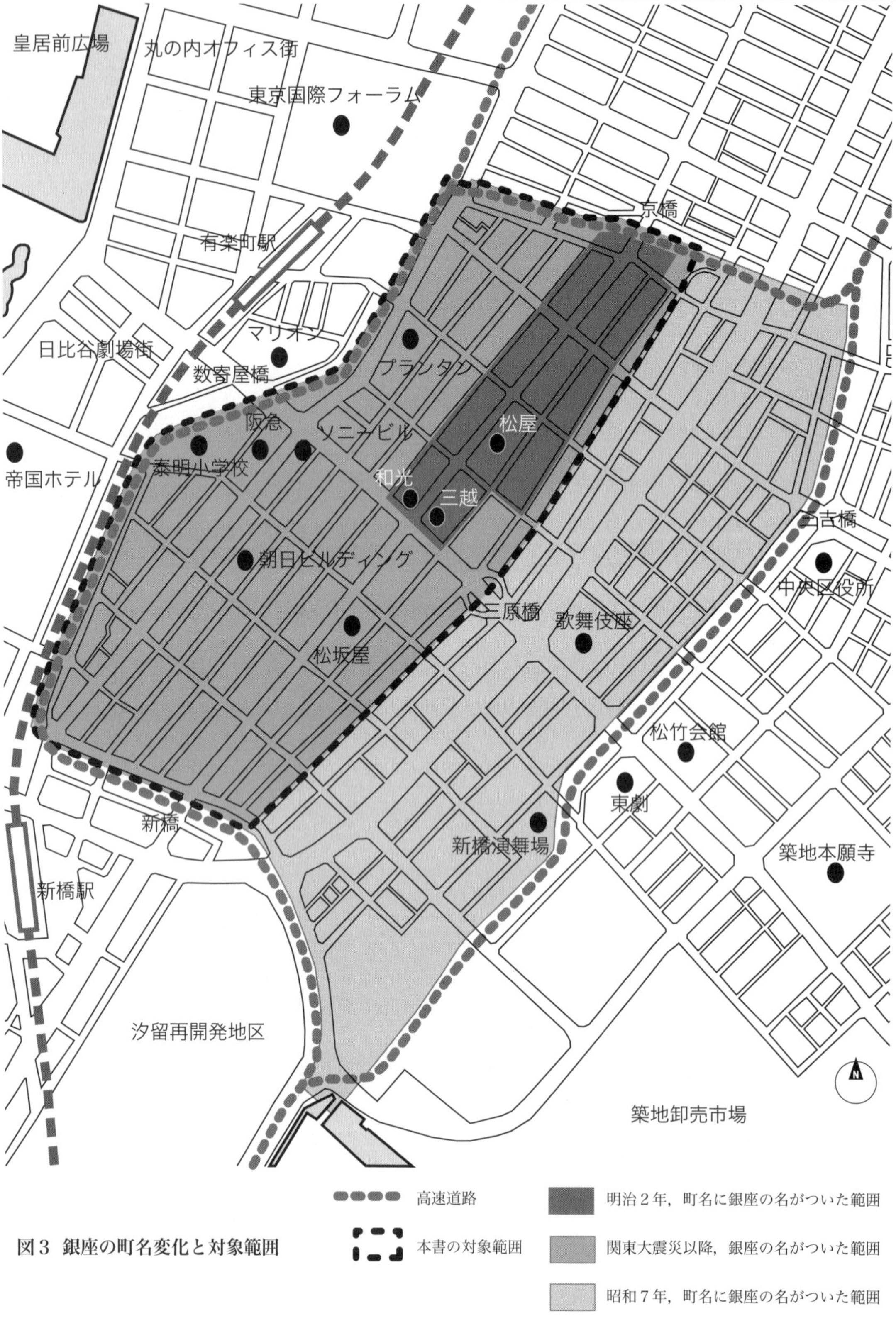

図３　銀座の町名変化と対象範囲

た人たちが官主導でつくられた街を民の力で鮮やかに震災復興した基礎となるさまざまな要因に触れている[1]。

第三章では、関東大震災後を語っている。ここでは、銀座らしい魅力的なモダン都市の空間をつくりえた背景に、江戸時代の構造を継承した土地と煉瓦街の新たな試みによりできた建物構成の原理とが深く係わっていることを明らかにした。その結果、昭和初期の都市空間は、今日の銀座が内在している多様性や重層性を花開かせることができたと論じている。

第四章（最終章）では、戦後から現在までの時代を扱っている。戦後の銀座は、近代以降の三度の大きな災害で、江戸時代と何の脈略もなくビル化してきたかに思われがちである。この章では、現在の銀座もまた、明治・大正期、昭和初期に新たな都市的要素を加えながらも、江戸以来の土地と建物の関係、煉瓦街の建築計画が現在まで連続した流れの中で展開されていることを読み解いた。そしてそのことが、実は将来の銀座のまちづくりの重要な視点であり、意味を持つことに触れ、今後のまちづくりのあり方にも言及している。

この本は、現在の銀座の行政界を意図していない。四周を掘割に取り巻かれていた内側を銀座の範囲とした[2]（図3）。あえてかつて木挽町と呼ばれた土地は含めなかった。戦後三十間堀川が埋め立てられ、銀座と木挽町の領域性が現在希薄になっている。だが、木挽町はやはり木挽町であって、固有の場所である。掘割で囲まれていた範囲の銀座が読み解かれ、そして今回対象とならなかった木挽町が別のかたちで描きだされてはじめて、行政界としての現在の銀座に意味を持たせることができると考えているからだ[3]。行政の思惑から外れたところで民官相互の意識が成熟してこそ、街も一つになる。そのことを頭にいれながら、銀座の時空の旅を皆さんとはじめることにしたい。

（1）　本書には、銀座の方々が登場する。本来であれば氏名に敬称をつけるべきところである。だが、本文中にはあまりに多くの人が登場し、煩雑になる恐れがあった。そこで、本書は銀座の方々の氏名の敬称をすべて省かせていただいた。ご理解をいただければ幸いである。

（2）　現在の銀座の地に「銀座」の名がつけられたのは、慶長一七（一六一二）年に駿府に設けていた銀座を当地に移したことに始まるのはよく知られている。

銀座という名が町の名前として地図に表われるのは明治に入ってからである。江戸の古地図を見ても銀座の名はない。ただ、銀座があったことから通称として新両替町一丁目から四丁目が銀座と呼ばれていた。正式には明治二年に銀座が町名となるが、それは銀座通り沿いの銀座一丁目から四丁目までである。西側は弓町、新肴町など別の名前で呼ばれていた。この四周を掘割で囲まれた町に煉瓦街が建設されたのは、明治五年から一〇年にかけてである。この時、西欧風の街並みを総称して銀座煉瓦街（地）と呼んだ。ただ地元の人たちは総称としての銀座ではなく、尾張町、竹川町など、本来の町の名前を使っていたので実態としての銀座ではなく、この場所を象徴する名として銀座が全国に知れ渡っていったのである。

関東大震災以降大幅に町名変更された時、行政界としての銀座（銀座西も含む）がはじめて四周を掘割で囲まれた範囲と一致する。さらに一〇年も経たない昭和七年に大銀座となった時には、木挽町が銀座東となり、銀座は二四丁に拡大した。行政界から言えば、木挽町を含めた銀座は七〇年の歳月が過ぎたことになる。

ここで論じられる銀座は、現在の町丁界としての銀座の範囲を対象地域とするものではない。かつて銀座が四周を掘割（汐留川、三十間堀川、京橋川、外濠川）で囲まれていた時代の銀座一六丁の範囲、すなわち銀座煉瓦街が建設された範囲である。

（3）　本書で扱う町名や通り名は、極力現在の名称を使っている。文章中は現○○通りとしているが、図版内は現在の通りの名称をそのまま記してある。

目次

第一章　和と洋が互いに輝く銀座——江戸・明治初期

GINZA

一　記憶から失われた時代

近代銀座の原風景

城下町建設期の都市計画

普段銀座を歩く時、この街がどのようにつくられてきたのか、そう考えて歩く人はあまりいない。ただ、何気なく銀座通りを散歩し、あるいはウィンドー・ショッピングしていても、それと直交する道路が規則的に通されていることに気づく人は多いはずだ。これらの道路に挟まれた街区一辺の長さを巻尺で測ると、約一一〇メートル強である。その一つを西側に折れ曲がり、並木通りまで行くと、先ほどと同じ距離を歩いたことになる。

実測に使う巻尺の他に、私が街に出る時欠かさず持ち歩くのが現在の地図と古地図である。今回は、江戸の建設が一段落した寛永期（一六二四〜四三年）の古地図を持参している。当時より現在の道幅がかなり広く、そのぶん街区の幅が狭くなっている。より正確に比較できるように、江戸の地図は現在の地図と重ね合わせることができる図につくり変えた（図1）。古地図はデフォルメして描かれているので、道路幅は他の史料を参考にした。その上でこの二つの地図を見比べると、面白いことに銀座通りと並木通りの間の街区がぴったりと重なる。このあたりは、実に三五〇年以上も前の都市構造がしっかりと残されていたのである。この街の成り立ちを詳しく知るには、江戸時代の初期まで遡る必要がありそうだ。

寛永期の銀座は、古地図から大通り（銀座通り）を軸に六〇間の正方形街区が整然と配置されていたことがわかる（図2）。この街区の大きさは、京都で発展したものを基本にしている。京間の一間が六尺五寸（約二メートル）であるから、六〇間は約一二〇メートルとなる。先ほど測った約一一〇メートル強の長さに道路の拡幅分を加えると、ほぼ同じになる。このようにして街区の配置が決まったところで、街区の中が整備される。表と裏の通り沿いの土地は奥行二〇間とし、四〜五間の間口（幅）を標準とした敷地に割っていく。この敷地一つの単位を「町屋敷」と呼ぶ。その後、表通りと直交する道（横丁）

図1　1994年と寛永期の銀座比較

注：ベース地図は1994年の建物状況を示している．
　　建物の名称は1999年の住宅地図による．

図2　寛永年間の街区と会所地

注：ベース図は明治５年の「第一大区沽券地図」をもとに作成した．
　街区と会所地，海岸線は寛永江戸図（豊嶋郡江戸之庄図）を参考にしている．

沿いも同様にして敷地が割られる。このような構成原理で街区を埋めていくと、中央にはどうしても「会所地」（未利用地）が残る。これは、通り側も横丁側も奥行二〇間にし、平等に敷地分配した結果である。この考えがまちづくりの基本単位として徹底していた。街区の敷地割りはこのようにできたが、町の組織は基本的に通りに面した両側、町屋敷で構成する六〇間×二〇間の二つのブロックがワンセットになり、一つの町が組織されていた（図3）。

　銀座は、四周を不整形な掘割に取り囲まれており、全体を矩形の街区で埋めつくすことができない。そのために、掘割沿いでは二つの解決策が特別に試みられた。一つは、形を歪ませても街区構成の基本を踏襲するケースである。これは三十間堀沿いに見られる。いま一つは、通りに面して短冊状に配置し、背割り線で振り分ける方法である。これは外堀川と南北方向の通り沿いに挟まれた街区に見られる。寛永期は、前者のように多少変形をさせても強引に六〇間の街区を銀座全体につくりだしていた。それでもはめ込めない場所だけ、後者のような短冊状の街区ができたのである。また、山下御門に至る道（現在のみゆき通りに相当する道路）も他と比べて特殊で、東西方向の横丁に沿って短冊状に敷地が割られている。当時武家地に入る山下御門へ向かう道が重要視されてい

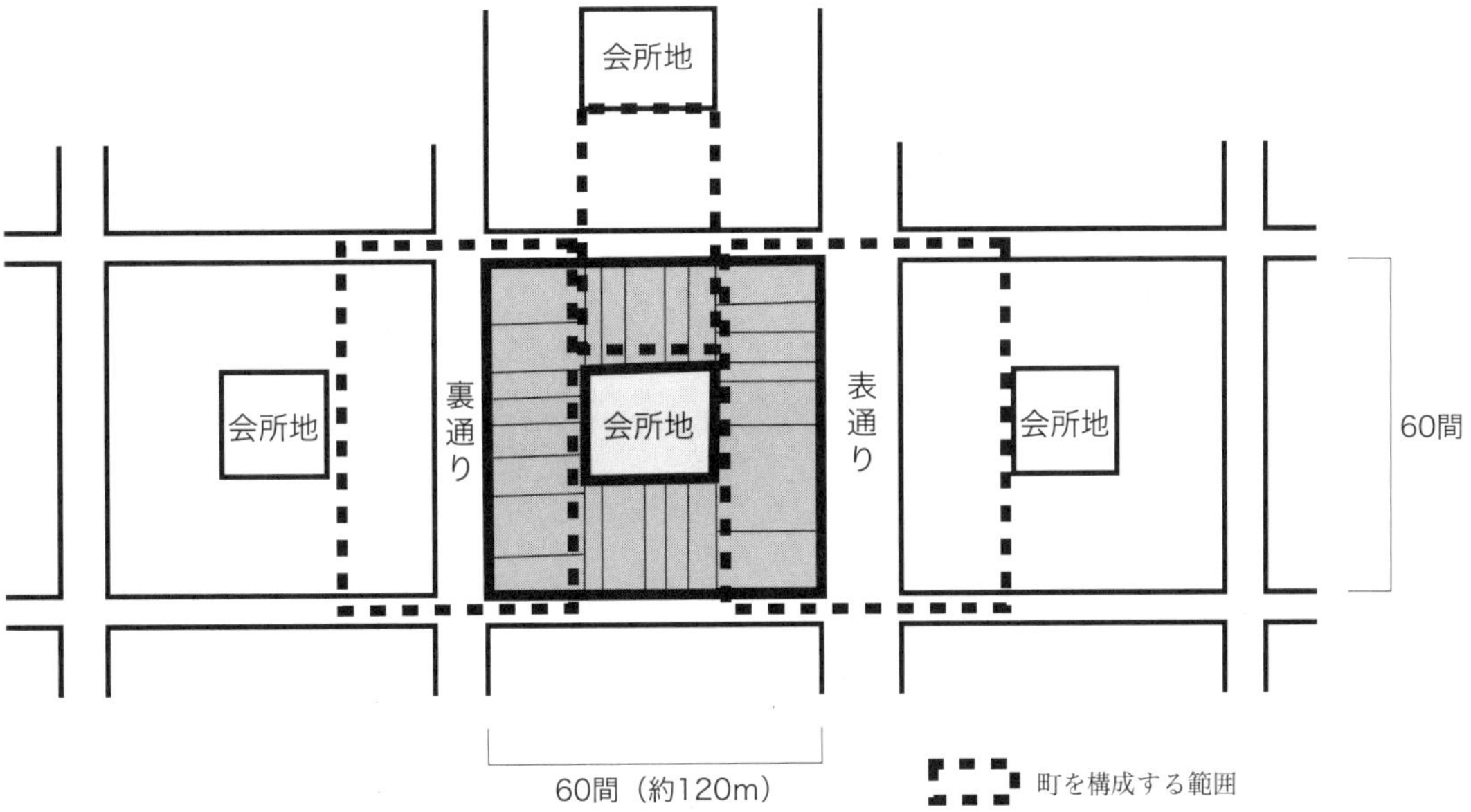

図3　街区と町割りの関係

たと考えられる。

もう一度古地図をとりだし、実際の場所に立って現状を確認してみよう。行き先は、銀座通りの西側以外に正方形の街区がしっかり取られていた銀座七丁目、外堀通りに沿って戦前に建てられた電通銀座ビルのあるあたりである。現在の外堀通りは銀座通りと同じ約二七メートルの幅を持つ。この広い通りを意識しすぎると、江戸の構造が見えてこない。ただ、目の前にある通りを視界から消すことは難しいので、地図上から外堀通りを一度消してみよう。そうすると、並木通りと数寄屋橋通りの間が六〇間の街区として浮き上がってこないだろうか。

目の前の外堀通りがいつどのように通されたのかが気になるが、その前に銀座通りの東側も一度歩いておきたい。それは、銀座通り以東は現状が寛永期の地図と大きく違っているからだ。現在は、古地図に描かれていない、あづま通りと銀座三原橋通りの二本の道路ができている。さらに三十間堀も埋め立てられているので、歩いただけではもとの街区の構造を簡単に読み解くことは難しい。このような時、年代が異なる古地図との比較が有効となる。江戸の古地図は数が多い。その中で、延宝年間（一六七三〜八〇年）から文久年間（一八六一〜六三年）まで、約二〇〇年の変化のわかる『江戸城下変遷図集（御府内沿革図書）』（原書房、一九八五〜八七年）が大いに役に立つ。これを使って、寛永期以降どのように銀座の街区が変化したのかを確かめることにする。

明暦大火後の都市再編

明暦の大火（一六五七年）後、江戸は大規模な都市改造が試みられた。延宝年間の古地図は寛永年間のものと比較すると、街区や道の付けられ方に大きな変化が見られる。銀座もこの間に都市計画が新たになされていた。その違いを詳しく調べると、周辺の環境に合わせながら、五つの異なる整備が行なわれていたことに気づく（図4）。

最初に取り上げる変化は、大通り（銀座通り）の西側一帯である。先ほど街区を測った場所にあたる。この第一の整備は街区の形状に手をつけず、道路の新設が中心であった。大通りから二〇間奥に入った敷地の背割り線に沿って、一本道を通している。さらに裏の通り（並木通り）側にある敷地の背割り線の所にも、一部の街区では細い通路を設けている。

明暦の大火以降の江戸は、都市が再整備されると同時に、人口が急増しはじめる。街区の高密度化が進行し、都市環境の

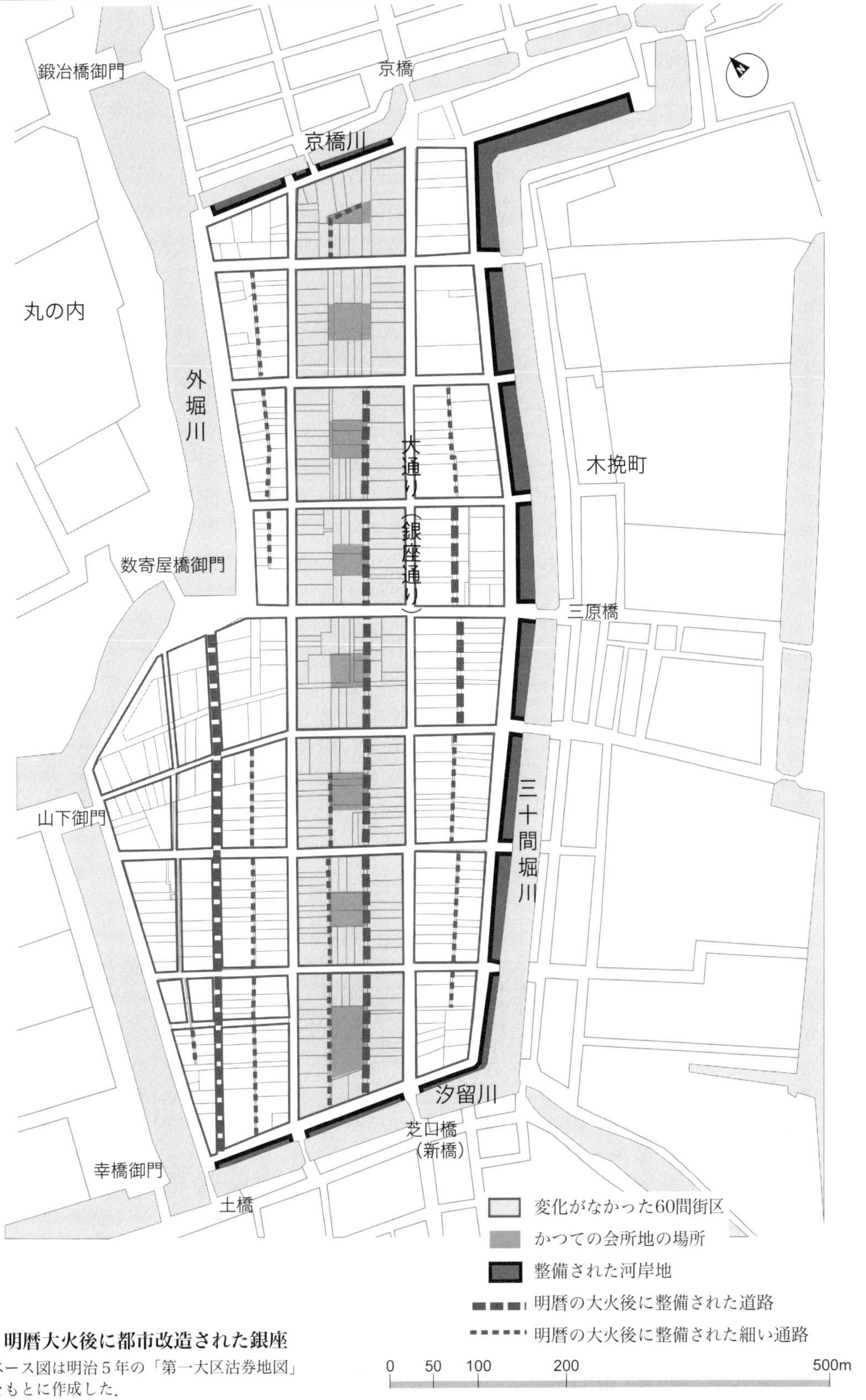

図4　明暦大火後に都市改造された銀座

注：ベース図は明治5年の「第一大区沽券地図」をもとに作成した.

悪化が深刻化する。それを回避する一方策が、街区の内側に道路を通し、未利用地である会所地を計画的に宅地として高度利用することであった。そのことによって、会所地内は東西方向に敷地が割られる。ただ、一つ一つの敷地は標準的な町屋敷の規模より大きく、横丁側の敷地に集約されるケースもあった。

　元禄年間頃までには、金春通りなど現在の裏通りの原形がすでに一部できあがり、大通り沿いにある表店の裏側が住宅や長屋だけであった町屋敷内部の空間構成は変化する。街区内の道が整備されることで、裏通りに面しても店をつくることが可能になった。その結果、通りの表と裏に店が並び、町屋敷の中央に路地が通され、それに沿って長屋を配する町屋敷の空間構成が完成する（図5）。ただ元禄頃までに、京橋から芝口（新橋）までの街区すべてにこの裏通りがつけられたわけではない。京橋寄りの二つの街区に裏通りがつけられたのは、その後一八世紀に入ってからである。京橋川の銀座の対岸沿いには、大根河岸があり、大根などの野菜を荷揚げする河岸があった。一方銀座側も、他の街区とは異なり、舟運を活用した土地利用となっていた。河岸の背後にある街区はそれに関連する業種の店が占めており、緊急に街区内部を再整備して生活空間にする必要がなかったと考えられる。

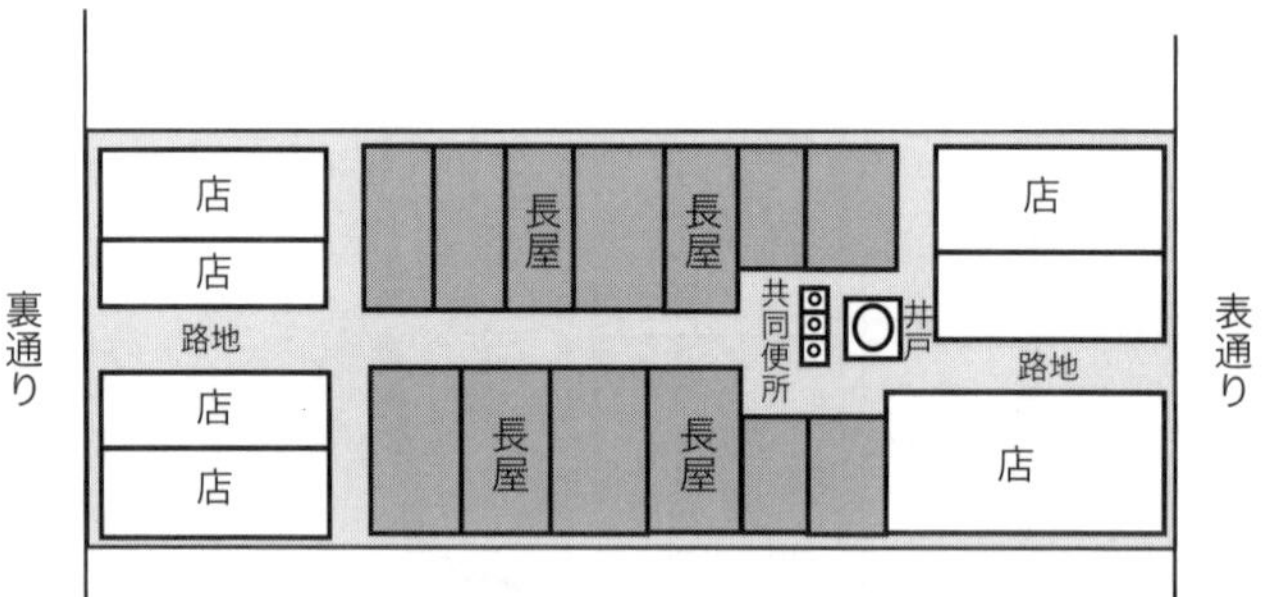

図5　町屋敷の概念

注：この概念図は内藤昌氏の『江戸と江戸城』の図版をもとに作成した．

第二の整備は、外堀川沿いの数寄屋橋以北にある短冊状の街区である。ここも第一の整備同様、街区に変化が見られない。わずかに町屋敷の背割り線に沿って、細い道路が南北に通されただけである。それは、城を火事から守るために外堀川沿いが河岸機能から空地としての役割に大きく変化したからである。これらの街区は大通り（銀座通り）側から見ると周辺に位置するようになり、その機能を大きく変化させて発展することがなかった。

第三の整備は、三十間堀川沿いの街区である。この掘割沿いには、河岸地が新しく設けられた。城下町建設期、江戸の湊は幕府が主導する共同の荷揚げ場が主体であった。寛永期の京橋には掘割が幾重にも入り込んだドックのような港湾機能がつくられていた。しかし江戸城建設や市街地の整備が一段落すると、各々の掘割沿いは町人が物資の荷揚げや保管倉庫として利用できる河岸となる。個々の商業活動に湊の利用目的の主眼が変容するなかで、三十間堀川沿いの街区構成が大きく変化した。掘割沿いが物流機能として整備されたことにより、大通り（銀座通り）沿いの敷地を除き、街区内の敷地割りも再編する。河岸の用地として失われた分を調整するためである。街区内は、横丁に面して割られていた敷地と中央にあった会所地が取り除かれ、河岸地沿いの裏通り側は短冊状の町割りにつくり変えられた。その結果、これらの敷地は道路を隔てた河岸地と対応できる空間構造となり、三十間堀川沿いは舟運と結びついた産業の立地が可能になった。このあたりは煉瓦街建設以降も、回漕や倉庫業、工場が多く立地しており、江戸時代舟運と深く結びついた土地柄であったことを示している。

第四の変化は、山下御門以南から土橋にかけてである。ここでは、第一にあげた変化のように、敷地の背割りに沿って路地的な道を通すことはしていない。街区の一辺をなす通り（並木通り）に匹敵する道路（外堀通り）を新たに整備したのである。これによって、山下御門に向かう道以外は、この通りに面して敷地割りされ、再編成する。また、かつて街区の一辺を構成していた道はそのまま残された。だが、通りが新設されたために、こちらが逆に路地的な役割を果たすようになる。現在拡幅されて広くなっている数寄屋橋通り、銀座八丁目にあるＮＴＴ銀座ビルの裏にある路地は、寛永期に街区を構成していた当時の通りである。

最後に取り上げるのは、現在の晴海通りとみゆき通りの間の街区である。元禄年間（一六八八〜一七〇三年）には山下御門から三十間堀にかけての尾張町一帯が火除地となり、一時このあたりは更地となる（図6）。その後の宝永年間（一七〇四〜一〇年）になり、再び宅地化が許され市街化する。大きな変化が見られたこの一帯の街区は、他と明らかに異なる道のつけられ方をする。かつての火除地と宅地の境界には東西に新しい道を一本通している。主要な通りの裏側に道ができたことで、

図６ 江戸時代（元禄以降）に新設した道路と会所地

注：ベース図は明治５年の「第一大区沽券地図」をもとに作成した．

第一に取り上げた街区と同じように、ここも裏店を持つ町屋敷の構成となる。このことで東西方向の道路軸がますます強調され、山下御門との関係を深めていく。ただし現在、この裏道の痕跡はまったく残っていない。それは、明治初期の煉瓦街建設の時、すべて宅地に転用されたからである。

江戸時代の銀座は、このような幾度かの都市整備と街区の再編を経て、一九世紀はじめ頃に一段落する。その後は、ほとんど変化することなく幕末を迎える。

衰退する幕末の銀座

元禄期には、地方から江戸に多くの人が流入し、町人地に集中する。江戸は一〇〇万とも、一五〇万とも言われる人口を抱えていた。この時期の銀座は、恵比寿屋（島田組）のような大店が表通りに面する大きな敷地に店を構えることもあったが、ほとんどは二、三間ほどの間口の店が通り沿いに並び、裏通りには職人たちの仕事場と住まいが集まっていた。銀座は明治期の町名にも残っているように、鎗や刀、染物などの職人が多く住む町であった。

一方、表店と裏店に挟まれた内側には間口が九尺（約二・七メートル）、奥行きが二間（約三・六メートル）程度の長屋が寄り合うように軒先を連ねる。そこには小商人や職人、日雇い労働者や浪人など、さまざまな境遇の人たちが生活をしていた。なかには、かつて表店で活躍した商人が住む一戸建の隠居場もあった。路地には井戸やゴミ捨場、便所といった共同の施設があり、それらは住民たちが生活する上での核となる。また、これらの施設とともに商売繁盛を願う稲荷が路地や建物の片隅に置かれていた。

銀座一丁目の路地裏を歩くと、現在も生活の場となっている所がまだ残されている。そこを抜けて行くと鉢植えの植物が所狭しと置かれていたりする。江戸時代と違うのは、生活の場がほんの一握りだけとなっていることだ。住民が減少し、路地裏の生活の核になっていた施設も現在見ることはできない。だが、いくつかの路地には稲荷がまだ健在である。路地づたいに並木通りまで出ると、その角には立派な銀杏の木とともに朱色に塗られた幸稲荷の祠が祀られている。すでに江戸時代とまるで違う光景なのだが、雰囲気は充分に感じ取れる。想像を逞しくして、当時の生活の様子を考えながら歩くには、絶好の場所である。

江戸時代の銀座の都市や建築を知る手がかりとなる史料はきわめて少ない。銀座の町の様子や風景を描いたものは、江戸後期に長谷川雪旦、雪堤親子の挿絵が載る『江戸名所図会』がある。それも数百点にものぼる絵の中で、新橋一帯、尾張町の辻、金六町にあった「しがらき茶店」の内部を描いた三点だけである。それが当時の銀座の雰囲気をわずかに伝えてくれている。また文献としては、野崎左文が編集した『私の見た明治文壇』（春陽社、一九二七年）に、江戸時代末期の銀座の様子を近代東京になって追想した新聞記者・田島任天（象二）の文章が載せられているくらいである。これらの乏しい史料からは、江戸時代の銀座の都市風景を鮮明に描きだすことは難しい。

彼の追想文には、幅員が六間（約一〇・九メートル）の大通り（銀座通り）と武家地に通じる山下橋を結ぶ通り（みゆき通り）が幕末でも多少の賑わいがあったと記されている。この二つの道が交差する場所に江戸時代の大店・恵比寿屋（島田組）があった。『江戸名所図会』には、この恵比寿屋と並び、亀屋の立派な店構えと、江戸中期に新設した道路が描かれている（図7）。大通りでも、新橋付近まで行くと尾張町あたりの店構えのしっかりした町並みは消え、板で葺き蠣殻を載せた粗末な建物が並ぶ。しかも、大通りを外れると一間半（約二・七メートル）にも満たない道で占められていたと書かれている（図8）。

現代人の感覚からすると、この一間半という道幅はいかにも狭く感じる。実際にこの道の広さを現在の銀座で体験するには、お薦めの路地が二つある。その一つは先ほど通った幸稲荷のある銀座一丁目の路地である。もう一つは、宝童稲荷のある銀座四丁目の路地である。並木通りの東側の街区にあるが、わかりにくいので、訪れる時は注意した方がよい。これらの路地からは、当時の一般的な裏道の雰囲気が感じ取れる。大通り以外の道は街道ではないから、人が行き来し、ときに荷車がすれ違いながら勢いよく通り抜けるには充分な幅である。火事の延焼を考えなければ、現在のようにビルの谷間にあるわけではないので、当時人が歩くには狭くもなく広くもなく、心地よい空間であったのではないか。

江戸時代の銀座は、今日の状況と違い、江戸の中で特に賑わいのある場所ではない。それでも、多くの商人や職人が働き、さまざまな人たちが住む生活の場であり、日常の暮らしの活気はあった。このような銀座に変化が訪れたのは、安政元（一八五四）年である。この年、江戸幕府は諸外国に主要な港（湊）を開港する。その後、諸物価が騰貴し、江戸の各店ではさまざまな商品が品薄になりはじめ、打ちこわしが頻発した。また、尊攘派・倒幕派浪士による富商へのテロ行為などもあり、江戸の商人たちは店を閉ざし、故郷へ帰るものも少なくなかった[1]。

『中央区史・中巻』（東京都中央区役所、一九五八年）に載せられている万延元（一八六〇）年の記録には、銀座が廃墟化してい

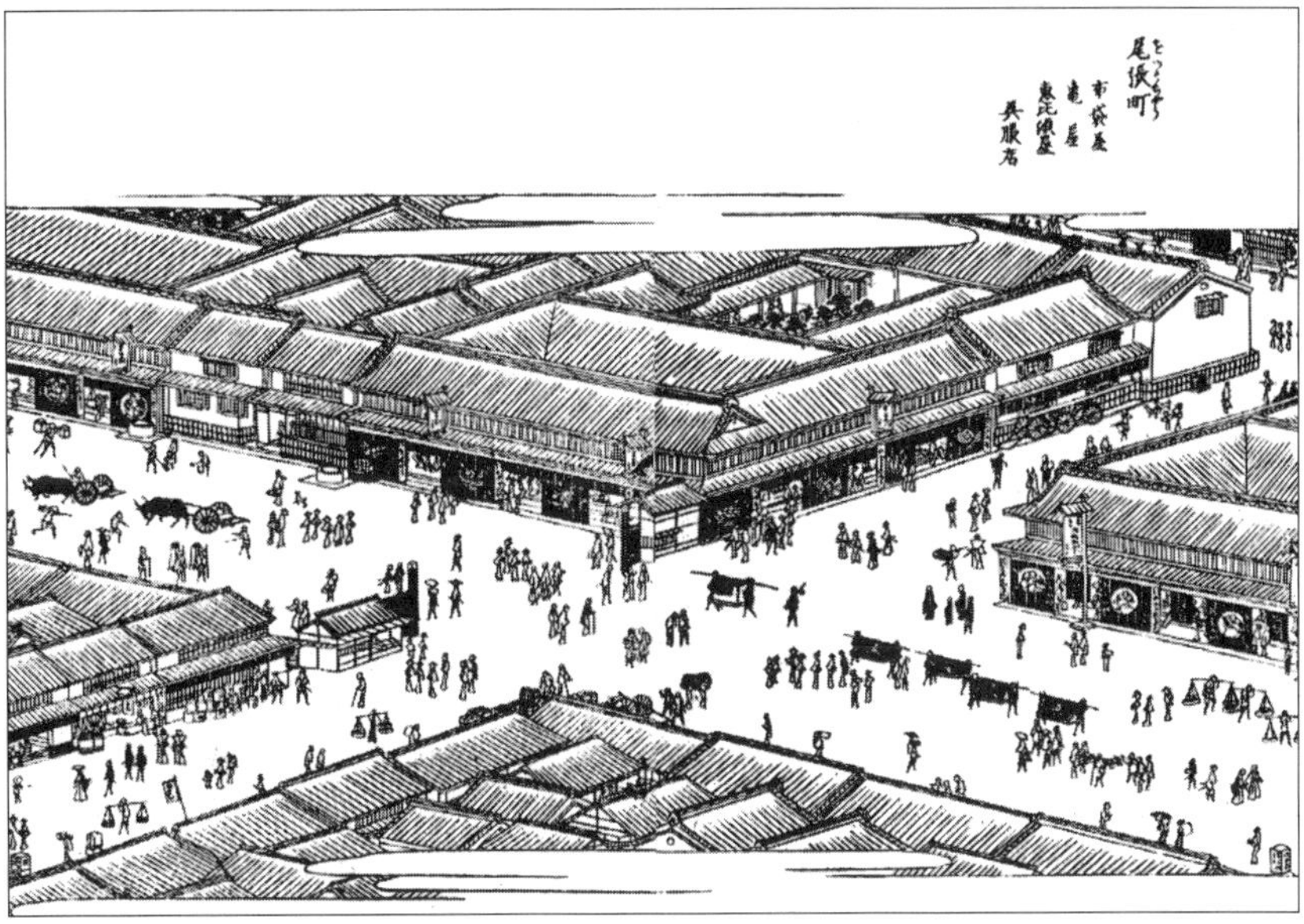

図7　賑わいがあった尾張町の辻（『江戸名所図会』より）

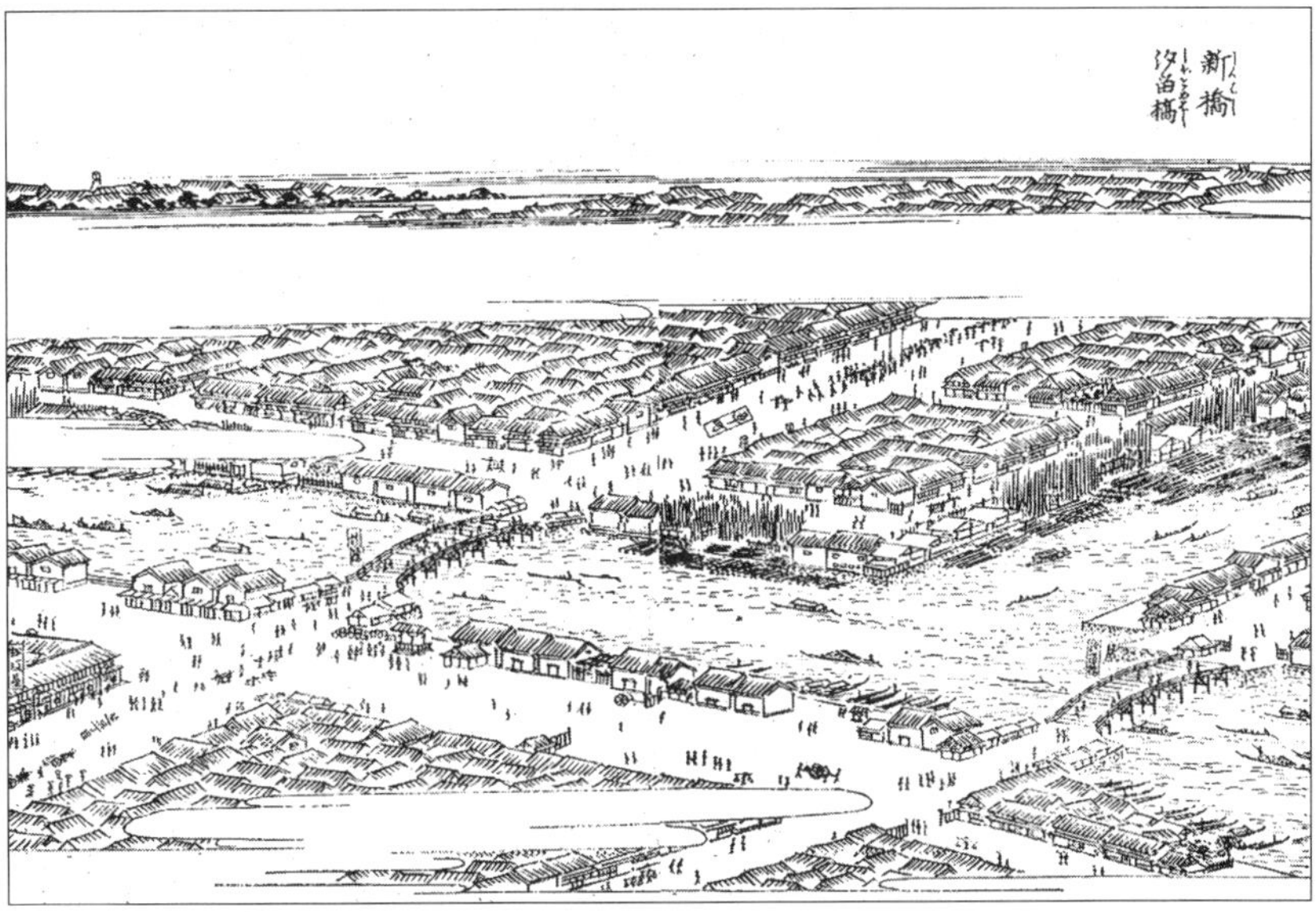

図8　新橋界隈の銀座俯瞰（『江戸名所図会』より）

た様子をよく伝えている。調べた場所は、京橋から南の方、尾張町あたりまでというから、現在の銀座一丁目から六丁目にかけての範囲である。それによると、空地が八七カ所あり、その面積の合計は一六七七坪（約五六〇〇平方メートル）であった。銀座四丁目の服部時計店（現和光）が二三四坪の敷地に建てられているので、楽々と七棟分建つ広さの土地が空地となっていたことになる。建物の方は、空店の数が二二九軒もあり、その他に売家が二一軒、売蔵が四軒あった。銀座の中心的な場所でも空家がめだっていたのである。

ちなみに、明治一一（一八七八）年の統計資料である『東京府誌』から、銀座の商工業の戸数を拾いだすと一七五二戸を数える。そのうち商業の戸数が七一八戸である。煉瓦街建設前とは状況が異なるが、空店の数が二二九軒ということは、銀座全体の商業戸数に対して三割強にあたる。万延元年の記録が銀座全体の数ではないので、その割合はさらに高くなる。このことから、幕末の銀座は空地があちこちでめだち、多くの商店が店を閉ざす、寂れた町並みとなっていたことが想像できる。このような状況にあった銀座は、追い討ちをかけられるように、明治に入ってからの数年間で三度の火事に見舞われる。

煉瓦街建設以前の土地（明治五年の土地所有を中心に）

一〇〇～一二〇坪の土地の世界

現在、銀座の平均敷地規模は八〇坪（約二五六平方メートル）をすこし切る広さである。この数字、銀座の街を歩いていてもピンとこないかもしれない。銀座通り沿いにある千坪を越える松屋デパートの敷地もあれば、路地裏の一〇坪にも満たない小さな敷地もある。大中小とさまざまな土地によって構成される銀座では、平均する意味があまりないからだ。ただ銀座は、大きさの異なる敷地がバラバラに立地しているようでいて、ある場所では間口の似通った建物が集中して何軒も並ぶ所もある。また、銀座一丁目の裏通りや路地沿いの木造建築が密集している所では、必ずしも一つの敷地に一つの建物が建てられていない。複数の建物が一つの敷地に建っている。一方現在の敷地割りと見比べると、ほとんどの建物は敷地の形状と同じようにも見えてくる（図9）。その敷地割りがどのようにできたのか。この段階では皆目見当がつかない。

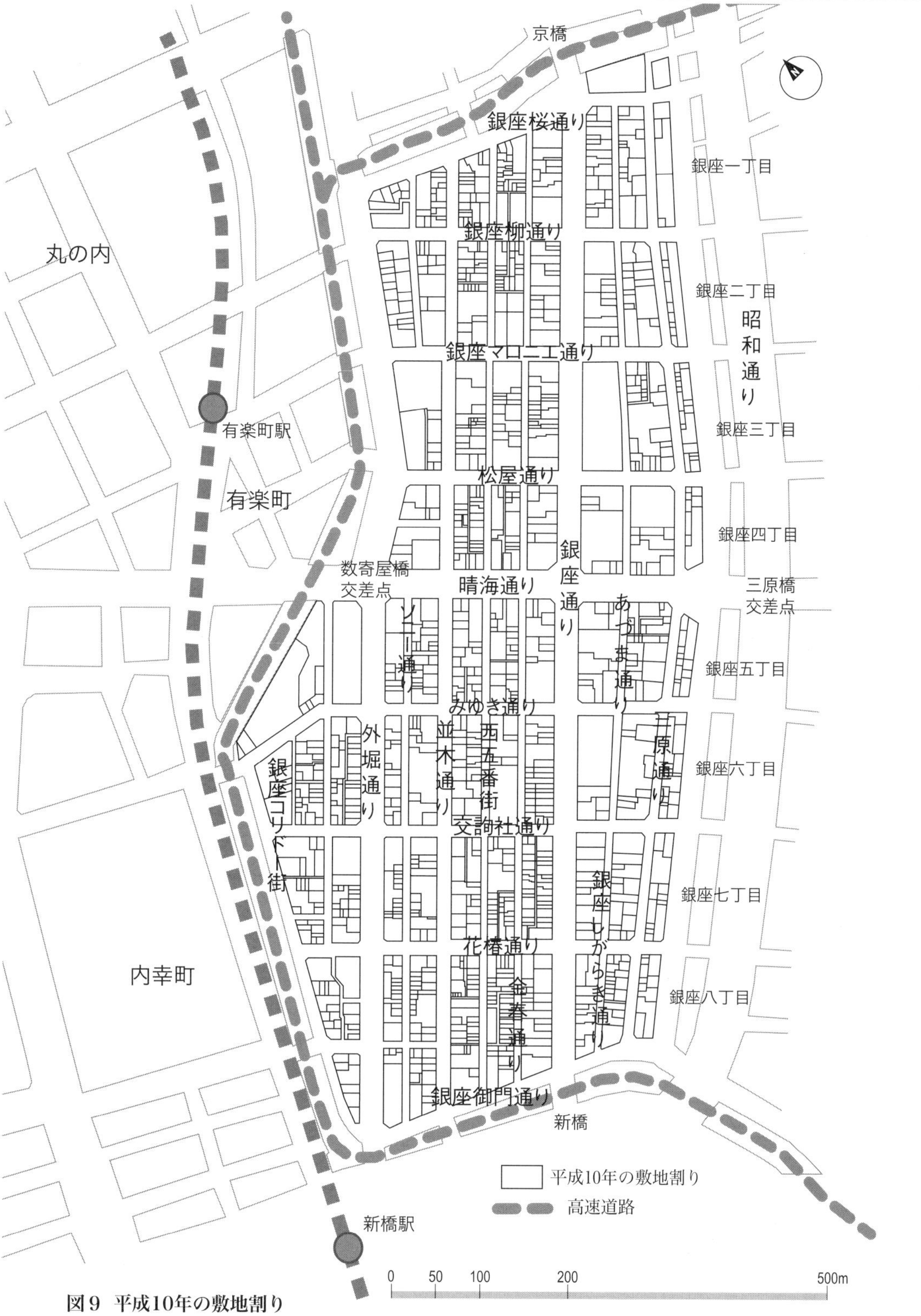

図9　平成10年の敷地割り

現在のような大中小のさまざまな敷地がある状況は、江戸時代と変わらないのだろうか。そのことを調べるためには、再び江戸時代にタイムスリップする必要がありそうだ。ただ、土地所有となると寛永の時代までは遡れない。また現代との比較となると、江戸時代の沽券絵図《こけん》は、図面の精度に問題があるので、直接比較の対象として利用することが難しい。この沽券絵図との橋渡しをしてくれる地図が欲しいところである。

さいわいにも、明治五（一八七二）年に作成された沽券地図、東京都公文書館所蔵の『東京六大区沽券地図　第一大区八・九小区図』（明治六年一月発行、東京府地券課作成、以下「沽券地図」とする）が役立つ。この地図は図面としても精度が高く、敷地の形状や規模、所有者の名前もわかり、当時の銀座の土地事情を客観的に把握することができる。しかも、この地図は煉瓦街建設以前に作成されたものである。記載されている所有者名以外は江戸幕末頃とほとんど変わらない状況を示しており、その頃の土地の形態を解き明かせる。

強い身方を得たところで、当時の銀座の敷地がどのような規模であったのかを調べることにしたい（図10）。煉瓦街建設以前の銀座は、公道、掘割などの公有地を除いた「宅地」は約九万数千坪あり、それが所有者の異なる四八三の敷地に分割されていた(2)。この中には、複数の敷地を所有する人もいたので、地主の数はこれよりも少なくなる。これらの敷地を一つ一つ調べていくと、六〇坪未満の小さな敷地の件数がきわめて少ないことがわかる。四〇坪未満はわずかに八件、二〇坪未満の敷地は一件もなく、現在のような小規模な敷地は見当たらない。しかもこれらの敷地は特定の場所に集中している。数寄屋橋から比丘尼《びくに》橋にかけての外堀川沿い、土橋《どばし》周辺の外堀川沿いである。この辺りは、寛永期の段階から六〇間の街区ではなく、特殊な場所にあたる。一方、五〇〇坪以上の大規模な敷地もわずか四件（〇・八％）と少ない。現在の状況とはまるで異なる。やはり、本腰を入れて銀座の土地の状況を分析する必要があるようだ。

明治五年当時の銀座の敷地は、おおむね八割近くが六〇〜二五〇坪の範囲に収まる。その中でも、一〇〇〜一二〇坪の範囲の敷地が一番多く、八六件（一七・八％）を数える。これは、江戸時代の銀座を考える上で気になる敷地規模である。銀座が六〇間の街区構成を基本パターンとしていることから、敷地の奥行はほとんどが二〇間である。したがって、件数が一番多い一〇〇〜一二〇坪の敷地は、奥行き二〇間とすれば、間口五間前後となり、江戸時代の標準的な町屋敷の規模に相当する（図11）。この敷地規模であれば、大通りに面して間口二〜三間の表店を二軒建てることができ、その間に路地を通す余裕もある。この敷地規模は、銀座の都市空間をつくりだす基本パターンであるようだが、この町屋敷の敷地単位が江戸時代ど

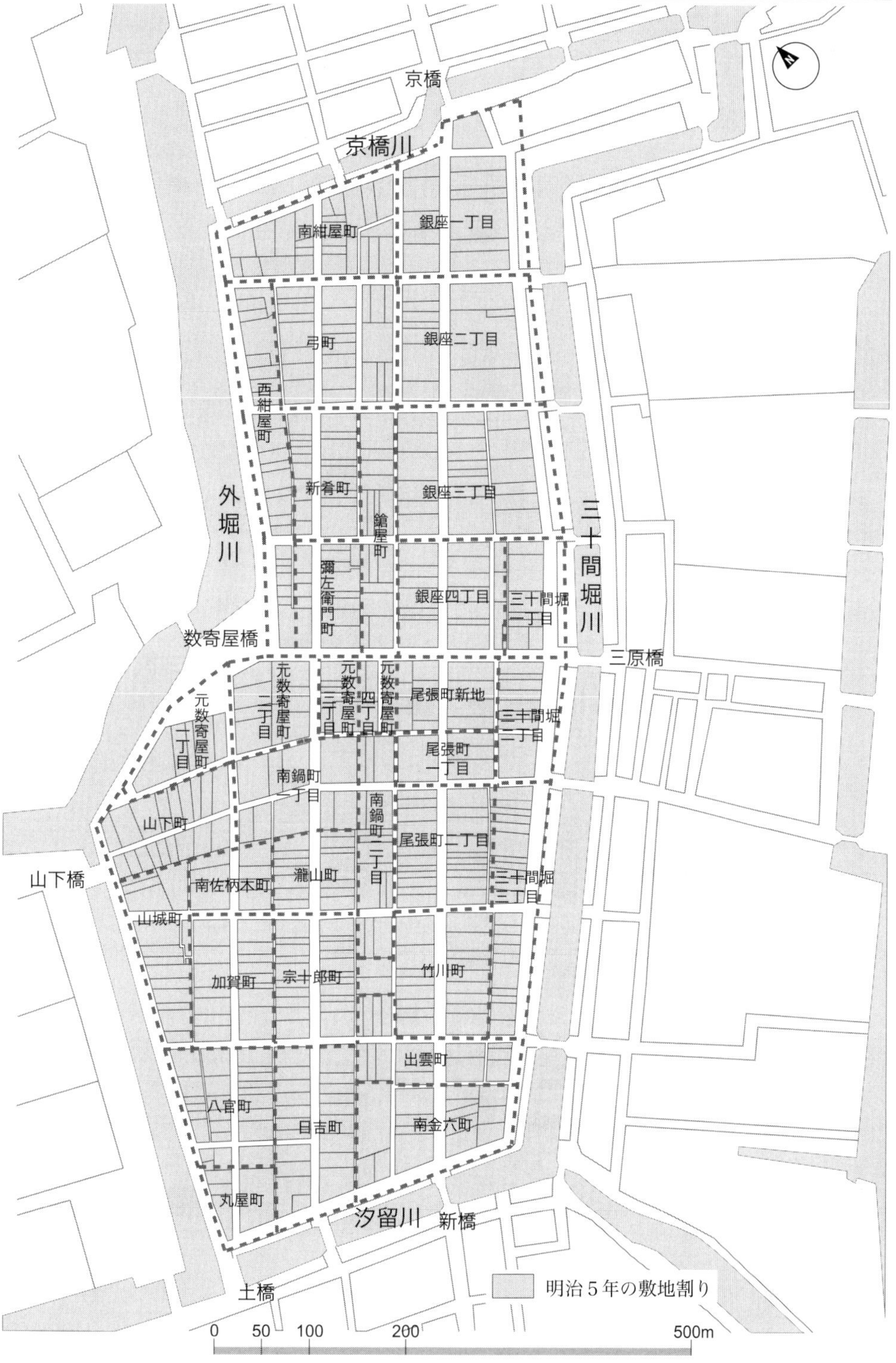

図10　敷地割りと町丁界（明治５年）

注：ベース図は「第一大区沽券地図」をもとに作成した．
　　町名は明治35年時点のものを採用している．

図11　100〜120坪と200〜250坪，300〜400坪の敷地分布（明治５年）

注：ベース図は「第一大区沽券地図」をもとに作成した．

の程度厳密に定められていたのかは現段階ではわからない。だが街区を町割りしていく際に、徹底して奥行二〇間にこだわってまちづくりがされていたことを考えると、敷地の間口に一定の基準があったとしても不思議ではない。このことを確かめるために他の敷地規模も見ておきたい。

一〇〇～一二〇坪の倍にあたる二〇〇～二五〇坪の敷地は、五九件（一二・一%）あり、二番目に多い。敷地規模を折れ線グラフにすると、この二つの範囲が山をつくり、周辺に行くに従って急激にその数を減らしていることがわかる。ここでもう一つ着目しておきたい範囲がある。それは、三〇〇～四〇〇坪である。二五〇坪以上の敷地の中で、この敷地規模だけが割合をすこし増やしている。この傾向から、一〇〇～一二〇坪を基準に、広い敷地はそれを統合し、間口が二倍、三倍と規則的に拡大させたことが考えられる。もう一つ、別の視点から分析してみよう。明暦の大火以降の街区の大規模な再編やその内部の道路新設などで変化した状況を寛永期に戻して、各々の敷地規模を再検討していくと、一〇〇～一二〇坪を基本とした範囲により収斂されることが推測される。現段階では、基準の町屋敷の単位がどのように統合され、大きな敷地となったのか、史料からその背景や経緯を具体的に追うことができないが、少なくとも町屋敷を拡大させていく規則性があるのではないかということは読み取れる。

さらに、この基準となる町屋敷の規模は当時の平均的な町家建築のサイズとも関係するのではないか。それは、資産のある大店を別とすれば、規格化されたサイズの建物を建てるかどうかがコスト面で大きな差となって表われてくるからだ。初期の江戸は急造の城下町であった。土地と建物を相互に関係づけながら、規格化したフォーマットで都市空間をつくりだすことは、城下町建設の成否を占う上で重要な意味を持っていたはずである。規格化された標準サイズの敷地と建物でつくられた住宅地が戦後全国に溢れかえる。この開発のスピード化とコストダウンは、何も現代に始まったことではない。江戸時代の町人地の方が、平等な場所の配分を考慮して、よりシステマティックに町をつくりだしていたはずである。

統合された敷地に関して言えば、商いに成功した者が貯えた資金をもとに借家経営に乗りだし、商いの安定経営を支える資金調達の一部として敷地を集約化したことが考えられる。これも、間口二～三間の町家が中心である商業地の場合、あえて基本パターンを崩す必要もなかった。大店のように商いの場を拡大するのとは違い、借家経営をする場合はコストダウンを図り、実入りを増やすことが重要である。それには、規格化された土地と建物の関係を維持・継承する方がはるかに有利であるからだ。

むしろ、明暦の大火以降土地利用が変化した所で、町屋敷の構造が崩れた可能性がある。それは三十間堀川沿いなどの街区が再編された後の広い敷地である。特に三十間堀川沿いは、商業地や居住地ではなく、物流や産業に関連した施設が多く立地するようになっていた。このような場所では町屋敷を維持するメリットはない。業種によって異なるとしても、たとえば酒や醤油を詰める空樽業は長屋が建て込まない広い空地が必要であったであろうし、回漕業は商品を一時保管する蔵を数多く用意しておく必要があった。明暦の大火以降の都市再編は、物流や産業構造の変化にともなって、一部の地区で規格化された土地と建物の関係を崩していた。

これらの業種以外にも、町屋敷とは違った使い方をしはじめた広い敷地がある。それは、料亭や船宿、あるいは質商が所有する土地である。都市が成熟するに従って、敷地の利用のされ方も多様化していたのである。これらのなかで、質商は敷地全体を使って商いをしていない。明治三五年の詳細な住宅地図である『東京京橋区銀座附近戸別一覧図』から類推する他ないのだが、広い敷地の一部に自分の商いと生活のための建物を置き、その周辺に取り巻くように小規模な借家を建てる。質商が所有する土地と建物の関係は町屋敷と明らかに違う考えで構成されていた。しかも、彼らの多くは町屋敷の構造が残る街区ではなく、あえてその構造が崩れている場所を選んで立地したと考えられる。

銀座は、明暦の大火以降街区が再編されたことで、土地利用が物流・産業に大きくシフトした地区と、商業地を形づくる町屋敷を基本とした敷地が維持されていた地区とに二分されていたのである。同時にそのことは、煉瓦街建設とそれ以降の銀座にも大きく影響することになる。

土地を大規模に所有する地主たち

江戸時代に徳川幕府が管理していた土地は、明治に入ると納税対象として民間に払い下げられた。明治五年に作成された「沽券地図」には、個人所有となった土地が描き込まれている。その中には、商いの場以外に複数の敷地を持つ所有者がいたこともわかり、借家経営の土地が浮かび上がる。

このような地主の中で、五〇〇坪以上の土地を所有する者が二〇人を越えていた。(3) このうち、銀座を地元とする地主は恵比寿屋の屋号をもつ大呉服商・島田八郎右衛門と、薬問屋の松沢八右衛門などわずかであった（図12）。ただこの二人は、煉

図12 銀座の大規模土地所有者の分布（明治５年）

注：ベースの地図は「第一大区沽券地図」をもとに作成した明治５年の敷地割りの状況を示している．

瓦街建設を境に、破産とその後の台頭という対照的な結果を見せる。島田八郎右衛門は、現在の銀座四～六丁目にかけて複数の敷地を所有していた。初代は、八代将軍吉宗の恩顧を受けた京都の富商であり、幕府の為替方として十人組に属していたほどである。島田八郎右衛門が率いる島田組は、明治期に入ると三井組や小野組とともに新政府の為替方もつとめる。だがその時、政府が為替方の提供担保物件に関する規則を強化したことで、明治七（一八七四）年に島田組は金融破綻をきたし、あっけなく破産する。その結果、彼が銀座に所有していた尾張町一丁目など九カ所の土地すべては、三井八郎右衛門ほか五人に所有が移る。(4)この出来事は煉瓦街建設中に起きた。

一方、松沢八右衛門の場合はどうだったのか。彼の店は、元禄一三（一七〇〇）年が創業と言われ、銀座で代々薬・化粧品の販売を行なってきた。創業は古いが、恵比寿屋のように江戸時代表舞台に立つことはなかった。明治五年時点で所有する銀座の土地は、銀座三丁目と三十間堀沿いの二つだけであり、彼が土地所有者として本格的に頭角を現わすのは煉瓦街が建設された以降である。明治末頃には、銀座三丁目、四丁目を中心に一〇〇〇坪を越える土地を所有する銀座の大地主となる。幕府や新政府と関係することなく、彼は新しい時代の銀座に目を向け、土地所有の新たな動きに敏感に対応できた銀座人の一人となっていたのである。

このような明暗を分けるその後の動きとは別に、明治五年時点の銀座の土地は、銀座以外の日本橋、神田、京橋、深川を拠点に手広く商いをする材木問屋や酒問屋といった江戸時代の有力商人たちによって占められていた。彼らは、銀座以外に多くの土地を所有する大地主でもある。島田八郎右衛門に次ぐ土地所有者は鹿島清左衛門である。彼は、深川区島田町を基盤に材木問屋として財をなしていた。明治八年に発行された『大日本持丸鏡』の長者番付には前頭四枚目に位置づけられ、明治三五年に発行された『日本全国五万円以上資産家一覧』では六〇〇万円の資産を所有している。これらの史料で見る限り、彼は戊辰戦争（一八六八年）のとき官軍に武器を売り込み多大の利益をあげ、財閥として頭角を現わしていた大倉喜八郎と肩を並べるほどの資産家であったことがわかる。(5)ただし、この見方は多分に現代からの視点が入り込んでいる。むしろ当時は、大倉喜八郎がやっと大店・鹿島清左衛門と肩を並べるまでになったと見る方が適切かもしれない。このように明治初期は、江戸時代の有力商人の生き残りと新興財閥の台頭があり、新旧の時代の牽引者が一時共存する時代でもあった。皮肉なことに、鹿島清左衛門が所有していた銀座二丁目の土地は、後に大倉喜八郎が率いる合名会社大倉組に移り、この敷地を拠点に大倉組は大財閥へとさらに発展をとげていく。

また外堀通り沿いにあった鹿島清左衛門の敷地も、吉田嘉助の手に移る。彼は煉瓦街建設後銀座五丁目のこの土地に拠点を移し、紙商（袋物商）を営むと同時に、銀座の大地主に成長する人物である。鹿島清左衛門は、その後銀座のキーパーソンとなる二人の人物に土地を明け渡したことになる。ただしこの二人、土地所有の面では大きな違いを見せる。大倉喜八郎は銀座から国内外を舞台に活躍するが、銀座の土地所有ではめだつ存在にならなかった。逆に、吉田嘉助は銀座の大規模地主の道を歩み、全国的に名を知らしめる銀座の地主の重鎮となっていくのである。一方鹿島清左衛門は、明治初期の激動の時代、大商人が次々と表舞台から姿を消していくなかで、島田八郎右衛門同様その幕を引く。

この時期、銀座の地主であり、鹿島清左衛門の次に位置する資産家と言えば、鹿島利右衛門があげられる。彼は七六二坪の土地を銀座に所有し、酒問屋の蔵が建ち並ぶ新川近くで屋号・鹿島中店を江戸時代から営んでいた。彼の資産額は明治三五年の『日本全国五万円以上資産家一覧』によると一〇〇万円となっており、後に銀座における土地所有の面でも主人公となる服部金太郎、吉田嘉助、松沢八右衛門、小林伝次郎などの銀座の面々と、納税額で肩を並べていた。酒問屋の鹿島利右衛門もまた銀座通りの一等地を煉瓦街建設以降に手放す。彼の所有していた銀座四丁目の土地は吉田嘉平の所有に移る。二人の資産家が所有していた土地はいずれも吉田家の所有となる。

江戸の商いを象徴する呉服問屋（島田八郎右衛門）、材木問屋（鹿島清左衛門）、酒問屋（鹿島利右衛門）を商う三人は、明治五年段階で銀座の土地所有ランキングのトップ・スリーを占めていた。このことは江戸時代における商人の力関係が銀座の土地にも色濃く表われていたことを示している。そして、煉瓦街建設からわずかの時期にこの三人全員がきれいに姿を消したのである。明治に入って、江戸時代の経済環境が大きく変化し、銀座の土地所有も新しい展開に移ろうとしていたことがこの大規模土地所有者の変化から読み取れる。

次に、彼ら三人以外ではどのような人たちが銀座の土地を大規模に所有していたのかを見ておきたい。日本橋区に所在地のある三井次郎左衛門は旧体制時代からの豪商でありながら、激動の時代を乗り切る。三井は呉服商から脱皮し、日本橋をベースにして近代東京の都市開発にも積極的な参画を試みる。彼の大規模な土地取得には都市への意図的な介入があり、銀座の土地を手放した彼らとは新時代の流れの読み方が明らかに違っていた。しかし、三井のように新政府も巻き込む大きな動きを示さなかったとしても、江戸以来の商人でありながら、近代へ激変する時代の波に乗れた人たちもいた。それは、神田区平川町の煙草商・郡司ケイ(6)、京橋区四日市町の酒商・鹿島清兵衛(7)、日本橋区小網町で刀剣商を営み、後に煙草商となる小倉ヒサ[8]、浅草瓦町の金貸し・青地四郎左衛門[9]といった人物である。彼らは、いずれも東京に大規模な土地を所有するという共通点がある。徳川幕府の瓦解と共に、土地には価格評価がつけられる。土地は売買の対象となり、それによって経営や資産の安定化を図ることができるようになった。彼らは、この土地所有の変化を上手に捉えることができたのである。それは、その後の煉瓦街建設期に先を見越して彼らが精力的な銀座の土地取得に乗りだしていることでもわかる。銀座人以外の彼らの介入も銀座が新たに動きだす役割の一部を担うことになる。

ここまで、江戸時代の都市計画と江戸の状況を示す明治五年の土地所有の特色を読み解いてきた。銀座は初期の段階で一挙に都市計画がなされ、六〇間の街区が整然と配置された町並みをつくる。だがその後、江戸の都市空間の拡大・発展、掘割沿いの河岸を利用した湊への構造転換を機に、銀座は市街の高密度化と物流量の拡大に対応した道路など、市街地整備を行なう。それとともに、舟運を配慮した街区の再整備が大がかりに進められた。都市の再編が行なわれた場所では、会所地の痕跡がなくなり、町屋敷の構造までも変化させた。だが、通りに面して短冊状に町割りがされる基本原則はその後の計画の中に貫かれる。そこからは、敷地を効果的に配列し、物流構造の変化に適合した街区にするための工夫が読み取れる。すなわち銀座では、江戸の「水の都」としての発展に対応して、独自の都市計画による都市再生が試みられ、幕末に至る。煉瓦街が建設され以前の銀座は、一部の大規模土地所有者と大部分の中小規模の地主が土地を占めていた。

二　明治初期の銀座と人々の動向

煉瓦街の建設を演出した人々

大火後の近代東京に向かう気運

明治五年四月三日（旧暦明治五年二月二七日）未明に起きた大火は、銀座に煉瓦街を建設する直接の引き金となる。江戸時代会津藩の屋敷であった和田倉門内にある兵部省から発した火は、強風にあおられて丸の内の大名小路に飛び火した。さらに掘割を越え、この火は現在の銀座二丁目から六丁目あたりまでを焼きつくす（図13）。この大火以前にも、銀座は明治に入り二度の火災に見舞われている。大火の二年前、明治三年一月二八日（旧暦の明治二年一二月二七日）に起きた火事は、現在の阪急百貨店、銀座五丁目の数寄屋橋交差点付近から出火した。この火事は現在の銀座六～八丁目の範囲を焼き、さらに南へ向かって新橋の愛宕山下まで達する。いま一つは、明治五年の大火が起きる二週間ほど前、三月二一日（旧暦の二月二六日）に起きた。その時、日吉町（現銀座八丁目）一帯が焼かれる。この三度の相次ぐ火災で、銀座はそのほとんどの地域が一度は焼かれていたことになる。

江戸時代、町を土蔵塗家化する試みがなされているが、市街の防火策は火消制度の充実と火除地の拡大が中心であった。結局、江戸全域の建造物を不燃化する都市改造には至っていない。その後の明治政府は、火事の多い江戸での防火対策の必要性を痛感していた。明治初年以来、再三にわたって防火建築である土蔵塗家の奨励を行なってきている。明治三年にはこの防火策の徹底を押し進めるために防火の政令を発した。しかし、営々として都市の不燃化は進まず、遂に明治五年の大火が起きてしまったのである。

この大火前、明治四年四月に東京を街路計画によって改革するプランが考えられていた。江藤新平とともに東京遷都を主張し、後に東京府知事となる大木喬任がそれを持っていた。彼は、府下の道路橋梁改正修理の実施に向けて、測量に関する通達を太政官の主要機関である正院から東京府に送らせている。[10] すでに、明治五年という時期は近代的道路建設の機運が熟していたのである。当初、銀座の煉瓦街計画はきわめて大がかりな都市改造が発想の基本にあった。明治政府は、道路拡充だけにとどまらず、銀座全体の土地をいったん手に入れ、思うように銀座の街区を再構成しようと考えていた。その上で、すべての建物を煉瓦や石でつくり、首都東京の玄関にふさわしい不燃化された西洋風の街につくり変える計画であった。それは関東大震災以降に下町一帯で行なわれる土地区画整理の手法の先取りであり、現代の都市再開発に共通する考えが盛り込まれていた。

明治五年に起きた火災の現場付近に、日本を西欧化する後の立て役者たちが集まっていたことは興味深い。木挽町三丁目の築地川沿いには東京府知事として煉瓦街計画で活躍する由利公正の住まいがあり、築地本願寺脇には大隈重信が五千坪の土地に屋敷を構えていた。この邸宅には、井上馨などの大蔵省の中心人物たちが足しげく通い、新しく生まれ変わろうとする日本を指揮する伊藤博文、五代友厚といった大物も訪れ、鉄道、電信、度量衡改正を具体化する重要な場でもあった。[11] その頃、煉瓦街建設の計画責任者となるT・J・ウォートルスは、大隈のもとで大蔵省御雇外国人となり、木挽町一〇丁目に住んでいた。

明治五年の大火では、銀座をはじめ東京の中心部が焼き尽くされる。さらに新しい東京の名物となっていた木造の洋風建築・築地ホテル館が見るも無惨に焼失してしまったことは、人々に大きなショックを与えたに違いない。その状況を都市政策にかかわる多くの人々が目の当たりにしたのである。その時、彼らの脳裏に浮かんだことは、首都東京を本格的な不燃建築物の都市にすることではなかったのか。外観だけでなく、構造も西欧の建築物に倣う必要があることを、彼らと同様、日本に来ていた外国の人たちも強く実感したであろう。各国公使のなかには政府に外国に見られる不燃建築物で埋めつくされた市街の建設を個人的に進言した者もいた。

政府は焼失後すみやかに煉瓦街建設の方針を決定する。その時、外国の市街に劣らぬ不燃化した街を建設する構想の内容が一般に布告された。それは、居留地の外国人をはじめ、国内の多くの市民に政府の威信を示した上で計画を進めるためでもあった。

一方、当時工部省にいた佐野常民は、罹災地・東京の再建をどのような方針で進めるべきか、建築に関する法律をどのように考えていくべきか、それらについて工部省の御雇外国人技術者たちに問い合わせている。これによって得られた情報が、

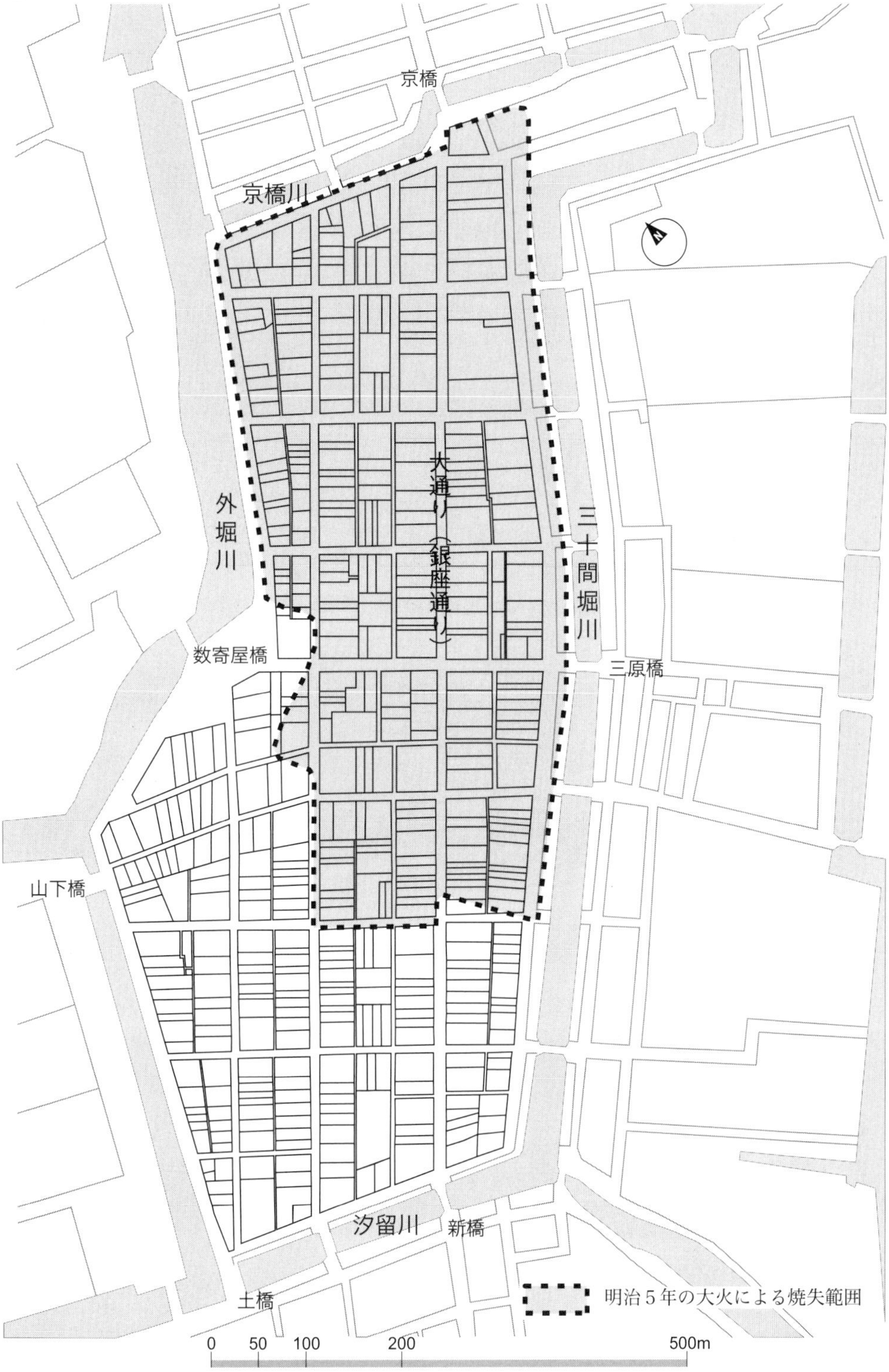

図13 明治５年の大火による焼失地域

注：ベースの地図は「第一大区沽券地図」をもとに作成し，
　明治５年の敷地割りを示している．
　焼失範囲は銀座の対象地域内だけを示している．

その後の計画にどれだけ反映されたかは明らかでない。それは、工部省の技師たちが煉瓦街建設工事の担当を希望したにもかかわらず、東京府が大蔵省の推薦したウォートルスを煉瓦街建設の指導者に決定したからである。[12] 行政内部ではすでにさまざまな駆け引きが始まろうとしていた。煉瓦街計画に関するウォートルスの意見書は、早々に翻訳され、この計画が具体化に向けて着実に進行していることを示すために、再び一般市民に布告された。

このような経緯をたどった銀座の煉瓦街計画は、最初の画期的な都市計画であり、煉瓦を使って本格的な西洋風の街並みをつくるという不燃都市の建設である。新生明治政府にとっては、近代東京を国の内外にアピールする絶好の機会となるはずであった。だが、最初に構想した青写真は思惑通りに進まなかった。結果的には、拡張新設された道路部分の土地を買い上げただけで、宅地部分の土地には触れることなく計画が進められたのである。

激しく動く土地の行方

明治初期、銀座の土地は激しく流動する。その経緯を調べた研究がある。それは、野口孝一氏が「銀座煉瓦街の建設と地主ならびに家屋所有者の状況」（東京都立大学都市研究センター編『東京 成長と計画 1868 ― 1988』一九八八年）の中でまとめている。この研究では、明治五（一八七二）年と明治一一年の六年間の土地の変化を日本橋との比較で分析している。日本橋川に架かる日本橋を挟んだ大通り筋と本町二丁目から大伝馬町・通旅籠町・通油町にいたる大通り筋は、江戸期以来最も商業が盛んな場所柄である。その通りにあたる京橋―日本橋間が三九・〇%、日本橋から浅草橋に至る大通り筋が三五・一%と、高い割合で土地の流動があった。だが、銀座の大通りの土地移動率はこれらの通りよりも二割近くも高い五五・〇%を示していた。これは異常に高い値である。

それは、面で地区をとらえた場合でも同じであった。銀座地区は五四・七%と、大通りとほとんど同じ割合である。たとえば、隣接する京橋地区が四三・三%と高い割合だが、それより一一・四%も銀座地区が上回っている。この時期に銀座の土地移動状況が顕著であった理由としては、煉瓦建築に入居する人がおらず、不人気が続き、当時の地主にとって土地を維持していく有利な材料があまりなかったこと、明治二〇年代以降の銀座の発展を長い視野で見越せなかった中小地主が銀座の土地を手放したことがあげられている。

野口氏が指摘するこのような売買理由とともに、ここで問題にしたいのは銀座に見切りをつけた中小地主が誰に、どのように売却したのかということである。そのことが、煉瓦街計画の変更理由を考える上で重要な視点となるからだ。

この頃、土地の売買に関する法律にも大きな動きがあった。明治五年三月には、土地売買の解禁の布令が出されている。土地が自由に売買できるようになる。さらにこの年、家主と店子の間での賃借も自由となった。その結果、土地と建物の取り引き、賃借関係が活発化し、地価が上昇する。明治九年頃からは土地家屋の売買広告が新聞に載るまでになる。このように、煉瓦街を建設する時期は土地の売買が活発化していたのである。一方、新政府から特権的に土地を与えられた華族・士族以外にも、商いで成功し資産を貯えた者がこの時期こぞって土地の取得に乗りだし、大規模に土地を所有する商人層が現われはじめていた。

銀座に土地を所有する中小地主たちは、明治の新政府に土地を売ることにどれだけの抵抗を示したのか。それに関する史料は現時点では見当たらない。彼らは抵抗したというより、資金力の乏しい新政府に土地を安く買い叩かれることを嫌って、売り惜しみした可能性が高い。その時、新政府に売却を迫られていた中小規模の土地を持つ商人たちにとっては、地価が上昇する状況と、土地取得に意欲のある華族地主や資産家商人、銀座にしっかり根を張ろうとする商人たちの存在がまさに渡りに船であったに違いない。彼らにとっては、西欧の街づくりを進める新政府に安く買い取られるだけでなく、高く土地を売ることのできる選択肢ができたのである。彼らはこぞって土地取得に意欲のある地主に土地を売る。その結果、明治五（一八七二）年時点で島田八郎右衛門と鹿島清左衛門の二人だけであった一〇〇〇坪以上の土地所有者は、銀座煉瓦街が完成してまもない明治一一（一八七八）年になると五人に増える。しかも煉瓦街建設中に、島田組の没落、江戸時代からの大商人・鹿島清左衛門が銀座から姿を消しており、この五人はいずれも新しい顔ぶれである。

三井八郎右衛門は銀座にあった島田組の土地を手に入れるとともに、三井次郎左衛門から引き継いだ土地を加え二・一倍の一五二七坪にしている。岡部平兵衛は一・八倍と倍近く土地を増やして一〇九七坪となった。刀剣商の小倉宗兵衛は、小倉ヒサから継承した土地を加え、一・七倍に増やして大規模土地所有者の仲間入りをする。また、鹿島ときが一・五倍の一〇三六坪、金貸しの青地四郎左衛門が一・七倍の一〇〇三坪と、いずれも短期間に土地を増やしている。このように、資力のある商人と中小地主との相互の利害が一致したことで、銀座の土地は集約化され、新たな銀座の大規模土地所有者を誕生させた。それは、財源確保のために民有地化した新政府の思惑とかけ離れたところで、土地市場の需要と供給が見事に成立したことを示している。銀座の多くの土地は民間地主に売られ、しかも官は道路用地を高額で買い入れることになってしまったのである。

紆余曲折する煉瓦街計画の経緯

土地取得に行き詰まった結果、煉瓦街の土地利用を含めた壮大な構想は頓挫し、縮小した計画に方向転換する。その後、煉瓦街の建設は、街路計画と建築計画に進む。政府の計画案は、全面的な土地取得ができなくなった以上、大通り(銀座通り)を中心につくられていた江戸の街路構造を基本的に踏襲せざるをえなくなる。街路計画には、街路パターンの整理、道路幅員の決定、歩道の整備、ガス灯の設置が盛り込まれ、具体化する。

街路の幅員が決定するまでには、東京府知事・由利公正と大蔵省の井上馨との間に意見の相違があった。由利は、諸外国における都市の街路幅、ニューヨークの二四間(約四三・七メートル)、ロンドンの二五間(約四五・五メートル)、ワシントンの二四間を参考に、銀座通りをこれらの都市に匹敵する二五間の幅とし、その他の道路は一二間と八間にする考えを持っていた。これに対し、日本の街道は江戸の主要街道が八間、田舎へ行けば四間であるとして、倍の一六間で充分であるという意見とともに、井上自身も欧米のような広い街路をつくることに大いに反対であるとの意思表示をした。(13)

銀座通りの幅員を決定することに関しては、このように揺れ動く当時の状況があった。従来の幅員でさしあたり問題となるのは火災による延焼の危険性だけで、交通に関しては不自由な状況にはない。莫大な予算を使って、二五間という街路をつくることが、いかに欧米に匹敵する街並みを模索していたとしても、実態としてはあまり意味をなしていなかった。ちなみに、半世紀以上のちに震災復興事業でできた昭和通りが二四間(約四三・七メートル)の幅で新設される。しかも、議論に上がった道幅は、江戸につくられた尾張町一帯にできた火除地を想像させる。

その後も、彼らには幅員を決めるこれといった都市整備上の判断材料が見つからないでいた。逆に、土地の買い上げの挫折、新政府の資金難が重なり、諸外国の街並みに見劣りしない程度の都市景観をつくることに目的がシフトする。そして、現状と彼らの想像力が合致したのが大通りを一五間(約二七・三メートル)にするという数値になって現われた。これを基準に、大通りと交差する数寄屋橋通り(現晴海通り)が一〇間(約一八・二メートル)、その他の横道(横丁)と現在の並木通りは八間(約一四・六メートル）、そして裏通りは三間（約五・五メートル）と順次幅員を下げ、現在まで継承されてきた銀座の道路パターンが決定される（図14）。裏通りの中では、江戸時代の六〇間の街区の一辺をなす現在の並木通りと（江戸時代に新設された）外堀通りが別格の基準で整備された。ここにも江戸の都市構造の影響が読み取れる。その後、歩道の設置と、大通り（銀座通り）沿いのガス灯設置が具体化する。これら二つに関しては、従来日本の街路になかっただけに、銀座やその周辺の住民だけでなく、日本全国の人々に都市の近代化を印象づけたに違いない。

煉瓦街建設では道路工事の一切を工部省が施行することになっていたが、営繕関係だけは大蔵省の管轄下に置かれた。両者の譲らぬ権限の行使に挟まれて、直接工事の施行を担当する東京府側は苦しい立場にあったことがわかる。東京府は新橋－京橋間の道路を一五間道路とし、歩道・車道の区別と歩道に煉瓦石を敷く間に、煉瓦建築の建設にかかるという苦肉の決断をする(14)。それにともない土地の買い上げを同時に進めたが、土蔵移転費と共に、高騰する地価の影響で土地買い上げの費用が相当な支出となっていた。そのために、松方租税権頭と由利東京府知事との話し合いから、当面の支出は江戸時代に町の維持のために貯えられていた町入用から出すことになり、銀座の計画は次の段階へと進む。

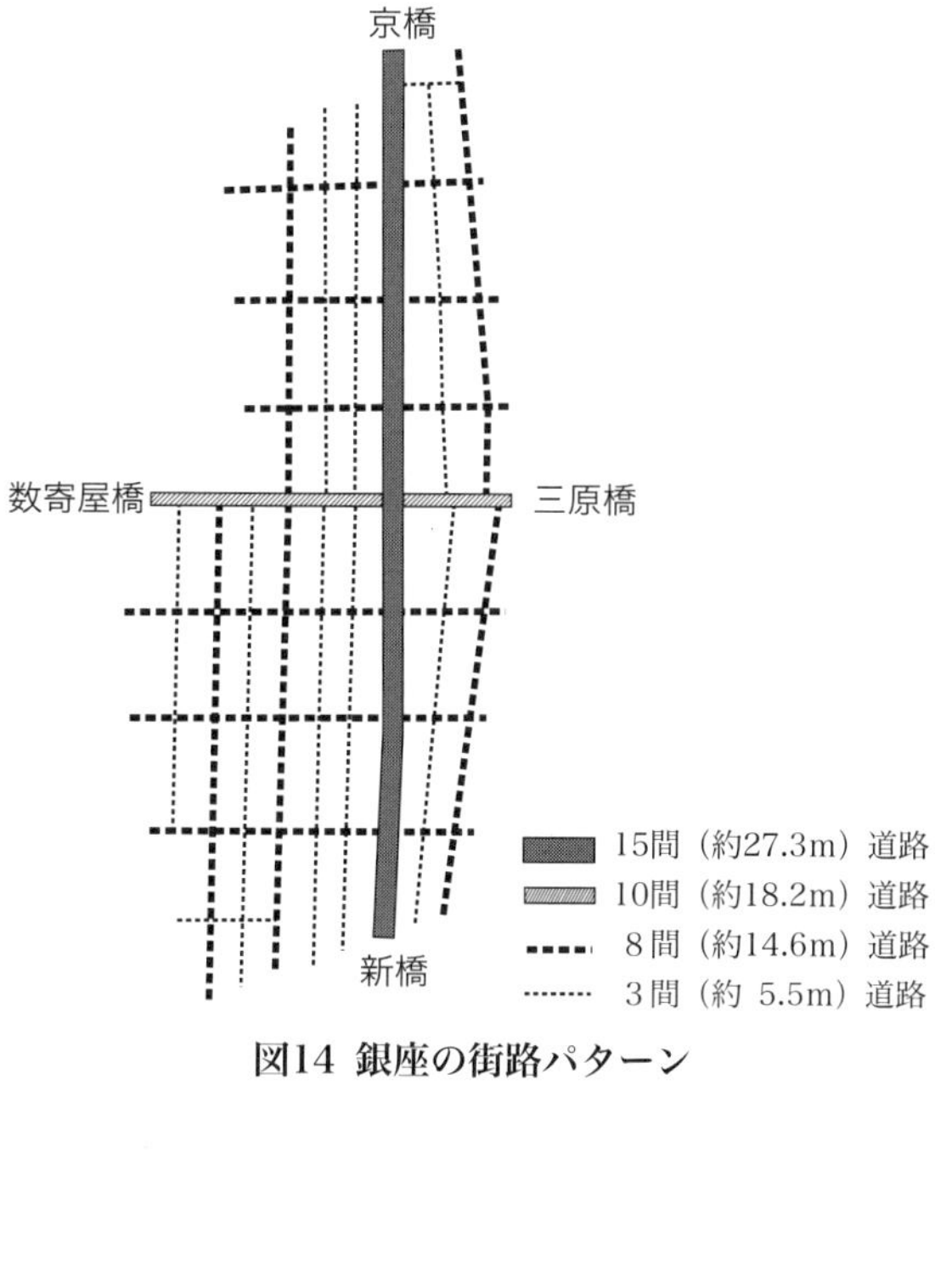

図14 銀座の街路パターン

ウォートルスの煉瓦建築の計画

紆余曲折がありながらも、街路の拡幅が事業化し、煉瓦建築の建設へ移行する。建物を建設するにあたっては、いくつかの一貫した考え方が計画に盛り込まれていた。それは、全家屋の煉瓦造り化、幅員に応じた建築の規模、連屋化、歩廊の設置、様式の統一である。全体の建築には、ウォートルスが修得していたジョージアン様式が採用された。一七一四〜一八三〇年の同名——四人の——英国王ジョージの時代につくられた建築様式である。広くジョージアン様式と言っても、彼はイタリアの偉大な建築家パラディオの建築を理想とする「パラディアニズム」のスタイルを好んで使っていた。英国ではすでに、その後のギリシア・ローマの建築を理想とする新古典主義の時代となっており、このスタイルは遅れたものとなっていた。しかし、最初の近代都市空間を銀座に花開かせる試みとして画期的であったことには間違いない。

街路計画はほぼ予定通り着工し、建設されたが、建築計画に関してはさまざまな利害関係や個々の人たちの資力などの違いが錯綜した。道路幅員に応じた建築の規模を示す一等、二等、三等のランクは軒の高さと壁の厚さを中心に決められ、奥行きの間数は標準値を決めただけで、実際に建てられた建物にはばらつきが見られた。階

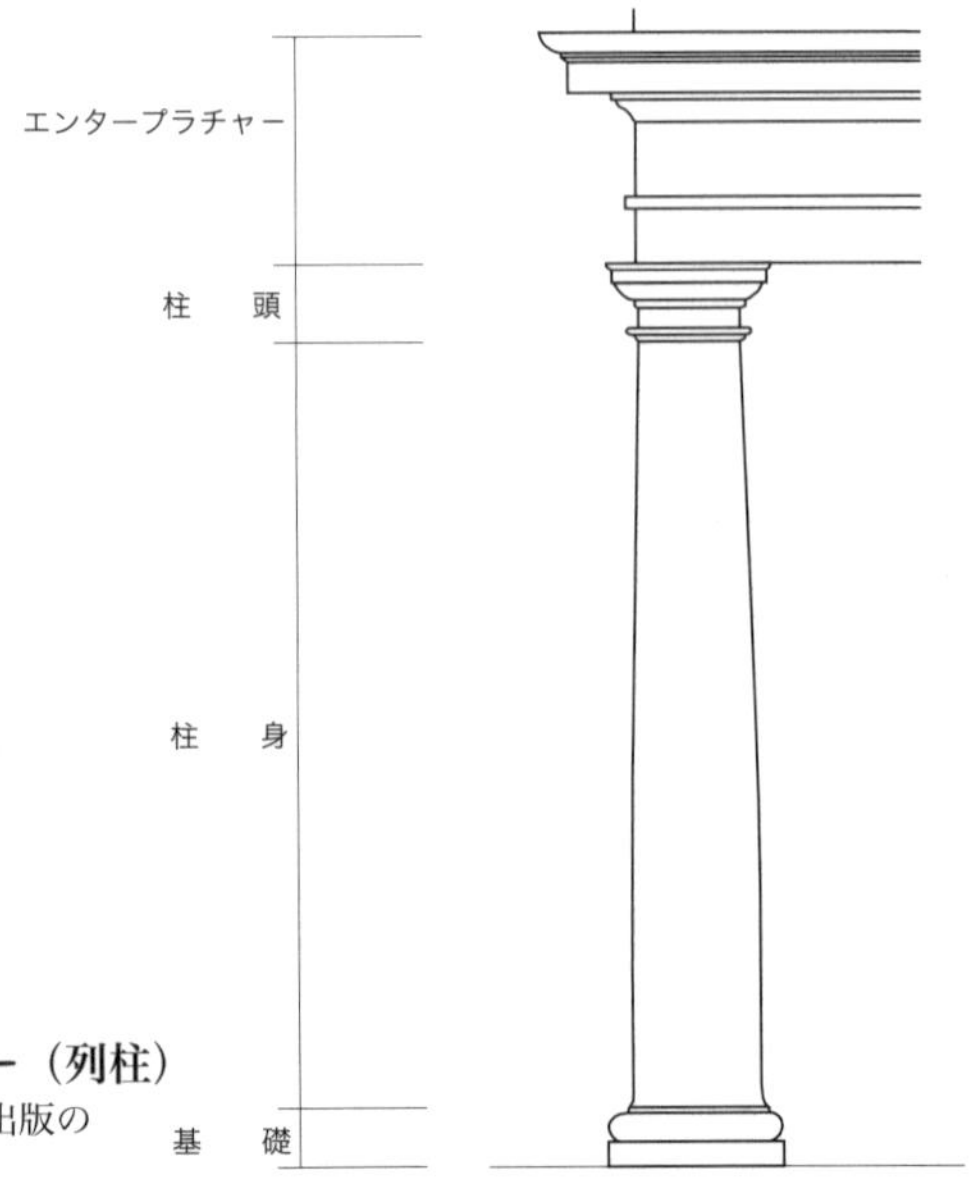

図15 トスカナ式オーダー（列柱）

注：『西洋建築様式史』美術出版の図版をもとに作成した.

図 16
日報社となった旧島田組の建物
(『写真集　銀座残像』より)

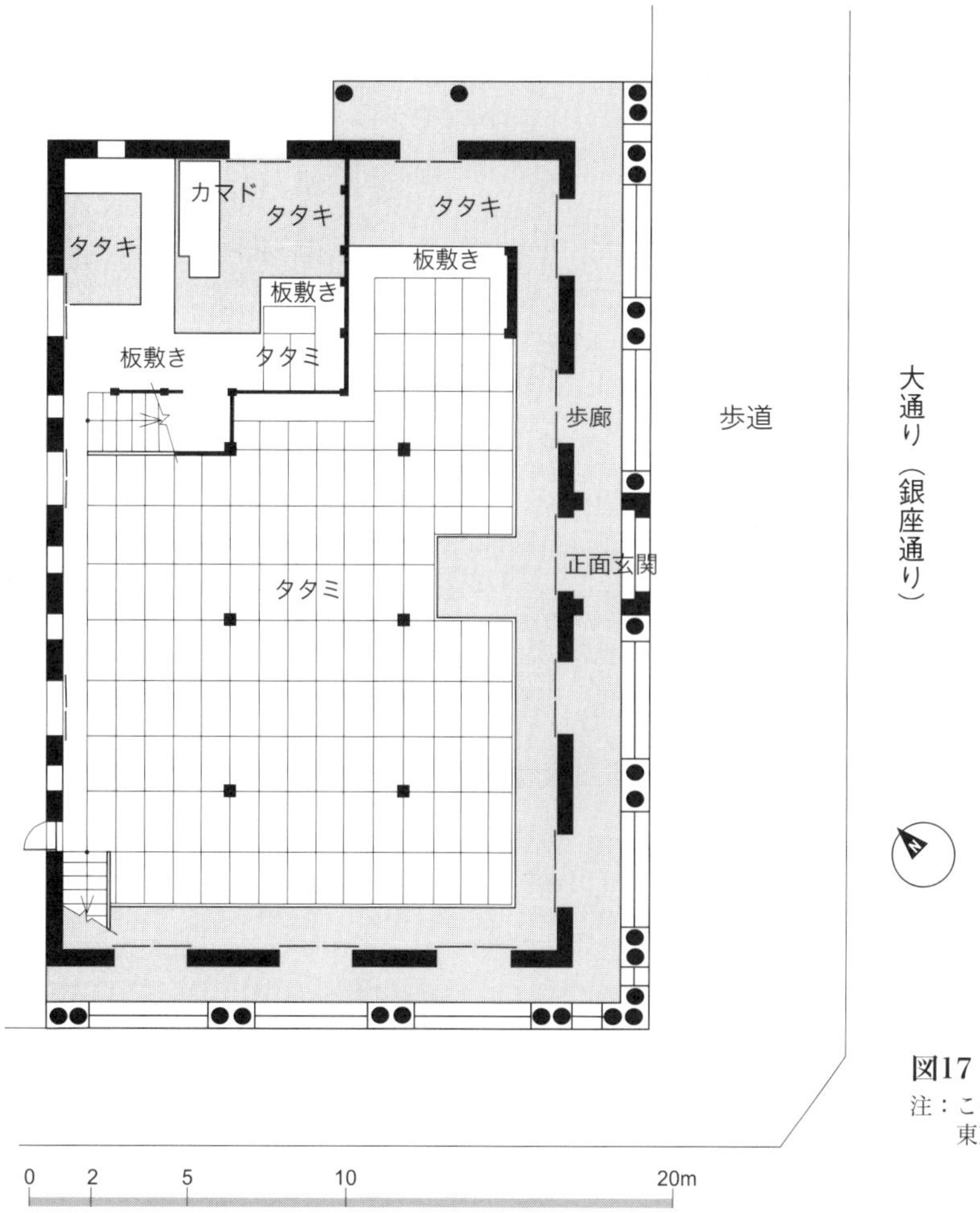

図17 島田組の平面図
注：この平面図は藤森照信氏の『明治の東京計画』の図版をもとに作成した.

数は当初一等であれば三階まで、三等ならば平屋も許されていたが、結局二階建てを中心に街並みを整えるように建てられていく。まず現在の銀座通りと晴海通りを中心とした街路沿いに、主に官が直接建築する建物がウォートルスの計画に従って建ちはじめる。

ウォートルスは、街区単位で、長屋のように各戸を連続させる「連屋化」を目標に置いていた。たとえば、官による建築の場合は、一戸が一棟で独立する建物は稀である。ほとんどの場合は、間口二〜三間の店が数戸集まって一棟となり、それがさらに数棟集まって一街区を形成するようにつくられた。また、煉瓦街の建物には歩廊が設置され、ローマに起源を持つ柱頭に飾りのないトスカナ式の列柱が終始一貫して使われている（図15）。この列柱のおかげで、煉瓦街は東南アジアの都市に見られるショップ・ハウスの街並みと比べ、西欧の重厚さをやや感じさせる。

街並みを演出する歩廊は相当の長さになっていた。しかし、列柱を前面に押し立てた本格的なジョージアン様式の建築となると、それは江戸以来の豪商・島田組（恵比寿屋）が自築した煉瓦街最大の建物であろう。この建物は、左右対象のファサードとそれを飾る列柱、そして中央にある主張性の高い表玄関によって、ジョージアン様式の特徴を充分に表現している（図16）。ただこの建物の玄関をくぐり中に入ると、そこには百枚以上の畳が敷き詰められた江戸の大呉服店の室内空間が展開していた。このような建物でさえ、その内部はまだ江戸時代の世界が広がっていたのである（図17）。

外装の仕上げは、隅石を張ったり煉瓦のままで済ませた建物もあったが、煉瓦の上に漆喰のようなスタッコを塗った建物が大半を占めていた。そのため、外見上煉瓦造りの建物とは見えなかった。明治の終わりころから大正期にかけての銀座が煉瓦建築でつくられた街であると、一般の人はあまり意識していなかったようだ。むしろ、明治二〇年代の後半から煉瓦建築が建ち並ぶようになる丸の内のオフィス街こそ、煉瓦街だと思われていた。また、大正期の銀座の歩道が煉瓦舗装されていたことから、昔を懐かしんでいつまでも銀座が煉瓦街の代名詞のようにいわれていると勘違いする人も少なくなかった[15]。実際には、煉瓦建築の多くは震災まで残るが、スタッコで塗られた煉瓦建築にさらにさまざまな装置を付加したことで、木造建築と見まがうほどの建物もあった。

ともかくも、明治六年一二月に煉瓦街として竣工した表通りは、二階建ての建築が連続する日本で初めての煉瓦造りの街並みとなる。銀座は、瓦や板などで葺いた木造や土蔵によってつくりだされてきた日本の都市風景を一変させた。その後、表通りから横丁、裏通りへと煉瓦街の建設は進み、煉瓦街は規模を縮小しながらも明治一〇年には完成する（図18）。その間、計画者であるウォートルスは明治八年、煉瓦街建設の途中で解雇される。ウォートルスに関しては、三枝進氏の研究が『銀座文化史研究』（第六、七、八号、銀座文化史研究会編、一九九一〜九四年）に発表されるまで、知名度の高さに比べて生誕の年すらわからなかった。それによると、彼は一八四二年にアイルランドで生まれており、二〇歳前後には香港・上海に居住してアジアでの仕事をはじめる。彼は日本でもいくつかの仕事をこなしており、煉瓦街建設の指導者に抜擢されたのは三〇歳であった。ウォートルスはどうも一〇年のサイクルで大きな岐路の選択をしたようで、まもなく四〇歳になろうとする前の年に一家でアメリカに移住し、五五歳で没する。

ここでウォートルスが残した成果をすこし数字で追ってみたい。煉瓦街が完成して間もない明治一二年、銀座の構造別建物状況を知ることができる。それは、火災保険制定のための基礎調査の一環として、東京府が調べあげた克明な「東京十五区内家屋実態調査」（東京都編『東京市史稿』市街篇六五巻）である。これによると、九八三棟の煉瓦造り・石造りの建物が銀座に建てられ、その延床面積は三万三五四五坪にのぼる。この数は棟数で銀座全体（二八五五棟）の三四・四％、延床面積（六万六一四一坪）が五〇・七％に達する。明治一二年における煉瓦街建設地域を除いた東京の煉瓦造り・石造りはわずか四四

図18 煉瓦街建設当初の銀座通り（『よみがえる明治の東京　東京十五区写真集』より）

棟、延床面積にして一〇〇九坪であるから、銀座に煉瓦造りや石造りの建築がいかに集中していたかがわかる。だが、当時の銀座はウォートルスのめざした煉瓦建築で一様に埋め尽くす意図が達成されたわけではない。明治五年の火災にあわなかった八官町などの地域は江戸以来の日本建築が建ち、煉瓦建築が建つ地域も道路に面していない内側は木造家屋が占めていた。この煉瓦街計画は数字の上でも、街並みをつくることはある程度の成功を見たが、街全体を不燃建築物で埋め尽くすことは夢半ばということになった。

ここまで煉瓦街建設の経緯を見てきたが、そこには新政府の三つの大きな目論見があった。第一は、銀座の土地を全面的に買い取ることにより、徳川幕府が築きあげてきた街の骨格や町屋敷の構造を徹底的に壊し、新政府が押し進める欧化政策にもとづく街並みをつくりだすことである。この計画は、初期段階で完全に頓挫し、江戸時代の街路構成と町屋敷単位で構成する敷地割りの構造がほぼそのままのかたちで踏襲された。銀座の煉瓦街は江戸の都市構造の上に組み立てられたのである(図19)。

第二は、街路計画である。これに関しては、すでに土地取得の方向が決定した上での計画であるから、新しい試みは限られたものとなった。従来の日本にない道路幅員にまで広げることには成功したが、街路パターンの構成は江戸の都市計画をそのまま受け継いでいる。このような状況にあって、歩道と大通り沿いのガス灯の設置は近代都市の空間を演出するのに充分な効果があり、新政府の威光を示すという意図が最も反映できた計画といえる。

第三点目は煉瓦建築の計画である。通りに沿った街並みは、西欧の雰囲気を充分感じとれる空間をつくりだせた。敷地割りの構造がそのまま活かされたことで、江戸の敷地規模のモジュールを踏襲しているが、連屋化という形で既存の土地の上に西欧の街並みをつくりだす工夫が見られる。それは、一戸一戸が二〜三間程度の間口に分節された同じ規格の建物を連続させることで、逆にスケールの大きな建築に仕立て上げることができた。しかも、限定された敷地サイズに縛られることなく、建物を建てることができたのである。

だが、町屋敷と町家建築が銀座の空間を規定する単位として、銀座の街並みに影響を与えていたことも確かだ。それは、土地所有者みずからが町家サイズの建物を建てたり、煉瓦建築の入居者がその後連続した建築空間を個々の町家の間口サイズに再び分解してしまったからである。もちろん、なかには大店の店舗のように規模の大きな建築が建つ大きな敷地があり、連屋化を維持した建築もあった。

図19　明治５年と明治45年の敷地割り比較

注：この図版作成に使った地籍図及び地籍台帳は，東京市区調査会が大正元年に発行した『東京市及接続郡部　地籍台帳地籍地図』（地籍図は大正元年11月７日発行，台帳は明治45年４月25日発行）である．

もう一歩話を進めると、江戸の敷地サイズと町家サイズを連続させた連屋化は、現在見られる一定の小さな間口規模の連続する建物群と大中小規模の間口の混在する建物を生む初期条件となることだ。すなわち、この土地と建物の基本的な関係が、現在の銀座の特異な都市空間をつくりだす重要なファクターとなる。煉瓦街・銀座は、土地利用、街路構成、建築、各々において江戸の都市空間の特色を色濃く受け継ぎながらも、建築計画において新たな都市空間のしくみを誕生させ、後の銀座をかえってユニークな街へと導く。

煉瓦街としての新たな出発

銀座に誕生した新聞社の街

煉瓦街は、竣工が早かった大通り（銀座通り）の一等煉瓦建築（家屋）からまず入居者を募った。官が建てた建物の払い下げは、次に横丁（大通りと直交する通り）の二等煉瓦建築、裏通りの三等煉瓦建築に移る。一等煉瓦建築は順調に入居が進むが、二等以下の建物は空家がかなりの数となった。建設当初、煉瓦建築の入居が進まなかった要因としては、建物の高額な払い下げ価格が第一にあげられる。一等煉瓦建築の一坪七五円と比べ、二等は五四円、三等は四〇円とそれほど大きな違いがない。明治七年の巡査の初任給が一カ月四円、明治一〇年の大工手間賃が一日四五銭である。単純に現在と比較はできないが、三等煉瓦建築でも坪あたり二〇〇万円以上の建築費となる。それに借地権の代金も加わるから、現代の感覚で言えば高層ビル並みの価格である。まして二等、三等煉瓦建築の入居希望者の多くが被災市民である。資金的にも苦しい立場にあった彼らがこの高価な買い物をするには、煉瓦街に明るい展望が必要であった。しかし、バラ色の将来像が当時の銀座にあったわけではない。このことも空家を多くさせた。煉瓦街は、新しもの好きの江戸っ子の興味をそそる一方で、その誕生を快く思わない人たちから「雨漏りがする」、「脚気になる」などの流言も飛び交った。雨漏りはいくつかの建物で実際にあったが、このようなマイナス要因がさらに彼らの入居を渋らせる結果となる。(16)

旧来の土蔵や木造家屋での商いに慣れ親しんできた者にとっては、使い勝手の悪さや湿気を含む構造上の欠陥が、先行きの不安とともに割高感を増したものと思われる。当初煉瓦造りや石造りの建築に限られていた制限も、自築に限れば土蔵造りの不燃建築も許可されるようになる。だが、その恩恵は土地持ち商人たちが建てる場合に限られた。土地を持たない商人たちは、たとえ借地の権利があっても、すでにそこには官が建てた煉瓦建築ができあがっていた。ここで商いをしようとする人たちの中には、煉瓦建築に馴染めず、入居をあきらめた人たちも多くいたはずである。

明治はじめ頃の新政府は、武士が農業や工業・商業につくことを奨励している。明治三年から九年にかけて断続的に一時賜金が支払われており、彼らはその恩恵を受けて農工商業に身を投じた。新聞、印刷、鉱山、汽船などの新しく勃興した産業は、旧来からの商業経営者がほとんど手を染めることがなく、彼らが活躍する最適な業種であった。新進の気性に富んだ武士たちは、このような新たな動きを糸口に活躍する舞台を探す。一方その時、新興産業が活躍する場としては、銀座が一挙に脚光を浴びるようになる。それは、煉瓦街建設によって旧体制の地主や商業勢力がすでに銀座を離れており、その影響をうけることが少なかったからである。銀座は新しい企業や商人たちが活躍する絶好の都市環境を持ち合わせていたことになる。

そのことが最も鮮明に銀座で描きだされたのが新聞社の立地である。そこには「消滅と誕生」のドラマもあった。明治一〇年に尾張町一丁目（銀座五丁目）に進出した『東京日日新聞』の日報社は、倒産した島田組が建てた煉瓦街最大の建物に収まる。現在名鉄ニューメルサが建つあたりである。また、銀座一丁目の現在京橋三菱ビルディングのあたりにあった読売新聞社は、明治八年に銀座で最初に洋服裁縫店を開いた西村勝三が経営する伊勢勝の建物を明治一〇年に買い取っている（図20）。この二つの建物は、銀座の重要な場所に建てられていたにもかかわらず、その建築主がその場を去るという共通性がある。前者は新しい時代の産業構造に転化できずに消滅した前近代的資本構造の商店の例である。

一方後者は新しい時代の業種でありながら、商売には時期が早すぎたために閉店する。「武士の商法」と言われるように、新しい産業にチャレンジした人たちの浮き沈みも激しかった。この洋服商の例ばかりでなく、時代の流れを早く読み過ぎた人たちも一旦手に入れた煉瓦建築を手放すことになる。ただ、銀座からの新旧異なる商人の撤退は、新しい時代の場を再編する変化でもあった。このような、ドラマチックな幕引きではないとしても、旧体制の商人たちが入る予定であった多くの煉瓦建築は空家であり続けていた。

そのようなとき、新聞社が銀座の空家となった煉瓦建築に集中したのである。瓦版から脱皮して欧米の印刷技術を取り入

図 20 二階建てであった時の読売新聞社（『よみがえる明治の東京　東京十五区写真集』より）

図 21 錦絵に描かれた朝野新聞社社屋（『銀座の街並展』（株）和光蔵より）

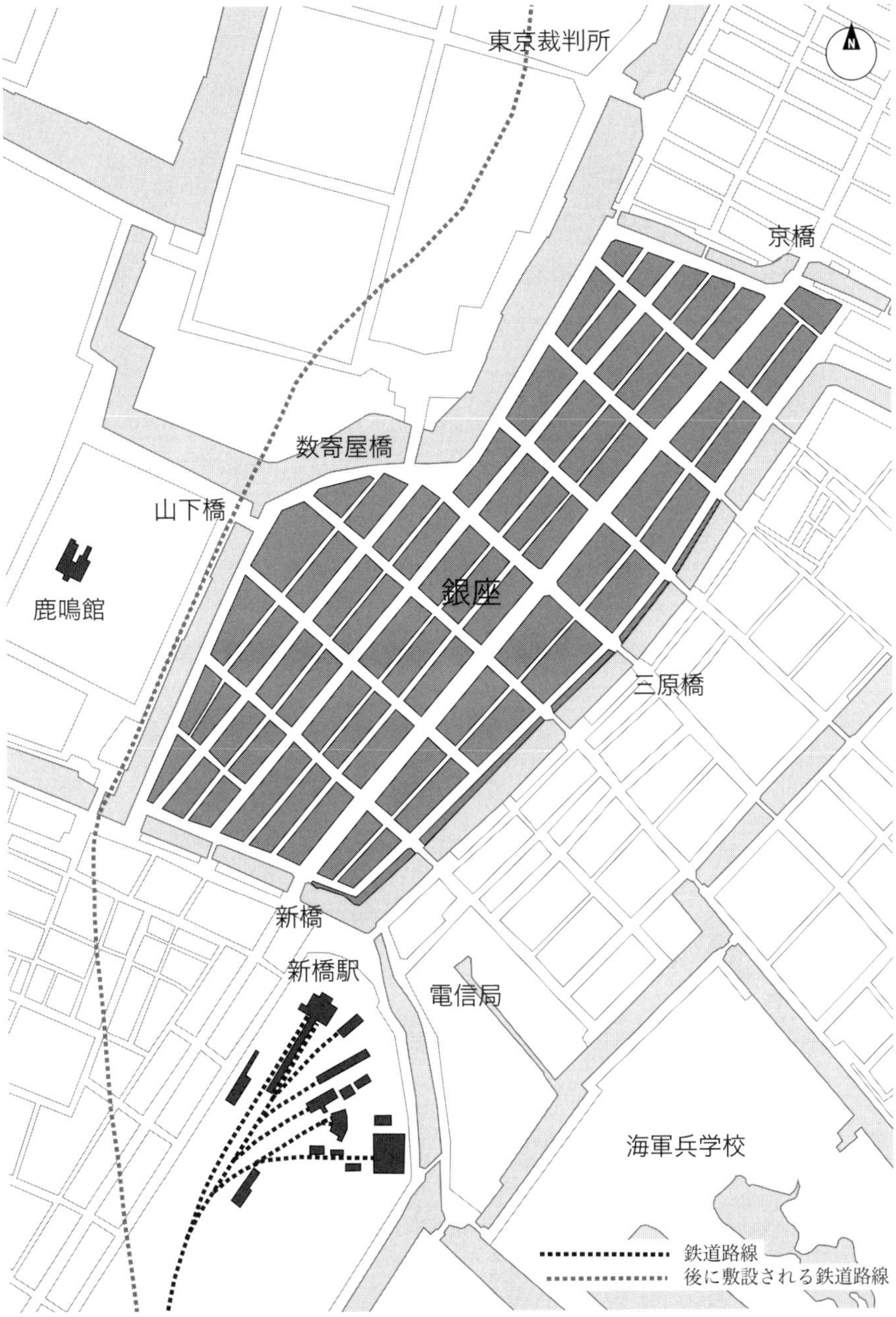

図22 明治10年代の銀座とその周辺
注：この図版は，建設省国土地理院所蔵，(財)日本地図センター複製の「参謀本部陸軍測量局五千分一東京図測量原図」をもとに作成した．

れていた新聞社は、煉瓦建築の近代空間がむしろオフィスに適していた。新聞社にとっては、高価といわれたこの払い下げ価格も、従来の土蔵や木造の建築に比べての話で、不評で多少の値崩れを生じていた煉瓦建築に割安感さえ感じていたことだろう。明治一四年時点で百数社ある新聞社・雑誌社のうち、半数近い五〇社が銀座に登場した。その黄金時代を示すように銀座四丁目交差点の三つの角地には新聞社が占める。現在の和光の所には朝野新聞社、銀座三越には中央新聞社、ニッサンのビルには毎日新聞社がオフィスを構えた（図21）。

ただ銀座に新聞社が集中したのはこれだけの理由ではない。この周辺には、国際舞台となる鹿鳴館や居留地が近くにあり、鉄道による横浜との接点となる新橋ステーションが銀座の玄関口の一つ新橋付近にできた（図22）。銀座は、煉瓦街の建設で西欧風の都市景観をつくりだすとともに、新しい空気を吸収するのに最も鋭敏な土地柄となっており、話題に事欠かなかったのである。新聞という新しいメディアにとっては、銀座を文明開化のシンボルとして宣伝する願ってもない場となっていた。銀座を売り込めば、新聞も売り込めるという一石二鳥の条件がそこにはあった。

明治一〇年代、銀座に立地した新聞社には福地桜痴、成島柳北、田口卯吉など、そうそうたる新聞人がいて、活躍する。明治の開化期に生きた彼らは、活動の場である煉瓦街・銀座を漢語調の文体で必要以上に美化する記事を全国に発信した。彼ら自身の職場と街をともに情報として全国に送った。この新聞・雑誌の銀座賛美に加え、もう一つの情報メディアが銀座を取り上げる。それは、視覚情報源として一般化していた錦絵である。三代安藤広重、一曜斎国輝などの多くの絵師たちは、煉瓦街の異国的な魅力を描き、東京土産として銀座の錦絵を売り出す。日本最初の西欧風街並みの誕生という宣伝効果は社会的にも無視できないほどの素材となっていた[17]。

銀座を描いた錦絵は、当時の写真に写しだされた煉瓦街に比べ、実に華やかに描かれている（図23）。こうした動きは、煉瓦街を商いや住まいとしていた生活者の困苦とは別に、銀座を全国に、しかも興味の対象として地方の人々に受け入れられた。そして、煉瓦街は文明開化東京のシンボルと化し、美しく仕立てあげられた。情報発信の場となった銀座は全国に知られる街となる。

新聞社は、全国に銀座の名を広めただけではない。銀座の場所においてもいくつかの貢献をしている。一つは、銀座を象徴的な場とするために、建物のファサードに手を加えなかったことである。発信した情報にすこしでも近い景観を維持し続けたかったのかもしれない。その意味で、この業界は明治政府の目論見やウォートルスの計画意図を忠実に守ったと言える。

都市風景に威厳を持たせていたトスカナ式の列柱は人々の記憶に残り続ける。震災後は、銀行や保険会社が列柱を配した建築を建て、煉瓦街のそれを引き継ぐことになる。

いま一つ新聞社が銀座に果たした貢献は、職人町としての近世における都市的体質を近代に継承したことである。新聞社に関連する企業としては、印刷業、製本業、洋紙店、文房具店などがあげられる（図24）。これらは新聞社の数が増えるとともに、横丁や裏通りに数多く分布するようになる。関連する職人たちも加えて、銀座には新聞をキーとした企業や職人のネットワークがつくられ、新たな生産の場を再生していった。さらに、このネットワークは新聞社関連の狭い範囲にとどまることなく、銀座のあらゆる関係性の中で広がりを見せた。近代化する明治期に地域内完結型の近世的な構造をうまく残したことで、人々の多様な活動の場として見事に仕立て直す。近代的社会構造としても銀座を成熟させた。印刷と広告文化が結びついたのもその一例である。また文化面では、最初に新聞社がその社屋を使って開催した美術展覧会が、後に企業ギャラリーへと展開する。そのことは相互に直接の関連がないにしても、銀座の場を介した継承であり、文化のネットワーク化のはじまりである。買い物客だけではない、多様な層の人たちを呼び込む仕掛けがつくり

図23 華やかな風景として描かれた銀座通りの街並み（『銀座の街並展』三枝進氏蔵より）

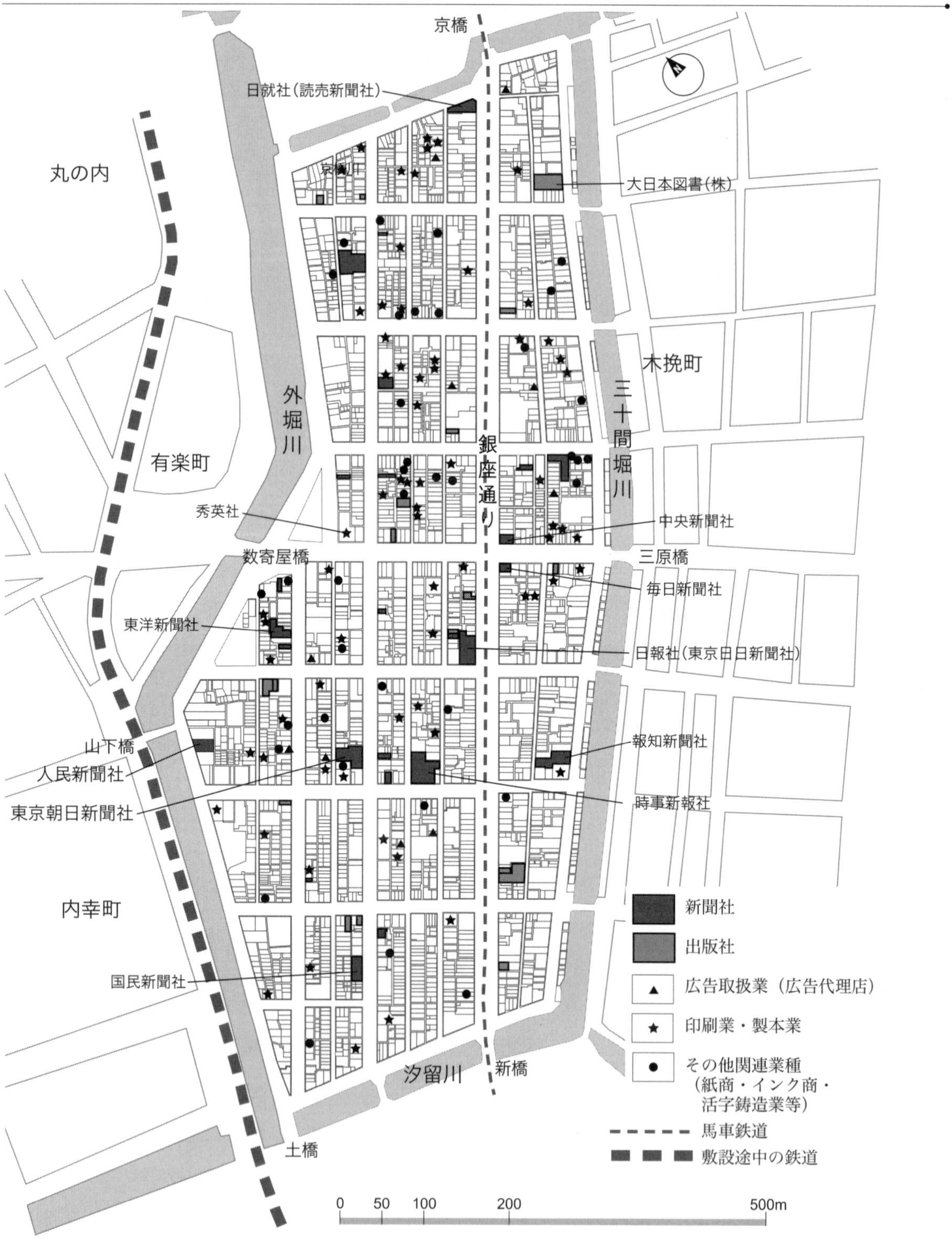

図24 新聞社・出版社とその関連業種の分布（明治35年）

注：ベースの地図は明治35年の建物状況を示している．

だされていたことを意味し、現在の銀座が持つ多層化した人のネットワークに結びつく。そのことによって、今日の銀座の特色である重層性や多様性を持ち合わせることもできたと考えられるのである。

新旧の業種が混在する商業地の蘇生

近代産業が勃興し、その形成期にあたる明治一〇年代から二〇年代にかけて、主要都市では『博覧絵』、『商工便覧』が相次いで出版された。東京では、明治一六年刊の『東京名家繁昌図録』、明治一七年、一八年刊の『東京商工博覧図』（第一、第二編）、明治一八年刊の『東京盛閣図録』がある。ここに描かれている銅板画は錦絵のようなロマンチックな絵画表現ではない。デフォルメされてはいるが、よりリアリティのある建築空間が描かれている。それは、都市に集中してきた商品経済の急速な伸長により、近代へと脱皮する新旧の商家がより広い層に店と扱う商品を知ってもらうために試みたきわめて早い時期の広告媒体である。

江戸時代から続く老舗、あるいは維新後の洋風化の波にいち早く乗った新興の商人たちは、新旧の時代が交差するなかで競い合って自分たちの商いの場を描かせた。それらの様子は、この精緻な銅版画に見事に描き込まれている。この時代は、まだ写真技術が未発達である。銅版画家たちの描いた繁昌する商店の様子は、後の写真に優るとも劣らない、疑似体験的なリアリティを当時の人々に与えていたに違いない。銀座でも多くの店がこの銅板画を描かせた。

その中に、銀座の三奇人といわれ、画家である岸田劉生の父親・岸田吟香もこの宣伝媒体を利用していた。彼は、明治八年銀座二丁目に楽善堂を開店し、横浜の居留地で後の明治学院創立者である医師J・C・ヘボンが『和英語林集成』の編纂をしている時に協力した礼として伝授された目薬「精錡水」を売り出す。その前には「東京日日新聞」（後の毎日新聞社）に入社し、日本初の従軍記者となっていた。彼の店を描いた銅板画を見ると、そこには煉瓦街の最大の目玉である連屋化された煉瓦建築、歩廊と列柱がしっかりと描き込まれている（図25）。新聞社のように、彼もまた煉瓦建築をそのままの形態で残しながら、商品売り出しの宣伝材料に使ったのである。実際には、改装を加えた可能性があるが、そのような要素は絵から極力排除してある。

『東京商工博覧図』などに描かれた時代は、煉瓦街として建設された個々の建築やそのファサードにおいても、試行錯誤

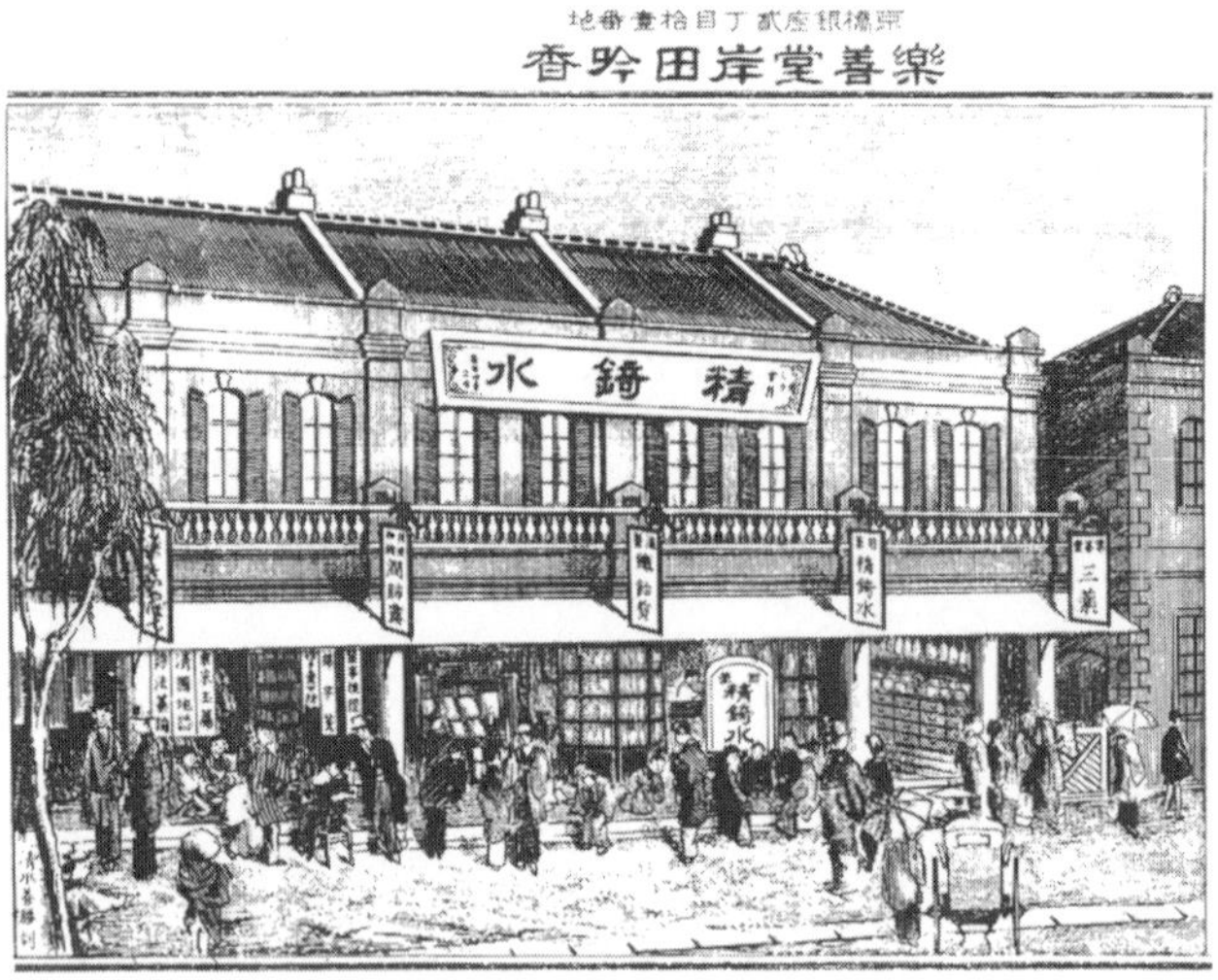

図 25 岸田吟香の店（『明治期銅板画東京博覧図』より）

図 26 改装された煉瓦建築（『写真集　銀座残像』より）

が繰り返された。煉瓦建築の不人気からすこしずつ脱皮して繁栄しはじめた明治二〇年代の銀座は、煉瓦街建設当時の街並みと大きく異なるファサードをつくりだす建物も現われていた。当時の写真に写されている建物には、唐破風の庇や出格子を設けたものも見受けられる。西洋を思わせる煉瓦建築も、住民の手にかかると、当時の新政府の意図とはおよそ懸け離れた街並みにつくりかえられてしまったのである。建設当初のまま煉瓦建築を使っている店舗は写しだされていない。なんらかの改装がされたり、看板などの付属装置を取り付けている。業種によっても異なるが、呉服、陶器など江戸以来の伝統的な商品を扱う店舗だけではなく、眼鏡店、玩具店、靴店などの店舗も、江戸時代の大店が入口正面に屋号を書いて掲げた長方形の大きな看板を同じように掲げている(図26)。これらの伝統的な看板の多さを見ると、西洋趣味の一方で江戸の伝統が大衆化され、根強く生き続けていたことがわかる。さらには、家の前に天水桶、植え込み、水引き暖簾や日除け暖簾といった和風の装置が銀座の景観の一部をなしていた。煉瓦街には、このように付加された和風ばかりでなく、焼失しなかった土蔵の建物や蔵、加えて煉瓦街建設時に途中で許可された土蔵造りといった和風建築が銀座通りに点在していた(図27)。

和風の装置が建築に付け加えられていくだけではなかった。洋風の要素も付加していく。煉瓦街建設の時につくられた歩廊を、舶来品の機器を扱う銀座二丁目の田島商店のように、列柱を活用してショーウィンドーに変えた例も多く見られる(図28)。歩廊の設置は、思わぬ所で商店街として繁栄していく各々の店にディスプレーの場を与えたのである。当時銀座以外ではショーウィンドーが連続して街並みに溶け込む風景をつくりだすことがなかったから、さぞかし人々の注目を集めたに違いない。単に和風回帰しないところに銀座の別の一面が覗く。わずか一〇年足らずの間に、ウォートルスが意図した「歩廊設置」と「様式の統一」がなされた都市景観はもろくも解体され、日本的に、あるいは欧米の最新の商業空間に再生されていたのである。そこには、煉瓦建築を自在につくり変えてしまう銀座人の逞しさがうかがえる。

明治八年、日本で初めての電信機を製作した「からくり儀右衛門」こと田中久重は田中製作所(東京芝浦製作所の前身)を銀座通り沿いの南金六町(現銀座八丁目)に設立する。彼の店もまた歩廊がショーウィンドー化してる。彼は銀座から現代のハイテク産業の先駆けとなる企業へと展開させ、後に大企業へ発展していく東芝の祖である。寛政一一(一七九九)年に久留米に生まれているから、彼が店と工場をここに開いたのは七七歳の時であった。田中製作所は田中久重が明治一四年に没した後、養子である大吉が二代目久重として店を繁栄させる。芝浦の広大な土地に工場を建設した後も、事務と販売部門は銀座に残し、震災で建物が焼失する半世紀近くの間、銀座にその名を残した。銅板画に描かれているように、田中製作所は

図 27
和風の建物も建つ煉瓦街・銀座（『明治期銅板画東京博覧図』より）

図 28
ショーウィンドー化した歩廊（『明治期銅板画東京博覧図』より）

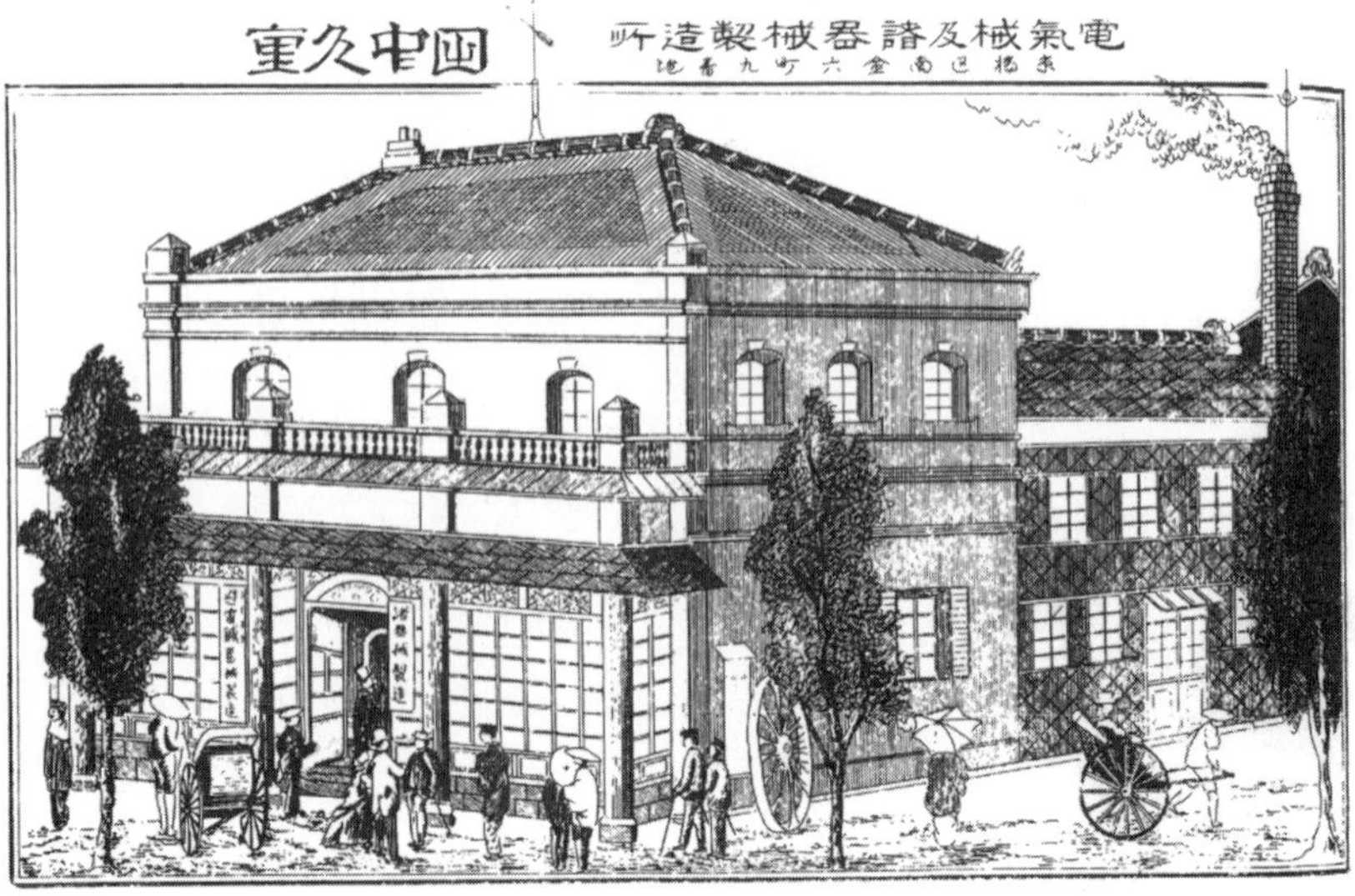

図 29 田中製作所
（『明治期銅板画東京博覧図』より）

銀座通りに面して煉瓦建築の店を構え、その裏に工場を併設していた（図29）。消費が拡大し、工場が大規模化するまで、銀座の商店は生産と販売の場が一体化しているのが一般的であった。煉瓦街は多くの挫折の中で成立したが、煉瓦建築の背後に自由度のある空間を残したことは、ものづくりが基本であった近世の銀座の伝統を活かした土地利用が可能となり、欧米で誕生した商品を販売するだけでなく生産と一体化した商いができたことになる。

このことは、現在の銀座が単にものを売るだけの街ではないと自負する伝統につながる。驚いたことに、現在でもこのような工場を取り込んだ環境を維持し続けている店がある。それは、木村屋総本店である。ビル化された建物の中にはパンをつくる施設があり、できたてのあんパンが一階の銀座の店で売られている。あの小さなパンには銀座の伝統が包み込まれているのだ。江戸と西欧、古いものと新しいものが微妙にミックスした銀座の重層感は、あんパンの味のように、人々の思惑を越えた煉瓦街と近世銀座との時空の絶妙なバランスの上にできあがっていたことになる。

銀座は、明治初期の煉瓦建築による街並みの整備によって、これまでの日本の風景にない都市空間をつくりだした。日本が近代化する以前の未成熟な時期の試みは、本格的な西欧の街並みをつくりだすという点で、成功したわけではない。だがこのことで、銀座は日本の都市の歴史上きわめて特異な街の歩みを辿りはじめる。それは、江戸時代の土地構造と連続した煉瓦建築の街並みを下敷きとして、日本における最先端の西欧建築がその後展開し、より多層な都市風景をつくりだしていくからである。

一方、銀座は新しい情報メディアの新聞社が集中し、街全体を情報発信源とする試みがなされた。当初不評であった煉瓦街も、一等煉瓦建築が並ぶ大通りだけは別であった。横浜の開港場から入ってくる欧米の珍しい商品を陳列販売する人たちにとって、西欧のストリートをつくりだしている大通りは、自己の商店と商品を売り込む絶好の舞台となっていたからである。当時銀座の先行きが見えなかったとしても、彼らは新聞や錦絵の宣伝媒体付きで店を構えることができた。銀座の店は、メディアと協調しながら、街とともに歩みはじめたのである。メディアと上手につきあう姿勢は、現在の銀座においても変わらない。銀座という街は、明治初期の段階から、あえて見られることでこの場所の魅力を再生産する智恵を培ってきたと言える。

（1）『中央区史・中巻』東京都中央区役所、一九五八年、一二ページ
（2）明治五年の『第一大区沽券地図』に記載されている筆を名寄せした敷地の数が四八三件である。そのなかに、所有者不明の敷地が一四件ある。
（3）明治五年時点、五〇〇坪以上の土地を所有する主な顔ぶれは、島田八郎右衛門（一九二七坪、島田組）、鹿島清左衛門（一〇三六坪、材木問屋）、鹿島利右衛門（七六二坪、酒問屋）、郡司ケイ（七五二坪、煙草商）、三井次郎左衛門（七一四坪、三井組）、鹿島清兵衛（六七七坪、酒問屋）、三村清左衛門（六六八坪）、小倉ヒサ（六二四坪、刀剣商）、青地四郎左衛門（五九五坪、金貸し）、松沢八右衛門（五〇六坪、薬問屋）である。
（4）『東京　成長と計画　1868－1988』東京都立大学都市研究センター、一九八八年、五四ページ
（5）鹿島清左衛門は、明治四五年時点で銀座に六一七四坪の土地を所有しているが、彼は後に赤坂に所在地を移している。
（6）郡司ケイは明治一一（一八七八）年時点で郡司平六にすべての土地を譲渡している。郡司平六は、鹿島利右衛門と同様に明治三五年時点で一〇〇万円の資産額を所有し、明治四五年時点で七一三八坪の面積の土地を保有していた。
（7）鹿島清兵衛は、明治八年に発行された「大日本持丸鏡」で前頭一枚目、五年後の明治一三年の『大日本全国持丸長者改正一覧』では大関にまで登りつめている大資産家である。京橋区四日市町に所在地がある。その後、鹿島ノブに資産が移った明治四五年時点の土地所有状況は一万五三〇一坪となっている。
（8）日本橋区小網町一－三に所在地がある小倉久兵衛は、五九九六坪（明治四五年時点）の土地を所有していた。
（9）青地四郎左衛門は、資産額が一〇〇万円（明治三五年時点）で、東京に六七三六坪の土地を所有していた。明治四五年時点になると、これらの土地の所有者は青地四郎に代わっている。
（10）川崎房五郎『銀座煉瓦街の建設』都市紀要三、東京都、一九五五年、二一－二四ページ
（11）藤森照信『明治の東京計画』岩波書店、一九八二年、三－四ページ
（12）前掲書『銀座煉瓦街の建設』四八、五九ページ
（13）前掲書『明治の東京計画』五、一一－一二。本文は、昭和一五年刊の由利正通編『子爵由利公正伝』に記載されている内容、明治四一－四五年になされた井上馨を囲む渋沢栄一らの回顧座談会記録（沢田章編『世外候事歴　維新財政談』上・中・下巻、大正一〇年刊）の内容をもとにしている。
（14）前掲書『銀座煉瓦街の建設』六八ページ
（15）小泉孝・小泉和子『銀座育ち　回想の明治・大正・昭和』朝日選書、一九九六年、二〇－二六ページ
（16）前掲書『銀座煉瓦街の建設』一七〇－一七五ページ
（17）林屋辰三郎編『文明開化の研究』岩波書店、一九七九年、三一二、三二一ページ

第二章　今日の素地を築いた銀座——明治・大正期

一　変容する都市空間とそこに生きた人々

煉瓦街建設後の建築の動き

街に時計塔が聳える

ヨーロッパを旅すると感じることだが、教会を核に発展した都市ではその前に広場があり、道や路地がそこに集まるように町全体が構成されている。道側から教会の方向を振り返ると、広場に聳え立つ鐘楼や時計塔がビスタとなり、象徴的な景観をつくりだしている。だが街に核を持たない日本では、道路や路地から垣間見られるこのような塔の風景はない。明治期、建物の上に乗せられた時計塔の多くは、道が交差する街角にできていた。

時計塔が立地する場所は、教会を核にしたヨーロッパの空間演出ではないようだ。むしろ、明暦大火以前にあった江戸の町の角地に立つシンボリックな角櫓を思わせる。日本橋の橋詰には三階建ての立派な角櫓があったが、新橋橋詰にも角櫓のある建物が建てられていた（図1）。その後、このような櫓は許可されずに姿を消す。しかし、グリッド状の町並みを演出する有効な方法であることは日本人の感覚として潜在的に残り続けたはずである。江戸の封建社会から解放されると、銀座の街区の角地にはランドマークとなる時計塔が堰を切ったようにつくられる。それは日本人にもともとあった街角空間を演出するセンスであったからだろうか。

日本人が持っていたはずのこのような感覚を確かめるために、銀座を訪れる時は必ず銀座四丁目の交差点に佇み、和光のビルを眺める。現在の銀座で、時計塔のある建物は渡辺仁が設計したこのビルだけとなってしまったからだ。石張の外装に重厚な質感を肌に感じつつ、ルネッサンス様式の軽やかさが繁華街の重要な街角にぴたっとはまり込んでいて心地よい。しかも、時計塔が自然なかたちで載せられている。載るというよりも、あるべき所にしっかりと収まっている。この建物は欧米の建築様式や構造で建てられているのだが、時計塔を配した街並みへの配慮は江戸からの日本人のセンスが宿っているように感じる。

それでは、明治時代に時計塔がどのくらい建設されていたのか。その数は定かでないが、東京では三七の時計塔が確認されている。[1] 明治期の銀座にも、このような時計塔があった。銀座で最初につくられたのは、八官町の小林時計店本店と銀座四丁目の京屋時計店銀座支店であり、煉瓦街建設中の明治九年につくられた。もちろん、これらはいずれも通りに面した角地にある。

小林時計店の時計塔は、重厚な土蔵造り二階建ての建物の上に継ぎ足すように乗せられた（図2）。街並みから頭を突きだした時計塔は、土橋を渡り銀座に入る人たちの目にとまっていた。これは、大正一二年の関東大震災で焼失するまで半世紀近くものあいだ銀座で時を刻む。土蔵建築と時計塔の組み合わせは、江戸中期以降の洗練された町家建築に慣れてしまった者には異様に映る。だが、江戸初期の三階建ての立派な角櫓を思い起こせば、一概に奇抜とも言い切れない。むしろ日本人の発想としては自然なのかもしれない。早い時期につくられたこの時計塔は、興味深い磁場をこの時期つくりだしていた。それは、服部時計店を起こす服部金太郎が時計商となるきっかけをつくったからだ。当時八官町にある洋品雑貨問屋・辻屋で働いていた彼は、小林時計店の時計塔と店先の時計を常日頃目にし、時計に興味を持ちはじめたのである。この小さな島に凝縮された銀座は、どこか人々のかかわりとドラマの組み合わせを限りなく用意しているように思える。

京屋時計店の方は、銀座通りに面した一等煉瓦建築の上に、ウォートルスが設計した時計塔を載せる（図3）。この店を創設した水野伊和造は、小林伝次郎同様、江戸時代からの時計商である。彼は外神田に店をはじめて構えた後、まもなく銀座に支店を出す。建物も時計塔も西欧の伝統に根ざしたものであり、変化に乏しかった煉瓦街のスカイラインが、ここだけはひときわ鮮やかに銀座の空に浮かびあがる。この姿は、井上安治の錦絵「東京名所之内銀座煉瓦石」（明治二一年開板）にも描かれており、注目度は高かったようだ。残念なことに、この時計塔も関東大震災の三カ月前、京屋の閉店に合わせて煉瓦造りの店舗とともに姿を消す。土蔵と煉瓦の異なる各々の建築にシンボリックな時計塔が明治期載せられていたことは、洋風一色に染まらなかった銀座と西欧の息吹を象徴する銀座が同居していることをお互いにアピールしあっているようで面白い。

この二つの時計塔から一八年の歳月を経て、銀座四丁目の交差点にある煉瓦建築の上に時計塔が載せられる。その建物は、服部金太郎が経営する服部時計店である（図4）。初代の服部時計店は、米国から帰国した建築家・伊藤為吉に依頼し、朝野新聞社の社屋を買収した既存の煉瓦家屋の上に大時計を取り付けた。ただこの場合は、明治九年にできた二つの時計塔とは

図1　新橋橋詰に建てられていた角櫓（歴史民俗博物館蔵「江戸図屏風」／小澤弘・丸山伸彦編『図説　江戸図屏風をよむ』河出書房新社，1993年より）

図2　小林時計店（『明治期銅板画東京博覧図』より）

図３　銀座通りと京屋時計店
（『写真集　銀座残像』より）

図４　初代服部時計店（『銀座文化研究』より）

図５　博品館勧工場（絵葉書）

違い、単に既存の建物の上に継ぎ足したのではない。建物の一部を改築し、新たにもう一層分建物を建て増している。その上に時計塔を載せたので、建物と無理なく調和している。しかも、二階建てが中心の煉瓦建築の街並みに比べてスケールアウトした増築部分は、後退させ、街の風景とのバランスを配慮した建て方をしていることも見のがせない。

この時計塔は、現在も健在である二代目のビルを建設するために、大正一〇（一九二一）年に取り壊された。二代目の建物は、震災で工事が大幅に遅れ、昭和七年に竣工する。これがその洗練されたフォルムで時計塔を引き継いだことから、銀座四丁目角では初代から一世紀を過ぎた現在もなお、時計塔が時を刻み続ける。伊藤為吉から渡辺仁へ、建築家の感性が見事に場所の意思を引きだし続けている。それは二代目の建物が現在銀座で最も親しまれているシンボルであることが何よりの証ではないか。

ここまでは、いずれも時計商が施主となっていたが、それ以外の業種の店にも時計塔が建つ。同じ伊藤為吉が設計した帝国博品館の時計塔である。(2) これは明治三一（一八九八）年に新橋寄り（南金六町）にできる。橋詰というより広がりのある空間を意識して、時計塔は角からまっすぐに建物の三階部分を立ちあげた上につくられた（図5）。ここまでくると、時計塔を載せるというイメージではない。建築と時計塔が一体化する。

このようにできた年代ごとに見てくると、時計塔と建物、そして街並みとの関係の変化が見て取れる。建物に継ぎ足された時計塔が、次に建築と一体化し、積極的に街並みとかかわる帝国博品館の時計塔に辿りつく。この流れは、さらに震災を経て最終的に二代目の服部時計店に行き着くのである。

帝国博品館の時計塔は、大正一〇年に上階部分を増築する時に取り外されるまで四半世紀の間銀座で時を告げ、人々に親しまれ、人気を博していた。江戸時代初期にはこの場所にシンボリックな角櫓が建てられていたことを改めて思い返すと、橋詰の角地にシンボリックな空間をつくりだしたいという日本人の感性が二百数十年の歳月を経て蘇ったといえる。建築家の感性が場所の意思を建築空間として表現することができれば、人々に親しまれる存在になることを、服部時計店や帝国博品館が教えてくれているようだ。

建て替わる煉瓦建築、官の統一から民の多様化へ

銀座に煉瓦街がつくられた後、明治二二（一八八九）年からは東京を近代都市に改造する市区改正事業がはじまる。この事業は、三〇年の歳月をかけ、大正七（一九一八）年に完了した。事業費全体の六割強が市街鉄道（市電）の敷設にからむ道路の拡幅整備にあてられており、これは市街鉄道敷設のための事業でもあった。銀座通りにも、市電が敷設できるように路面に石が張られ、馬車鉄道に替わり市電が明治三六（一九〇三）年に開通する（図6）。この石は現在銀座通りの歩道に敷き詰められている。この他にも、外堀通り、晴海通りに市電が走りはじめた。こうした市区改正事業の最中に、日本は日清（一八九四～九五年）と日露（一九〇四～〇五年）の二つの戦争を経験し、都市開発の予算が大幅に削られる。東京の都市発展の担い手であった市区改正事業には大きな痛手となった。

都心部では、丸の内が大正期の好景気を背景に、近代的なビルが次々と完成していき、一大ビジネスセンターの様相を見せる。新橋が終着駅であった鉄道は、外堀川沿いに線路が敷設され、東京駅が大正三年に東京の表玄関として完成する（図7）。一方日本橋は、一時期土蔵造りの建物が町の景観をつくりだしていたが、道路の拡幅、新設で土蔵造りから煉瓦造りや鉄筋コンクリート造りの建築に建て替わりはじめていた。東京都心部の都市空間が大きく変化する中で、日本橋に限られていた商業・業務活動の場も拡大する。銀座はその時すでに商店街として急速に発展を遂げようとしていた。商店の流出・流入も激しく繰り返され、明治三〇年代から四〇年代にかけての一二年間には半数近くの店が新しく入れ替わるほどであった（図8）。次世代に向けて、銀座の商店の新たな選別が行なわれていたのである。

このような時期に、銀座は民の力でウォートルスの煉瓦建築を本格的に解体し、あるいは大改造を試み、都市空間を再構築する動きを見せる。その先駆けとなった建物が竹川町（現銀座七丁目）の亀屋食品店である。これは、明治四〇（一九〇七）年に煉瓦街時代の建築に大改造を加えたものであり、鉄筋コンクリート建築の先駆者・遠藤於兎はアール・ヌーヴォーの新しいデザインを意匠に取り入れて設計した。一九〇〇年のパリ万国博覧会で多くの人々が注目するところとなった様式が、わずかのタイムラグで建築として銀座に表現されたのである。ジョージアン様式の建築で統一された街並みを意図してできた煉瓦街に対し、過去の建築に拠り所を求めない最初の建築様式が選ばれたことは、煉瓦街時代から脱皮する強烈なメッセージがこの建物に込められていたようにも感じる。当時亀屋食品店の建物を見て、銀座が新しく生まれ変わろうとしている

図6　銀座通りを走る市電（絵葉書）

図7　山下橋が架かる外堀川と敷設された鉄道（『資生堂百年史』より）

図8　明治後期の商工業者の流動と定着

注：ベースの地図は明治35年の建物状況を示している．
この図面作成には，明治31年の「日本全国商工人名録」，明治35年の「東京市京橋区銀座附近戸別一覧図」，明治43年の「第十五版　日本紳士録・東京版」を使って分析・作図している．

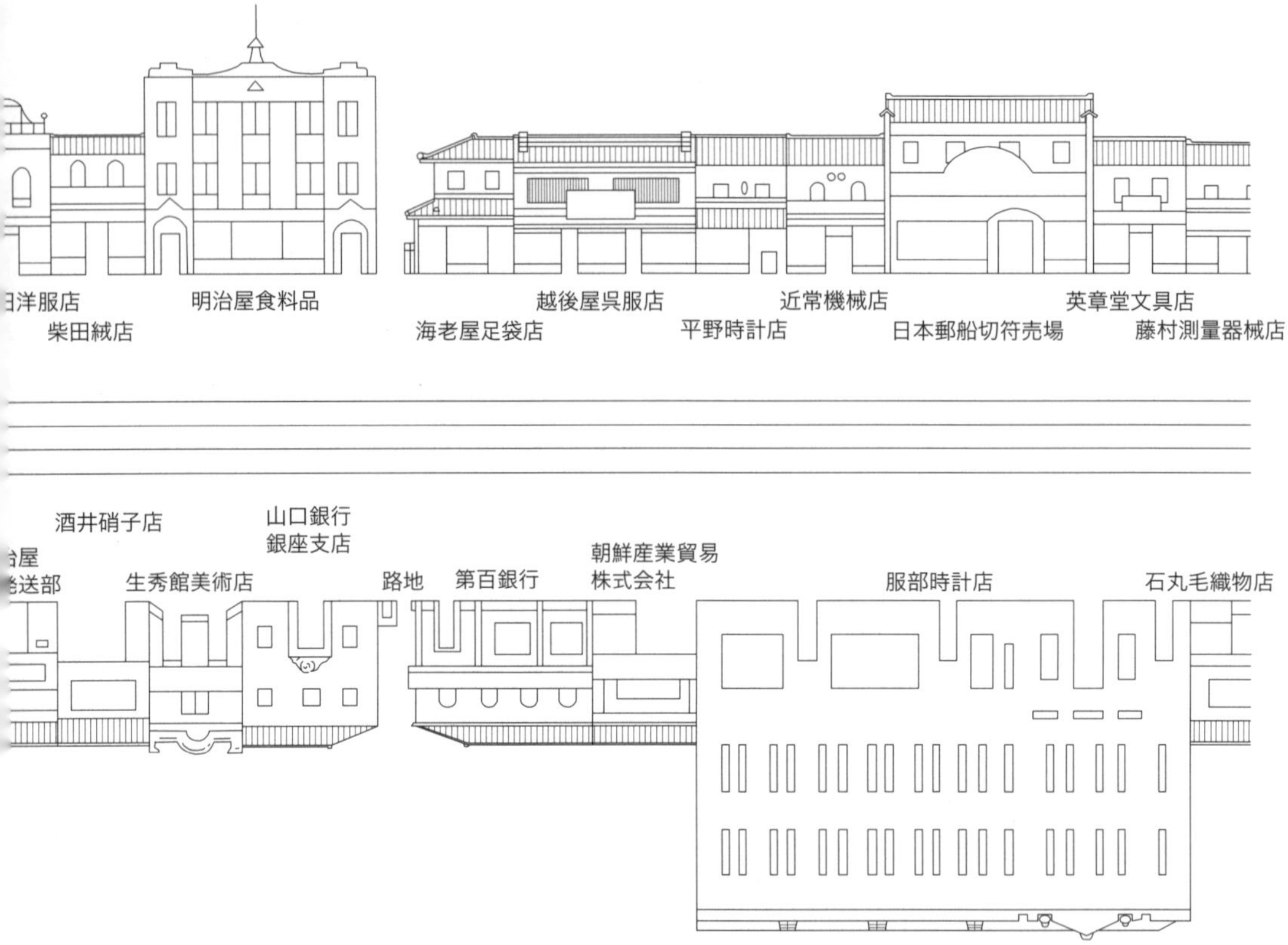

図 10 銀座通りと大倉組（絵葉書）

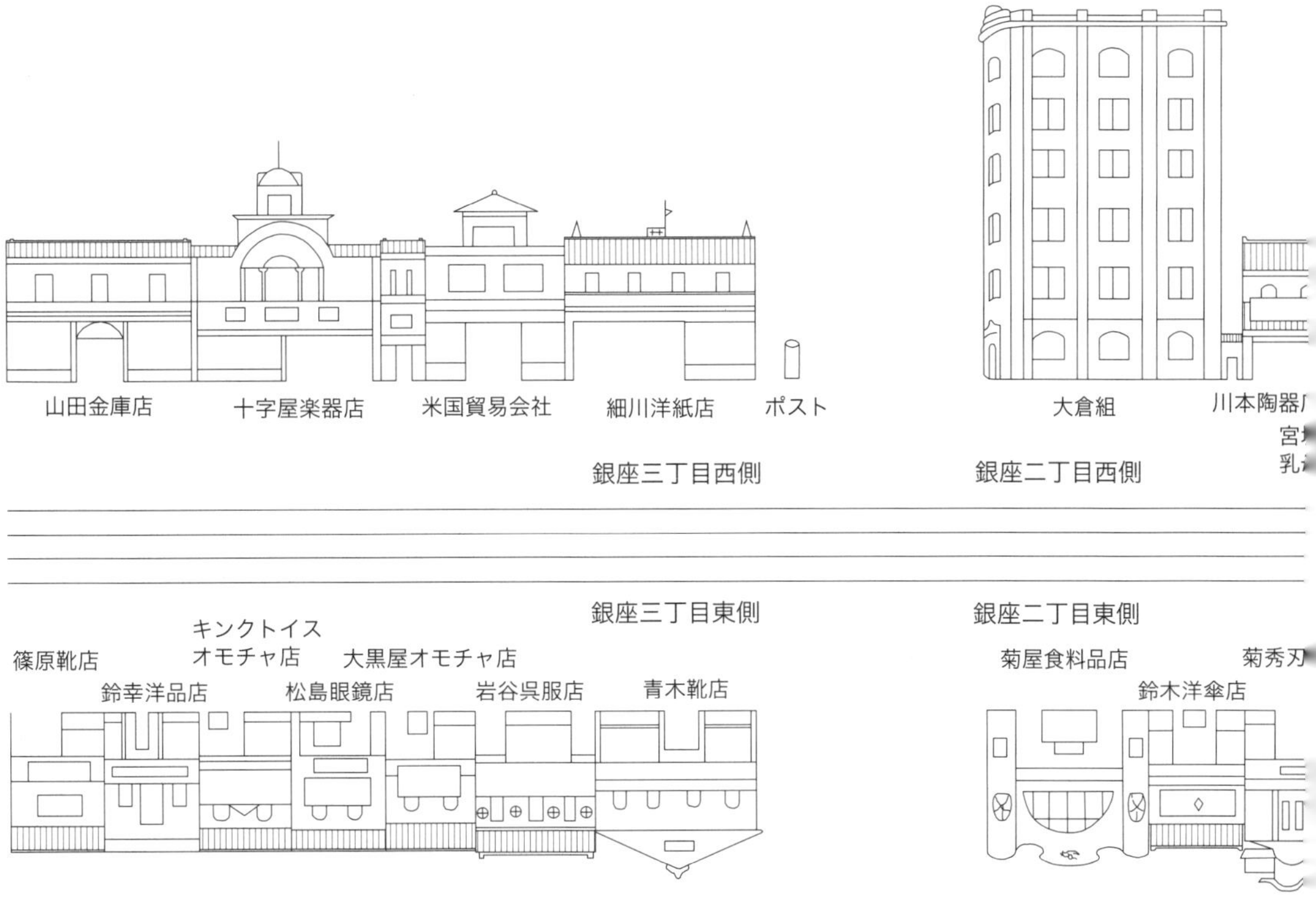

図9　大正10年の銀座通り連続立面（銀座二，三丁目）

注：この図版は『銀座』に収録されているスケッチをもとに作成している．

図11　資生堂化粧品部の建物（『資生堂百年史』より）

ことを予感した人がいたに違いない。

煉瓦街時代の銀座の商人には「ギンザのサエグサ」の創業者・三枝与三郎をはじめ横浜の公使館や商館に勤めていたり、出入りする者が多い。その中の一人がこの亀屋の創業者・杉本鶴五郎である。彼は、横浜に船で運ばれてくる欧米の新しい異国の空気を嗅ぎ取っていたはずである。その後、彼は明治一〇年に銀座に店を構える。洋酒や食料品の輸入は明治屋がその名を知られているが、むしろ先駆となったのは亀屋であり、震災後も明治屋と肩を並べるほどの繁昌ぶりであった。しかも、亀屋は単に商品の輸入にとどまらず、欧米の芸術・文化の動きも敏感に捉えていたのである。

このように、銀座の商人たちは商売の先見性だけではなく、次第に街並みをつくりだす建築にも強い関心を見せはじめていた。変化しはじめた銀座には、ファサードの意匠に凝った建築も登場する。銀座二丁目の菊屋食品店、銀座三丁目の十字屋楽器店、玉屋時計店などはその派手さが当時の簡単な連続立面図を見るだけでも伝わってくる（図9）。煉瓦建築という与えられた空間を使いこなすだけでなく、新しい建物を建てることで、店が自己表現をし、街並みをつくりだす役割を担いはじめていた。

また、丸の内の馬場先通り沿いにある本格的な西欧建築の街並みに刺激され、煉瓦建築の屋並みから突き出るように、三〜五階建てのビルも建つようになる。銀座二丁目には、外装を赤煉瓦で纏った鉄筋コンクリート五階建ての大倉組の建物が建ち、当時の銀座通りでひときわめだつ存在となった（図10）。銀座は本格的な煉瓦建築や鉄筋コンクリート造りの近代的なビルに建て替わろうとしていた。煉瓦街が建設されて五〇年、大正一〇年の銀座通りにはすでに三〇棟以上もの新築、あるいは改築した建物が誕生していた。

銀座がこのように変貌していく中で、銀座の都市空間を次のステップに向かわせる動きが現われる。それは、高い文化意識を備えた銀座人の台頭であり、建築空間の創造である。資生堂の福原有信・信三親子、京都西陣の川島甚兵衛、真珠王といわれた御木本幸吉といった人たちは、単に銀座で商品を売ることにとどまらず、銀座に建てる建築にこだわりを見せた。現在の銀座で企業やビルのオーナーが建物を建てるとき、クライアントである彼らが銀座の街との関係を深く意識すること、資質のある建築家を吟味して依頼すること、建物に文化施設であるギャラリーやコンサートホール、劇場を備えることは、あたり前のように行なわれている。それほど他の街に比べ、現在の銀座は街並みの成熟度や都市文化の意識レベルが高い。そのことが銀座の強味であり街の厚みの一つなのであるが、このような動きはすでに明治後期から大正期にかけて芽生えはじめていたのである。それを先導したのが福原信三などの企業人であった。

資生堂はトップの資質が強く企業イメージに反映されていた。その初代社長であり、写真家でもあった福原信三は、当時最先端であったアール・デコでデザインしたポスターや宣伝広告をつくり、明治期の錦絵や新聞と異なる新たなメディアによって都市文化の香りを銀座から発信する。そのことは建築にも見られる。彼は、東京駅を設計した日本の建築界の大御所・辰野金吾の感性と技術を介し、銀座の都市空間にも精力的に意思表示をする。大正五（一九一六）年、資生堂は銀座通りに煉瓦造り三階建ての資生堂化粧品部のビルを完成させた（図11）。建築家の意気込みがうかがえるのは、一階正面の柱がアール・デコ風に仕上げられていることだ。アール・デコ様式は一九二五年のパリ博覧会で発表された後、アメリカで大流行する。だがこの建物が建つのは、それより早く、パリでやっと装飾芸術として認められはじめたころである。ここにも、建築家とクライアントである福原信三との高い次元での対話が聞こえてきそうだ。彼の先進性と芸術を見る目の高さは、大正八年この建物の中に資生堂ギャラリーを開設し、若き芸術家を発掘・育成する拠点をつくったことでもうかがえる。老舗といわれる日動画廊が震災後の昭和初期の開設であるから、資生堂はきわめて早い時期に企業ビルの中にギャラリーを開設したことになる。ここにきて銀座は、官主導で描かれた煉瓦街から、民による多様な都市演出の場となりはじめ、建築を介して都市文化を花開かせる準備もすでに整っていたのである。

銀座を魅力づける場の存在

近世と近代が融合した路地空間の再生

銀座を歩いていて、路地が多いことに気づく人はどれくらいいるのだろうか。路地という言葉で、すぐ江戸時代の下町、日本の伝統的空間をイメージする。銀座にも、銀座通りから内側に入ると、別の都市空間が展開する。そこには、かつて路地がつくりだす暮らしを中心とした世界があった。これらの場所を訪れる以前、銀座も下町にあるごくありふれた路地風景だと思っていた。しかし南北に長く延びる路地を見て、町屋敷が連続する構造の上にできたものであるとはどうしても考えにくかった。江戸時代は町屋敷の中に通された路地で充分こと足りており、南北にあれほど長い路地をつくる必要がなかったからである。

実はそれが煉瓦街の建築計画からの思いがけないプレゼントであったのだ。煉瓦街建設の副産物かもしれないが、連屋化した煉瓦建築が通り側を閉鎖したために、町屋敷ごとに東西の路地を通すことのできない所が多く発生した。明治初期の銀座にできた煉瓦街は、江戸時代に表店や裏店であった商業活動の場だけを煉瓦建築に変えただけなので、街区内部は暮らしや生産の場として残されていた。江戸以来の路地の付け方では、街区内部の生活空間にアプローチする動線が取れない。その状況を解消したのが、南北の通りに平行な路地を新しくつくることであった。それは江戸時代になかった新たな路地の創出である（図12）。

その一方で、町屋敷の構造から発達した東西の通りに直角な路地機能もまた形を変えて生き残る。それは、六〇間の街区を三分割した南北に細長い街区がそのままの形態で残されたことから、東西の路地がある程度ないと、公道を辿るだけでは大変な回り道になるからだ。このような距離を一挙に短縮してくれる路地は、街区内部の生活者にとってきわめて利便性の高い道となる。そのために、表通りと裏通り、裏通りと裏通りを結ぶ東西方向の路地も煉瓦街建設の時に再生した。ただ、煉瓦建築の連屋化がしっかりと行なわれた場所では、東西の路地を敷地内に設けるのではなく、主に敷地の境界につくられた。これが江戸時代の町屋敷内に通された路地と大きく異なるところである。

銀座に路地空間が新たにつくりだされたことで、帯状に覆われた煉瓦建築の内側では旧来の地域コミュニティを再び維持し続けることができた。そこでは、江戸の生活環境を連続させる居住空間が息を吹き返し、庶民の生活が充実しはじめる。路地は地域のコミュニティをネットワークする重要な役割を担いはじめ、活き活きとした生活空間を銀座の内部につくりだす。南北と東西の路地が交差する所は、小さな広場になっていて、井戸や便所が設けられていた。このような共同施設は現在すでにない。ただ地域の核となっていた稲荷は、ビル化したとき屋上に移されたものもかなりの数にのぼるが、そのいくつかはまだ路地にあって時代の変化を見守っている。実際にその路地の一つを訪れることにしよう。

銀座の芸妓衆に信心が厚かった豊岩稲荷が銀座七丁目にある。資生堂のザ・ギンザの裏手、花椿通り沿いに碑が建てられている。そこから奥に延びる路地を覗くと、行き止まりのようにも見える。この路地を一度も通ったことのない人は、この奥に何があるのか不安になるはずだ。それでも気にせず奥に進もう。突き当たりまで行くと道は右に折れ、さらに左にと折

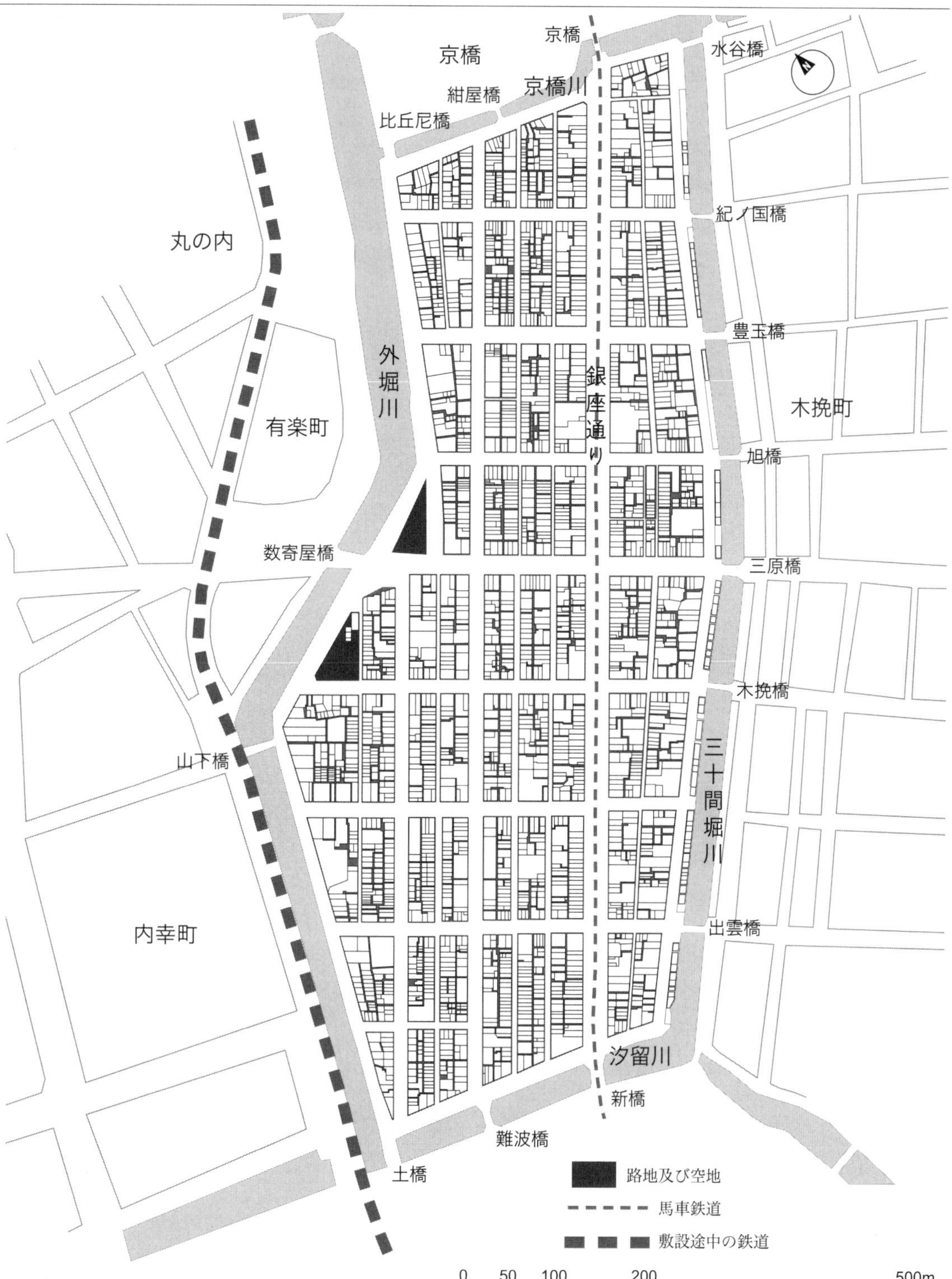

図12 明治35年の建物と路地の関係
注：ベースの地図は明治35年の建物状況を示している.

れ曲がっている。路地に沿って、閉じられて久しいバーがあり、以前人が行き来していたであろう雰囲気を残している。だが、稲荷らしきものはまだ見当たらない。左に折れると路地はまっすぐに奥の方に延びている。煉瓦街建設のときに通された南北の路地である。現在はビルの裏側となり人気のない薄暗い場所となっている。ここがかつては銀座通りの華やいだ場とは別の生活空間をつくりだしていたのである。もうすこし進むと、お目当ての豊岩稲荷が左手に見えてくる。多くの稲荷がビルの屋上に居場所を求めて移るなか、この稲荷はビルにはめ込まれながらも、あくまで路地から訪れる人を迎えようと頑張っている。銀座の路地空間の奥には今も昔の記憶の断片が残されている。銀座もこのように歩くと、また楽しい。

明治期の路地裏は生活の場だけではなかった。職人が働く場でもあり、銀座の人たちが集まる飲み屋、子供たちの楽しみの場である駄菓子屋的な店もそこにはあっただろう。明治期の銀座は、南北と東西の二つの質を異にする路地が絶妙に交差することで、東京の下町によくある路地とはひと味違った特異な空間構造をつくりあげていた。しかも、この銀座ならではの路地は、表通り、横丁、裏通りとともに銀座の重要な道空間であった。忘れられがちであるが現在でも、銀座の路地が持つ秘めた可能性はきわめて大きいはずである。

もう一つの商業空間、銀座の花街

現在、銀座七、八丁目の用途で大きな割合を占めているのは飲食店である。金春通り、西五番街を歩くと、バーやクラブの飲食店で埋められたビルが両側にびっしりと建ち並ぶ不思議な光景に出会う。このあたり一帯がかつては花街であった。JR新橋駅から銀座を訪れる時は、並木通りにむかい、銀座八丁目の路地を通って銀座通りまで出ることにしている。歩いていて、花街の時代を思い浮かべることができる施設は金春湯と新橋会館くらいであるが、これらの路地は戦災に焼け残ったこともあり、妖艶な趣きをどことなくとどめている。現在は版画を売る店やすし屋、割烹など、路地沿いに暖簾や小粋な看板を出している店があって、ここを通ると人の息遣いを肌に感じる。古い建物も所々にあるので、銀座の歴史に思いを巡らせるには最適な通り道である。

江戸時代は、柳橋が花柳界の中心であり、最も栄えていた。それに対し、銀座の花街は江戸時代あまり華やいだ場所ではなかった。だが、維新政府とそれに関連する人々が利用しはじめたことで、明治以降にわかに脚光を浴びるようになる。丸の内や日比谷には新政府の官庁施設が数多くあり、銀座を挟むように木挽町や築地には新政府の高官たちの住まいがあった。そのことが、銀座の立地条件を恵まれたものにする。銀座の芸妓衆は新橋芸者と呼ばれていた。花街を形成していた現在の銀座七、八丁目あたりの他に、汐留川を越えた烏森にも花街があり、それらを総称して新橋の花街となっていたのである。そしてこれらを区別するために、銀座の方は金春芸者とも言われた。ここで語ろうとしている花街は、金春芸者のいる銀座の花街である。

明治四〇年に発行された『東京案内』を見ると、芸者置屋（芸妓屋）は柳橋の花街を抱える日本橋区が三七一戸、新吉原を抱える浅草区が二九五戸と多く。次いで銀座の花街がある京橋区は二四〇戸と続く。この三区だけで東京市全体（二四六六戸）の六割強にも達する。また、芸者の数は日本橋区が七四八人とトップであるが、京橋区も五四一人と二番目に高い数である。この数字からも、銀座の花街が明治期盛んであったことがわかる。

明治三五年の銀座の詳細な地図からは、銀座七、八丁目を中心に芸者置屋が集中していた様子が読み取れる。それも銀座通り、並木通り、外堀通り、それに横丁に面しておらず、三等煉瓦家屋が建設された裏通りにびっしりと芸者置屋が連なるように分布していた。だからと言って、これらが立地する場所は、江戸時代の街区構成が特殊であったわけではない。既存の六〇間街区の内側に通された道に沿って芸者置屋の建物が建てられていただけである（図13）。それでも、当時通り沿いを歩いただけでは花街の特殊な雰囲気が伝わらないようにできていた。江戸時代に浅草田圃にできた新吉原の外側には堀が巡っていたが、銀座では一等、二等の煉瓦建築で商いをする専門店などの商店が取り巻くことで堀と同じような効果をつくりだしていた。そのように考えると、このあたりが既存の街区にありながら、独立した空間を構成しており、銀座通りを中心に街並みを形成する専門店との住み分けが見事である。

この芸者置屋の集まる地域の中心には検番（見番）が置かれていた。現在もその場所に新橋会館のビルが建っており、その五、六階に芸者衆の稽古場が設けられている。その周辺には、広い敷地に建つ料亭や待合が点在し、軸性を持った商店街とは異なるバウムクーヘン状の層をつくりだす（図14）。出雲町の料亭・喜多川は芸者置屋が並ぶ街区にあり、すこし離れた竹川町には花月楼が店を構えていた。三十間堀川に沿っては、兵庫家などの船宿も数軒あった。

ところで、待合や料亭は銀座だけに集中していたわけではない。むしろ、三十間堀川を越えた木挽町の方が数も多かった。震災前に書かれた永井荷風の小説『腕くらべ』には、銀座にある芸者置屋から芸者衆が人力車に乗り込み、橋を渡って木挽町の待合に向かう場面が登場する。掘割を越えた木挽町との関係性を花街はすでにつくりだしていたことになる。

こうした花街が基盤を置く銀座に、明治後半西欧的な社交場が新たに登場してくる。そのもっとも早い例が明治四四年のカフェ・プランタンである。この銀座にできた最初のカフェーは、松山省三が日吉町（現銀座八丁目）に開いたものである。それは日本で最初のカフェーでもある。彼は、ヨーロッパから帰国した知人などからアドバイスを受け、本格的なカフェーをめざした。そこには谷崎潤一郎、北原白秋など文化人が常連として名を連ねる。さらには菊五郎などの歌舞伎俳優や画家の出入りも多かった(3)。

その後カフェーは銀座に次々と店を構えはじめるのだが、彼の本格的なカフェーへの思いとは裏腹にエログロナンセンスの色彩を強めていく。ライオン、パウリスタがその銀座の変革の序章として登場する。昭和初期には関西から進出してきた大型のカフェーやビアホールなどの飲食店が銀座通りに場を占めるようになる。ここが江戸時代から続く花街と異なる。震災で商売に見切りをつけた銀座通り沿いの店が次々にカフェーなどに代わったのである。

一方、芸者置屋は震災復興の鎚音とともに、待合や料亭の多い木挽町方面へと次第に移る。空家となった芸者

図 13 芸者置屋が並ぶ金春通り（『資生堂百年史』より）

図14　明治35年の銀座の花街

注：ベース地図は，明治35年時点の建物状況を示している．

置屋には関西割烹などの飲食店が隙間を埋めていく。その動きにあわせるように、数多くあった待合も銀座から姿を消しはじめる。永井荷風が震災後に書いた小説『つゆのあとさき』では、ネオン瞬くカフェーで働く女性を克明に描いている。先の『腕くらべ』と対比させることで、震災を境にした夜の銀座の移り変わりが意識的に表現されているように読める。

このような変化は土地所有からも読み取れる。それは、現在アスタープラザビルが建つ場所、銀座七－四にある平岡権八郎が所有する一三九坪の敷地である。明治期には周辺の土地を合わせた敷地の上に料亭・花月が店を開いていた。昭和七年の段階では、まだ平岡権八郎はこの土地を所有しているが、昭和一二年の地図からは花月楼の名が消え、カフェー・メトロポリタンに代わる。ここもまた、カフェーの洗礼を受ける。急激な社会状況の変化と、同時に襲ってくる街の変質はときに銀座で長く営んできた業種の変容を迫るのである。そうした環境変化に逆らうことはきわめて難しい。花月も時代の波に飲まれるように銀座を去ることになる。

この銀座通りや裏通りの状況は、戦後になるとさらに一変する。銀座通りでは再び専門店や飲食の店が占めるようになり、表通りのネオンで華やいだ雰囲気は裏通りや路地に移っていく。銀座七、八丁目の裏通りは、芸者置屋に代わり小さなバーやクラブ、飲み屋が所狭しと建ち並び、街並みを占有する。これらの店はかつての芸者置屋の建物と見事なほどの重なりを示す。その界隈には小さな路地が幾筋も通っており、これらに張り付くように飲み屋が店を開き、銀座独特の雰囲気を醸しだす。銀座におけるもう一つの商業空間の歴史がそこにあった。

花街の変容過程を見てくると、銀座は大商業空間でありながら、別の世界を違和感なく内蔵していることに気づく。それは日本の近世中期以降にも、近代にもなかった街のあり方である。土地利用を明確に区別した近世城下町と違った街の原理があるようにも見える。オランダのアムステルダムは、花街が中世の古い時代にできた中心部に混在するようにあり、それとも似ている。しかしまた、江戸時代のところで読み解いてきたように、銀座は島の中にすでに街の基本的な骨格を近世初期につくりあげ、さまざまな用途が共存するかたちで街を成立させていた。これは日本の中世以前に起源を持つ港町の仕組とも似ている。この街のつくりだす土地の基盤と空間システムが、ヨーロッパの近代や日本の近世を飛び越えて中世的な環境をベースにしたところで、洋と和が再融合しているように読み取れるのだ。この分析が間違いなければ、銀座の煉瓦街は実にとてつもない二一世紀型の都市像をすでに示唆していたことにもなる。

二　商業地としての銀座の土地

土地の動きを読み取る

商う場の変化とその評価

銀座の煉瓦建築は、一等と三等でその質にかなり差があった。そのことは明治四五年の高地価の分布にも違いが鮮やかに描きだされている（図15）。地価の高い土地は銀座通りに集中し、その平均地価はほぼ六五・〇〜七〇・〇円／坪である。銀座通り以外の地価の大半が二五・〇〜三〇・〇円／坪であるから、そこには二〜三倍の開きができていた。

明治四五年の状況がつかめたところで、煉瓦街建設以前の地価とどのような違いがあるのかを比較してみよう。明治五年の「沽券図」から地価情報がわかる四五九筆（六〇筆は不明なので除外）を分析すると、銀座通りの地価は他に比べ、あまり高くない。むしろ、京橋、芝口橋（新橋）、土橋といった橋詰やその近くの辻が高地価であり、数寄屋橋御門、山下御門といった御門付近の土地も比較的高地価となっている。江戸から明治に時代が移ったとはいえ、江戸の武家屋敷とのつながりがこの頃まだ地価に反映していたのである。江戸時代の舟運を主体とした物流の特色を示すものとしては、三十間堀川にある河岸《かし》沿いの土地が高いことだ（図16）。明治のはじめ頃は舟運がまだ盛んで、河岸が重要な位置を占めていたことがこの地価分布からもうかがえる。煉瓦街が建設される以前の銀座は、東西方向の通り（横丁）沿いも高い地価となっていた。銀座通りに関しては、江戸時代銀座でもっとも賑わいのあった尾張町付近（現在の銀座五丁目、六丁目）がめだつくらいで、この頃は商業空間の場としてそれほど高い評価が与えられていなかったようだ。

この二つの時代の地価比較から、銀座が水辺や大名屋敷のある武家地に向けられていた都市構成から、銀座通りを軸にした街へと大きく変化したことがわかる。それは、煉瓦街建設が商業地としての価値を銀座通りに集中させたことを意味していた。

図15 銀座の高地価の敷地分布図（明治45年）

注：ベースの地図は，明治45年の敷地割の状況を示している．
　　一つの敷地において，敷地評価が分かれている場合は高地価の値を選んでいる．

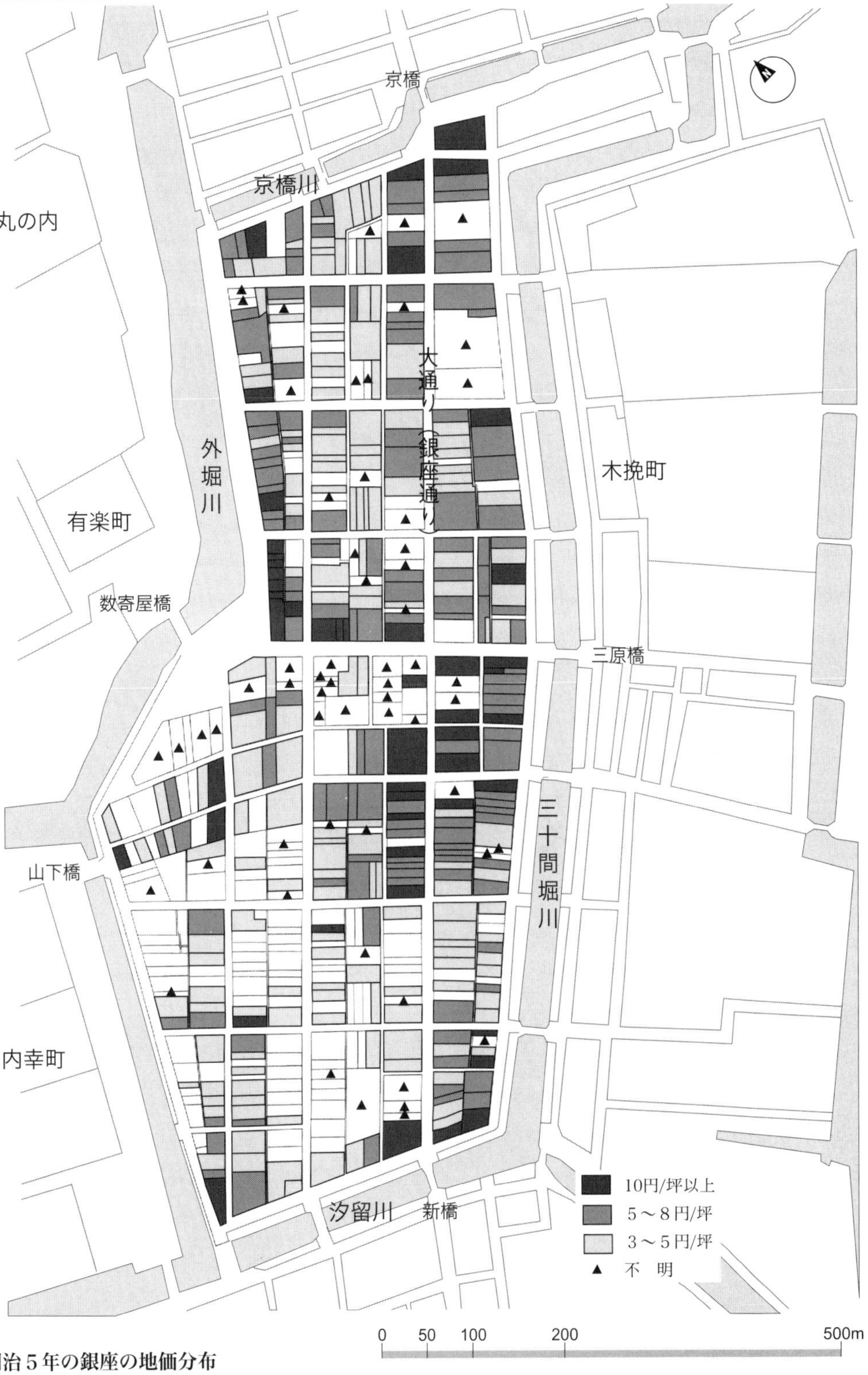

図16 明治5年の銀座の地価分布

注：ベースの地図は明治5年の敷地割の状況を示している．
　　ただし，筆ごとに地価が異なる場合は敷地を分割した．

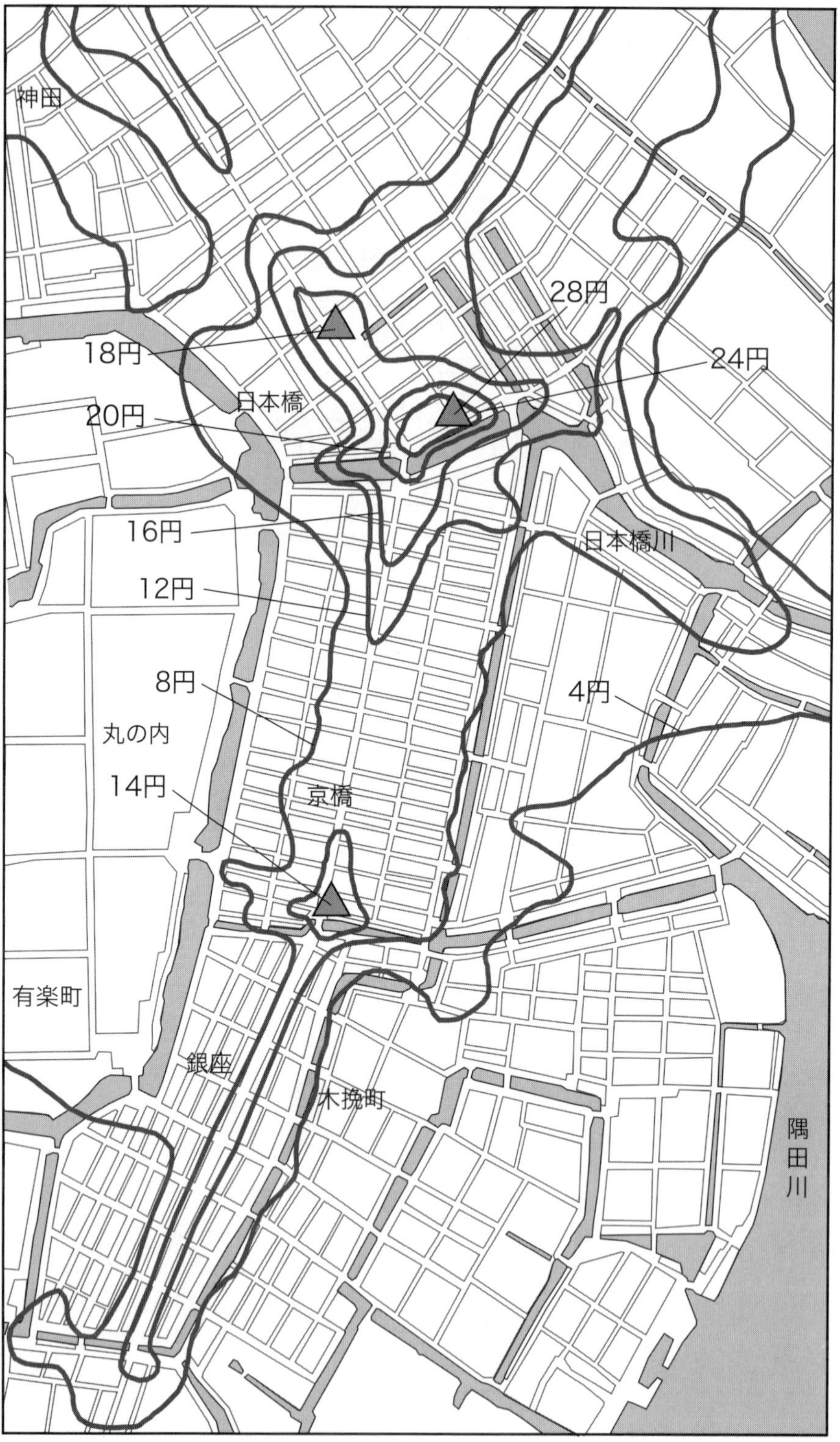

図17 明治11年の東京都心部の地価

注：単位は坪当りの地価.
　藤森照信氏が『明治の東京計画』で，西川光通『日本改正東京全図』明治11年刊にもとづいて作成した図版を参考に作図した.

次に、この銀座通りの高地価が都心部の中でどの程度に位置づけられていたのかを知りたいところである。そのことを確かめるために、もうすこし地価分布の範囲を広げてみよう。煉瓦街が完成してまもない明治一一（一八七八）年の日本橋から銀座にかけての地価状況を示す地図がある（図17）。これによると、日本橋の魚河岸周辺の地価がもっとも高く、二八円／坪である。ここを頂点として、江戸以来の物流拠点である日本橋川沿いが依然として高い土地の評価が与えられている。江戸時代の商業の中心であった日本橋は、広い範囲で一六円／坪以上の高地価の地域をつくりだしており、明治に入っても商業活動の重要な場であったことがわかる。

日本橋を中心とした高地価の山は、京橋方面、浅草方面、万世橋方面、そして日本橋川沿いから新川の方へとそれぞれ延びている。いま一つ、京橋付近にも高地価の山ができているが、日本橋から延びる他の山に比べるとはるかに低く、一四円／坪である。さらに、京橋から銀座に入ると地価の尾根が一段と低くなる。煉瓦街が完成したとはいえ、この時期の銀座通りの地価は八円／坪で、日本橋の本町・室町あたりと比べ、まだ半分以下の評価である。この煉瓦街が完成してまもない頃と明治四五年時点の地価を比べると、日本橋との差が大きく縮まり、この三〇年の間に銀座が繁華街として急速に成長してきたことがわかる。

大規模土地所有者の顔ぶれとその変化

東京市内の宅地取引価格は、日露戦争（一九〇四年）の頃から急上昇する。大正二（一九一三）年一月二七日付の『報知新聞』は、第一次世界大戦（一九一四〜一八年）による好景気に支えられ、明治一〇（一八七七）年の五〇倍にも土地の価格が激騰し、土地投資のブームが繰り広げられていると報じられる。

大正一〇年頃、東京市には約二〇〇万人の人が住んでいた。その中で、東京市内の民有地の八〇％がわずか二千人ほどの華族・富豪らの大規模土地所有者によって独占されていた。さらに残りの一五％の土地は、東京市の人口の一〇〇分の一にも満たない約二万人弱の中小地主が所有する。銀座という狭い範囲においても、このような大規模土地所有者が台頭する動きを読み取ることができる（図18）。

明治四五（一九一二）年には、一〇〇〇坪以上の土地所有者が一四人に増える。彼らが大規模な土地を所有できたのは、煉瓦街建設のときに中小地主から土地を大量に取得し、それらを集約化できたからである。このことは、五〇〇坪以上の敷地が明治四五年になると四倍以上に増加し、二一件に膨れ上がっていたことでもわかる（図19）。これらの地主の多くは、日本橋などの質商、呉服商、酒商といった資産をもつ豪商や、江戸以来の老舗・薬問屋の松沢八右衛門などの地元の商人地主たちであった。そして、五〇〇坪を越える大規模な敷地の三分の二にあたる一四件は銀座の地元商人が所有しており、彼ら地元の資産家は明治期に本格的な銀座の土地経営に乗りだしていたのである。

先の松沢八右衛門をはじめ、吉田嘉平や小林伝次郎たちは、銀座の土地を手に入れる有利な条件があった。地元大規模地主の多くは、江戸以来銀座に商いの根を張り、中規模の地主としてすでに地域や住民と深いかかわりを築きあげていた。同時に、銀座の土地を売り払った中小地主と旧来から知己の間柄であった可能性が高く、相対《あいたい》での土地取引をスムースに運べたのではないかと考えられる。

それでは、彼らがどのような規模で、どのような場所の土地を手にいれたのだろうか。今後の銀座の街づくりと深く関係するので検討しておきたい（図20）。この時期、最大の土地所有者は紙商（袋物商）の吉田嘉平である。しかも彼は、吉田嘉助の土地（一八一七坪）を加えると、四四八三坪に土地が膨れ上がる。それは銀座全体の宅地面積の五・六％に相当する。銀座にこれほどの土地を一族で所有できたのは、後にも先にもこの時代の吉田家だけである。吉田嘉平は、嘉助と共に外堀通り沿いに複数の大きな土地を取得し、山下橋付近にあったかつての商いの拠点を煉瓦街建設後ここに移した。外堀通りは銀座通りと違い江戸中期に新しく誕生した通りであり、江戸の都市構造の中で街並みを成熟しきれていたとは言えない。彼らは銀座の街が発展する可能性をこの外堀通り沿いに見定めていたのかもしれない。

もう一人、江戸以来からの商人である小林伝次郎も、商いの拠点を山下橋付近から外堀通り沿いに移す。彼は明治五年に三四四坪の土地を所有していただけだが、煉瓦街建設中に土地を倍近くに増やし、さらに明治四五年には二〇〇〇坪を越える銀座の大地主となる。彼らが手に入れた土地は、銀座全体に分散しているが、主要な土地は店の周辺と外堀通り沿いにまとまっている。銀座通りを中心とした商店街形成の動きと、また別の展開を彼らはこの通りで試みようとしているようにも見える。

他に一〇〇〇坪を越える銀座の地主は、吉田嘉助の他、質商の田村藤兵衛、薬種商の松沢八右衛門、地主の渡辺てつ、質商の谷口直次郎、料理業の松川長右衛門がおり、先の二人を加え一四人中八人が地元の人である。吉田嘉助を除く彼らは、

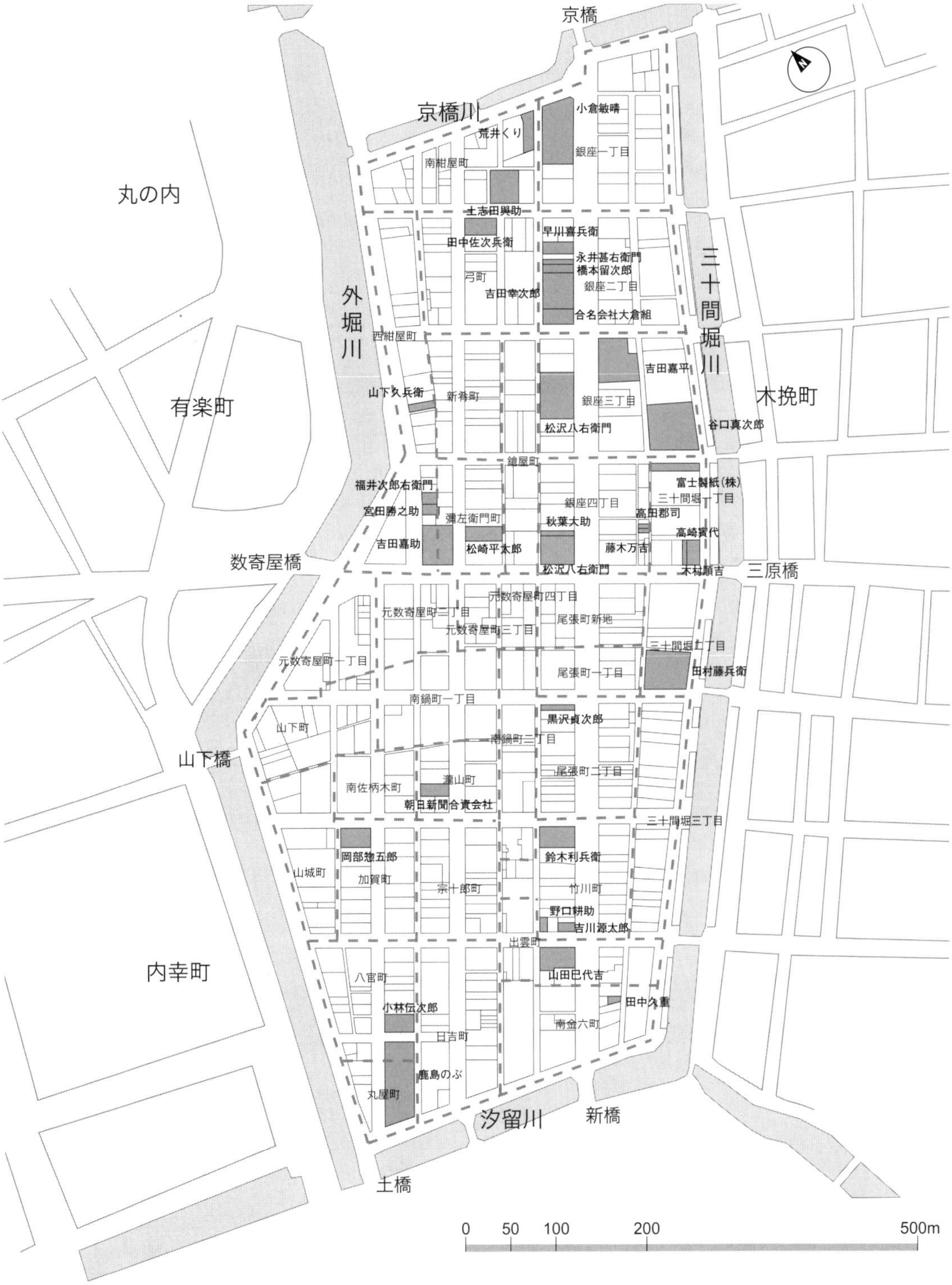

図18 明治45年の土地に登場する主な人物とその敷地

注：ベース地図は明治45年の敷地割りの状況を示している．

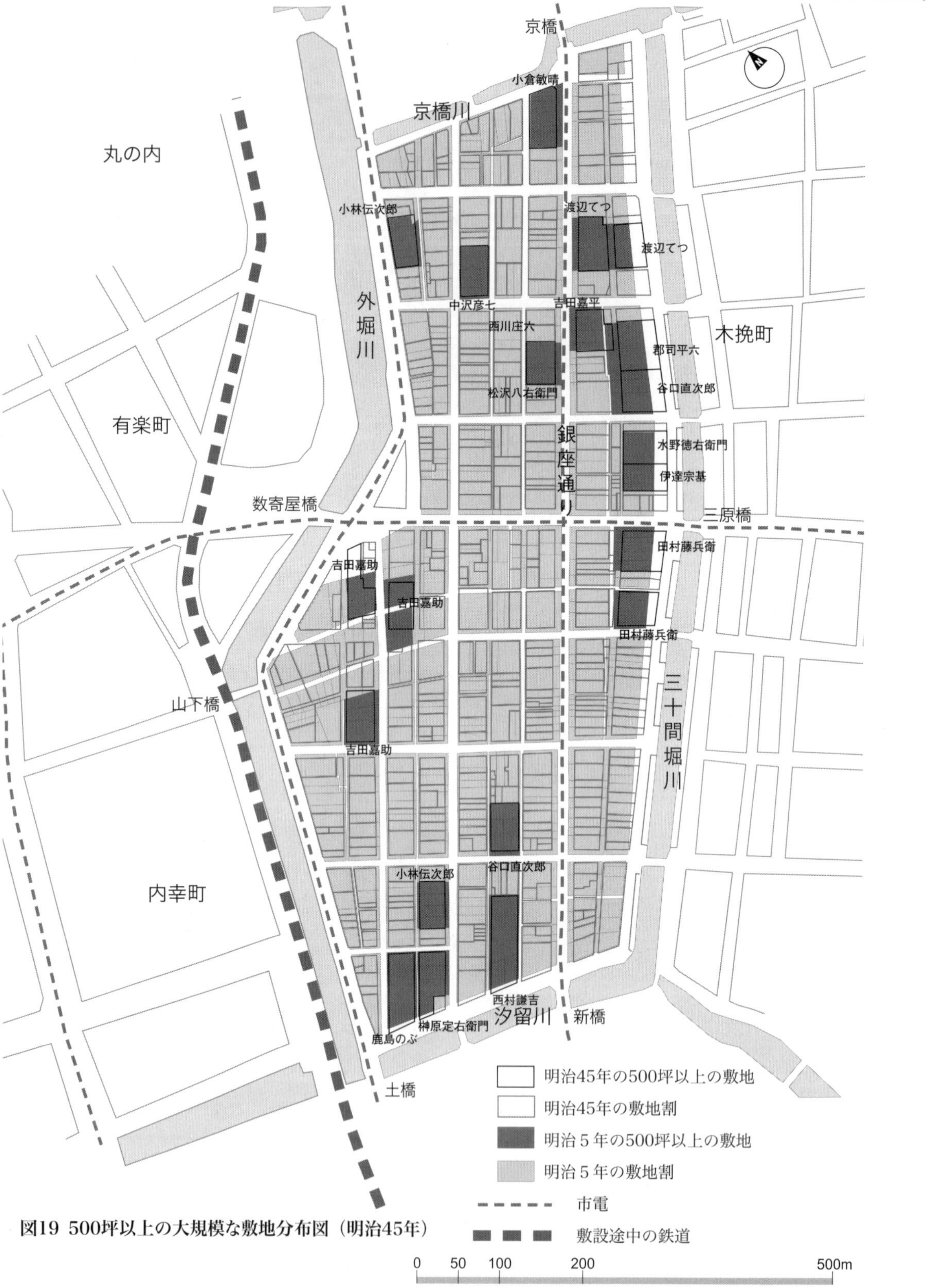

図19 500坪以上の大規模な敷地分布図（明治45年）

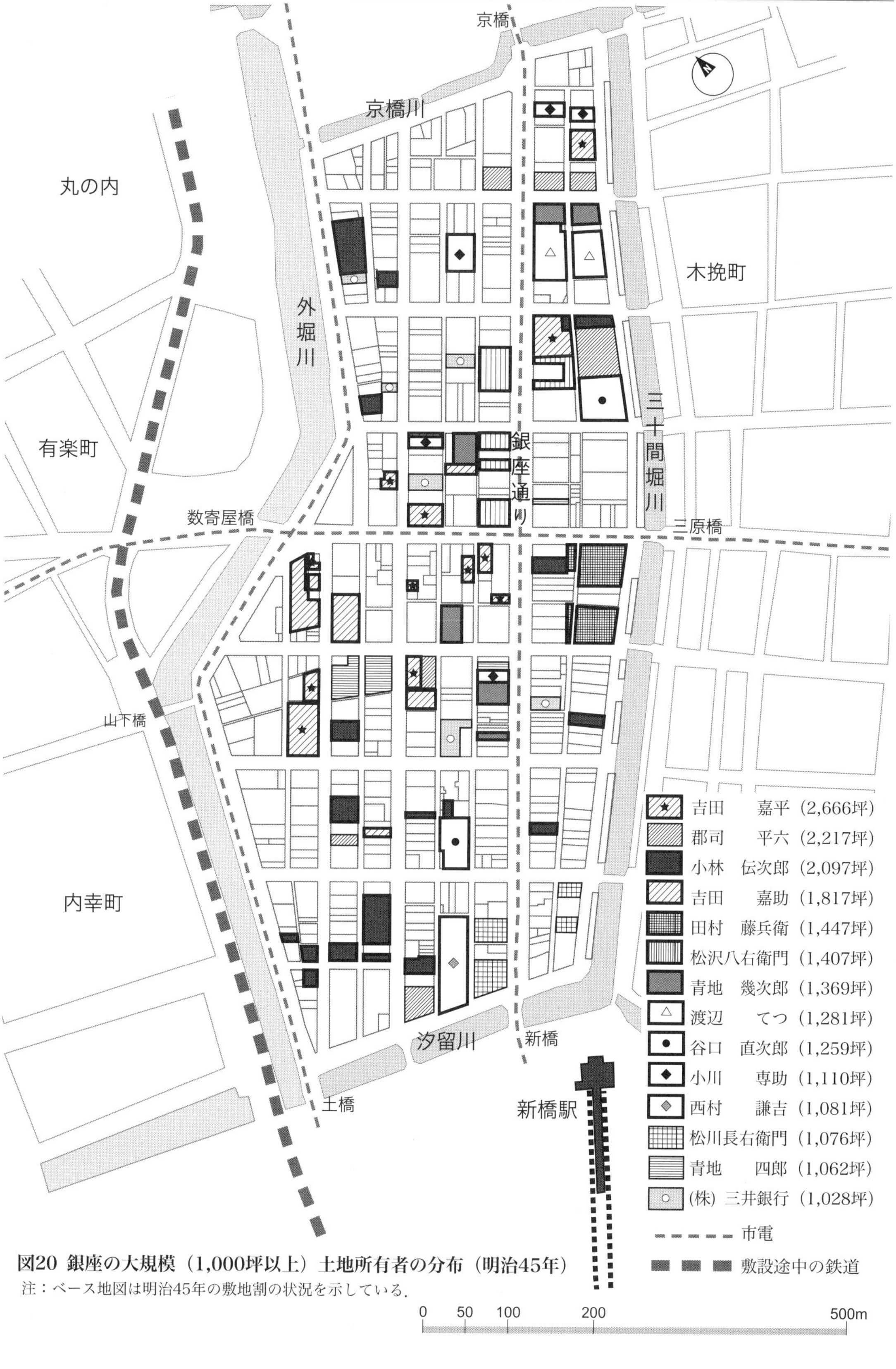

図20　銀座の大規模（1,000坪以上）土地所有者の分布（明治45年）

注：ベース地図は明治45年の敷地割の状況を示している．

吉田嘉平や小林伝次郎とは異なる土地の取得を行ない、大規模土地所有者となっていた。彼らの土地は銀座通りの西側街区東だけに分布しており、各々の土地は自分が商いをしている所か、その周辺に大きな敷地を所有しているのが特徴である。ただ、例外的に谷口直次郎だけが金春通り以西の離れた場所に土地を所有している。このように見てくると、地元の大規模土地所有者の土地が核となって、銀座にいくつかの拠点をつくりはじめていたことがわかる。煉瓦街の完成以降、土地所有の面においても銀座の人たちが主導する街へと変化しつつあったと言える。

次に、銀座以外の地主にも目を向けておこう。個人では、二〇〇〇坪を越える煙草商・郡司平六の他、浅草の質商・青地幾次郎、日本橋の亀甲小間物商・小川専助、神田の西村謙吉、浅草の金貸しである青地四郎が一〇〇〇坪を越えている。彼らのうち、西村謙吉だけが金春通り沿いの一カ所に広い土地を持つ他は、分散して中小規模の土地を所有している。不在地主である彼らの敷地分布からは、吉田嘉平や小林伝次郎のような土地取得に対する戦略的な意図を読み取ることができない。むしろ、彼らは単に借地・借家経営のために手頃な土地を手に入れただけであるようにも思われる。

そして唯一の法人である㈱三井銀行は、銀座に一〇二九坪を所有していた。この企業は、三井八郎右衛門が所有していた一五二七坪の土地を引き継ぐかたちになるが、明治一一年に彼が所有していた土地と比べると五〇〇坪近く減らしている。三井が銀座の土地から手を引きはじめた理由は定かでない。ただ明治前期、三井と三菱の首都東京における民の都市センター建設の覇権争いで、三井は日本橋川沿いを軸に、隅田川方面へとその戦略を展開している。明治二〇年代に入って三菱が丸の内を獲得し、経済的な中心が丸の内に大きくシフトするまで、日本橋川沿いは江戸時代の商業蓄積から都市センターとしての役割を担う素地が充分にあった。

ただ銀座の土地取得の多さを見ると、明治初期の三井は日本橋川沿いだけでなく、民の都市センターの構想を銀座でも考えていた可能性があったように思える。それは、現在の霞ケ関の官庁街を計画する動きが明治一〇年代後半になって、にわかに現実味を帯びてきていたからである。官庁を集中させる計画は、政府が幾人かの外国人建築家に案を提出させている。その中の一人、ドイツ人のベックマンの案は、明治一九年に作成されており、現在の東京駅に相当する中央駅を銀座の中心に置き、駅前の広場とそこから国会議事堂（現在と同じ場所）に延びる通りに沿って諸官庁を配置する計画である。これほど大胆ではないにしても、他の官庁集中計画の案も霞ケ関と日比谷を中心に描かれていく。(4) このような動きから、官のセンター街と位置的に対置する銀座が民のセンターとしてもっとも有利な場所にあったと考えても不思議ではない。しかし明治二

○年代になると、三菱は丸の内の広大な土地を取得し、馬場先通りの一丁ロンドンを完成させる。そして、銀座は商店街として成熟しはじめ、中央停車場（東京駅）の位置が明治三〇年代に現在の場所に確定する。明治中頃には、銀座の都市センターとしての可能性がきわめて低くなる。それは、三井の所有する銀座の土地が後退する時期と重なる。震災後には、銀座の三井の土地が二八八坪だけとなり、かかわりをさらにうすめていく。

伝統的な業種の土地持ち商人たち

煉瓦街が建設された以降も、銀座に残り、伝統的な商いを続けている地主がいた。この辺は銀座を扱った本にあまりでてこない。あえて銀座に残った彼らがどのような土地と建物の関係の中で商いをしていたのかを探ってみたい。それは、煉瓦街建設を契機に旧来の商いをしていた人たちが銀座を去ったにもかかわらず、ここに残った彼らの存在が一方的に西欧化に進まない銀座の一側面を描きだしているように思えるからだ。

最初に訪れる場所は、かつて彌左衛門町と呼ばれた銀座四丁目の松崎ビルである。このビルのオーナーでもある煎餅店は、代々この地で商いを続けてきた老舗である。煎餅好きの人は名前を聞いただけですぐわかるはずである。晴海通りから並木通りにすこし入った右手にこの店はある。明治期、借地で商いをしていた当主の松崎平太郎は長谷川与八の敷地（一三〇坪）を手に入れている。商いをしている人がその土地を手に入れるケースは、震災以降よく見られるようになるが、明治期においてはまだ少ない。彼の土地は分割していないので標準的な町屋敷の規模を維持しており、借地も含めた土地取得後も江戸の町屋敷の構造を継承したことになる。

次に、敷地を分割売買したケースが銀座通り沿いにあるので訪れてみよう。場所は、銀座七丁目の資生堂ザ・ギンザの裏手にあり、当時竹川町一一にあたる。ここでは、野口耕助が野久知屋の屋号で下駄商を営んでいる。元の敷地規模は一六八坪あり、三村房次郎が所有していた。煉瓦街建設時の道路拡幅による減歩分を加えると標準的な町屋敷規模の二倍である。それが四つに分割され、その一つを野口耕助が手に入れた。そのために二一坪と、この時期にしては小規模な敷地での商いとなる。震災戦災を経た戦後は二〇坪に満たない土地が四分の一を越えるが、明治後期は敷地件数全体の四%にも満たない。分割された土地の所有者となった彼らは、煉瓦街が建設された時から、建物を手に入れ商いをしていた。その後、彼らにとっては運良く煉瓦建築が建つ土地も一緒に手に入れることができた。このような、土地と建物の関係が早期に一致することは大変珍しいケースであり、一致しないケースの方が一般的であった。

ここまでの二つの例はいずれも横丁や裏通りに面した所で商いをする土地であったので、銀座通り沿いの土地持ち商人のケースを二人、彼らとの違いを確かめる意味も含め見ていくことにする。銀座通りには、江戸以来の業種で商いを続けている商人の数が煉瓦街建設できわめて少なくなっていた。その中でまず最初に訪れる場所は、江戸以来からこの地で商いをしている松沢八右衛門の五四五坪の敷地である。銀座四丁目の和光から教文館、サエグサ本館と過ぎて行くと、銀座三丁目にマツザワビルがある。松沢家は戦後多くの土地を失ったが、現在ビルが建つ土地だけは堅持する。当時、松沢八右衛門は敷地の一部を使って丸八という屋号の薬種商を営み、残りの大部分の土地は貸していた。銀座通り沿いが煉瓦建築で埋め尽くされても、丸八の店は江戸時代そのままの黒壁の土蔵造りの建物で商売を続ける。店先の左右には昔ながらの鋳鉄の天水桶が置いてあり、その上に手桶が積み重ねてあった。銀座通りは一様に煉瓦建築で埋め尽くされたわけではなく、このような和風の建物が建つ風景が煉瓦街建設当初から所々で見かけられた。この店の奥には三棟の蔵があり、一番新しい蔵でも天保年間（一八〇〇年代中半）の建築であるから、明治五年の大火で焼け残ったものである[5]。道路を拡幅する時、新政府は蔵の移転に大変な出費をしている。丸八の他にも、銀座にはこうした蔵や土蔵造りの商家が大火後も数多く残っていたと思われる。このように銀座から離れず、頑固に和風の土蔵建築で通す銀座人もいたのである（図21）。

松沢八右衛門の敷地からさらに銀座通りを京橋に向かって歩くと、銀座二丁目に足袋商の海老屋を営む橋本留次郎[6]の土地がある。江戸の頃、この足袋商は城中御用達をしていたことから、銀座では名の知れた店であった。彼の敷地は、現在の明治屋銀座ビルの隣にある銀二ビルあたりにあり、もともと大久保源兵衛が所有していた二二四坪の敷地を三つに分割した一部である。銀座通りから向かって右側を越後屋呉服店の永井甚右衛門が、真中の土地を橋本留次郎が手に入れ、残りの左端の土地は吉田幸次郎が従来から所有していた土地に加えている。この土地の分割は、先ほど見てきた銀座七丁目角の土地とは明らかに異なる。こちらの場合は、裏通りに面する土地も含めたかたちで東西方向に三分割されているので、江戸時代初期の町屋敷の規模に再び戻された敷地といえる。橋本留次郎の敷地は九五坪であるが、これは銀座通り拡幅の時に減歩されているので、元の敷地規模は一〇〇〜一二〇坪の範囲内となり、標準的な町屋敷の規模になる。

先の野口耕助や橋本留次郎の例に見るように、一方では土地と建物の一致する分割が行なわれ、他方で町屋敷サイズへの再分割があるなどして、銀座の土地所有が一様に変化していないことがわかる。煉瓦街建設以降、西欧の商品を扱う貿易商、機械商、洋服商などの土地持ち商人の定着が銀座を華やかな場としていた。それに対し、伝統的な業種を商いするこれらの人たちの存在は、西欧を全面に押しだそうとする当時の銀座にそぐわないとしても、後の和と洋が絶妙に混在する銀座像を描きだす根源であるように思えるのだ。

このような土地持ち商人のなかには、かつての精彩を欠きはじめている業種も見られる。これから紹介する人たちは、松沢八右衛門同様、煉瓦街建設以前からすでに土地持ちであった。訪れる場所は、西紺屋町二三（現銀座四丁目）の外堀通り沿いにある福井次郎右衛門の土地である。このあたりは時代の変化で街区が大きく形を変え、目的の土地は現在道路となっており、過去の土地の痕跡はない。彼は、一一三坪の土地を所有し、江戸時代から福井という空樽問屋を営んできた。黒板塀に囲まれた敷地内には、大きな樽倉と空樽を積んでおく空地が取られていた。このような業種であるから、町中ではなく、土地は舟運の便のよい堀割に面した広い敷地が必要であった。

空樽問屋は、江戸時代舟運と結びついて大いに活躍した業種の一つである。だが全盛期に比べ明治の末頃にな

図 21 煉瓦街に建つ土蔵の建物（『写真集　銀座残像』より）

ると、空樽はガラス瓶の普及もあり、大量の需要が見込めなくなる。物資の輸送手段も舟運から鉄道を中心とした陸上輸送に代わる。需要の減少と同時に立地条件が悪くなったことも手伝って、経営が芳しくなくなっていたのである。ただ、銀座の周縁にこのような業種が残ったことは、このあたりまで煉瓦街建設の影響があまり及んでいなかったことを示す好例でもある。明治六年に銀座通り沿いが完成し、明治八年にはウォートルスが解雇される。それ以降、明治一〇年に煉瓦街が一等から三等まで一応の完成を見たことになっているが、明治八年以降の煉瓦建築の建設は思うように進展しなかった可能性が高い。同じ銀座にありながら煉瓦街とおよそ無縁に思われるこの場所は、関東大震災以降隣にあった炭商とともに、空樽問屋などの旧来の業種が銀座から姿を消し、ビリヤード場やワインホールに姿を変える。

外堀川沿いは、銀座を生活の場にしている人も多かった。福井次郎右衛門の空樽問屋の南隣に、路地を挟んで宮田勝之助(7)が所有する七九坪の広さの敷地がある。ここには、銀座通りにある玉屋の代表・宮田藤左衛門の仕舞屋《しもたや》が建てられていた。宮田勝之助は彼の父親で、静かに余生を送っていたと考えられる。銀座周縁は江戸以来の業種が残るとともに、商人としてリタイアした隠居場ともなっていた。その横の路地を入ると両脇には植木が植えられ、仕舞屋にはこぢんまりとした小さな庭もあったに違いない。路地の奥には長屋ばかりではなく、庭付きの一戸建て住宅も見られたのである。居住環境としては悪くなさそうだ。

明治期の外堀沿いをイメージしながら歩いてみると、江戸時代の銀座がいかに職人と居住者の街であったのかもわかってくる。このような環境を外堀沿いで維持する人たちをもうすこし追うことにしよう。西紺屋町一六（現銀座三丁目）には、山下久兵衛が所有する七二坪の敷地がある。彼の職業は大工である。こうした職人も銀座に根を張り続け、活躍していた。そして、山下久兵衛の家の周辺にはまだ配下の左官や鳶などの人たちも近くの長屋に暮らしていたことが予想される。明治期の銀座は江戸以来の職人たちが住み、働く場でもあり続けていた。

近代の申し子たちの活躍

近世を引きずりながら、新たな銀座の場に残った商人たちのありさまを見てきたところで、次に西欧化した銀座を牽引した銀座の土地持ち商人に目を向けたい。これらの人たちは、銀座を扱った本にたびたび登場する。銀座を語る上では欠かせない人物ばかりである。しかし、ここでは土地所有という視点から彼らの別の側面を描くことにする。

銀座に所在地のある法人のなかで、明治四五年時点で本社ビルを銀座に建てた企業は一〇社ある。その中に、大企業が二社顔を連ねている。一つは、銀座通り沿いにある銀座二丁目の合名会社大倉組である。大成建設の前身であるこの企業は、大倉喜八郎が安政元（一八五四）年に越後から上京し、慶応三（一八六七）年に大倉銃砲店を開業することからはじまる。その後は、貿易を主とした経営拡大を図る一方、政府の建設事業を請け負う。明治五年に完成する新橋停車場工事の一部や明治一六年竣工の鹿鳴館も手掛けている。その後は財閥にまで成長する。いま一つは、三十間堀川に面した銀座四丁目の洋紙製造業の富士製紙㈱である。この会社は、河瀬秀治、安田善次郎、原亮三郎らが発起人となって、明治二〇年に資本金二五万円で創立した。明治末期には、洋紙製造業を目的としたこの業界屈指の大会社となる。この二つの大企業は本社が立地している場所が異なる。大倉組は銀座通りに面しており、アーク灯を最初に点灯するなど、銀座煉瓦街のメリットを最大限に利用できる立地場所を選択している。一方、富士製紙㈱は三十間堀川沿いにあり、舟運という土地の機能面からの立地場所を選んだ。これらの異なる立地の選択は、街とのかかわりや、土地と建物の関係で後々興味深い展開を見せる。ただ、ここでは触れず、後のお楽しみということで先に進むことにしたい。

これらの企業の存在だけでなく、銀座を特色づける個人の近代的な業種の店も多い。ここではそれらに目を向けながら、銀座の街を歩いてみよう。欧米から入ってきた商品を扱う業種の店には、時計商、洋織物商、鞄や靴商、硝子器具商などがあげられる。銀座通り沿いで時計を扱う店は明治三五年に八件であったが、大正一〇年には倍近くに増える。現在で言えば、外国ブランドを扱う専門店が銀座通りを落ち着きとともにきらびやかな場にしはじめているのと似ている。明治後期から大正期にかけては、時計商をはじめとして専門店が街の表情を演出するリーダー的な役割を担いはじめ、専門店街を形成していたのである（図22）。

これらの業種の多くは、明治というよりはむしろ幕末にすでに日本に入ってきており、江戸時代から商いをしている者もいる。その一人が時計商の小林伝次郎である。彼は外堀通り沿いの八官町九（現銀座八丁目）にある一五四坪の敷地で時計商を営んでいた。時計が一般化するのは明治期以降であり、その波に乗った彼は成功して銀座の大資産家となる。明治四三年の『日本紳士録』に記載されている者のうち、納税額が五〇〇〇円以上の者は当時の東京府の人口が約二七〇万人いる中でわずか三六人だけだ。銀座に限ると、その数は減り四人だけとなる。その顔ぶれは、時計商で現在の和光の創始者・服部金

図22 明治35年の専門店と飲食店の分布
注：ベース地図は明治35年の建物状況を示している.

太郎、大倉財閥の大倉粂馬、直輸入商で現在の㈱明治屋と深くかかわりをもっていた米井源次郎、[8]そして小林伝次郎である。このことからも、当時小林伝次郎がいかに大きな商いをしていたかがわかる。

現在では不思議に思われるかもしれないが、自転車や人力車は明治期日本の重要な輸出産業であった。銀座でも、この分野で名を馳せた人物がいた。それは秋葉大助[9]である（図23）。彼の父親・荒井卯八は南紺屋町（現銀座一丁目）で武具馬具の製造販売をしていた。父親が商いをしていた土地は明治五年の荒井治郎吉以来、荒井くり、荒井生と戦後まで引き継がれ、その規模は二〇〇坪を越えている。彼は新たな産業を起こしているが、江戸以来の土地っ子でもあった。そのことが、銀座の土地を取得する可能性を高めたと考えられる。当時、煉瓦建築を手に入れるだけでなく、土地まで取得する例はきわめて少ない。銀座に親戚筋や多くの知り合い、土地や建物の世話役を彼は知っていたと思われる。

彼が所有する銀座四丁目の土地（六五坪）の間口はそれほど広くない。むしろ奥に長く、裏通りまで突き抜けていた。この町屋敷の形状を利用して、表の銀座通りに面したところは店舗に、裏側が製造所になっていて、職人たちが自転車や人力車をつくっていた。秋葉の店は輸出が多く、中国、東南アジア、エジプト方面まで輸出し

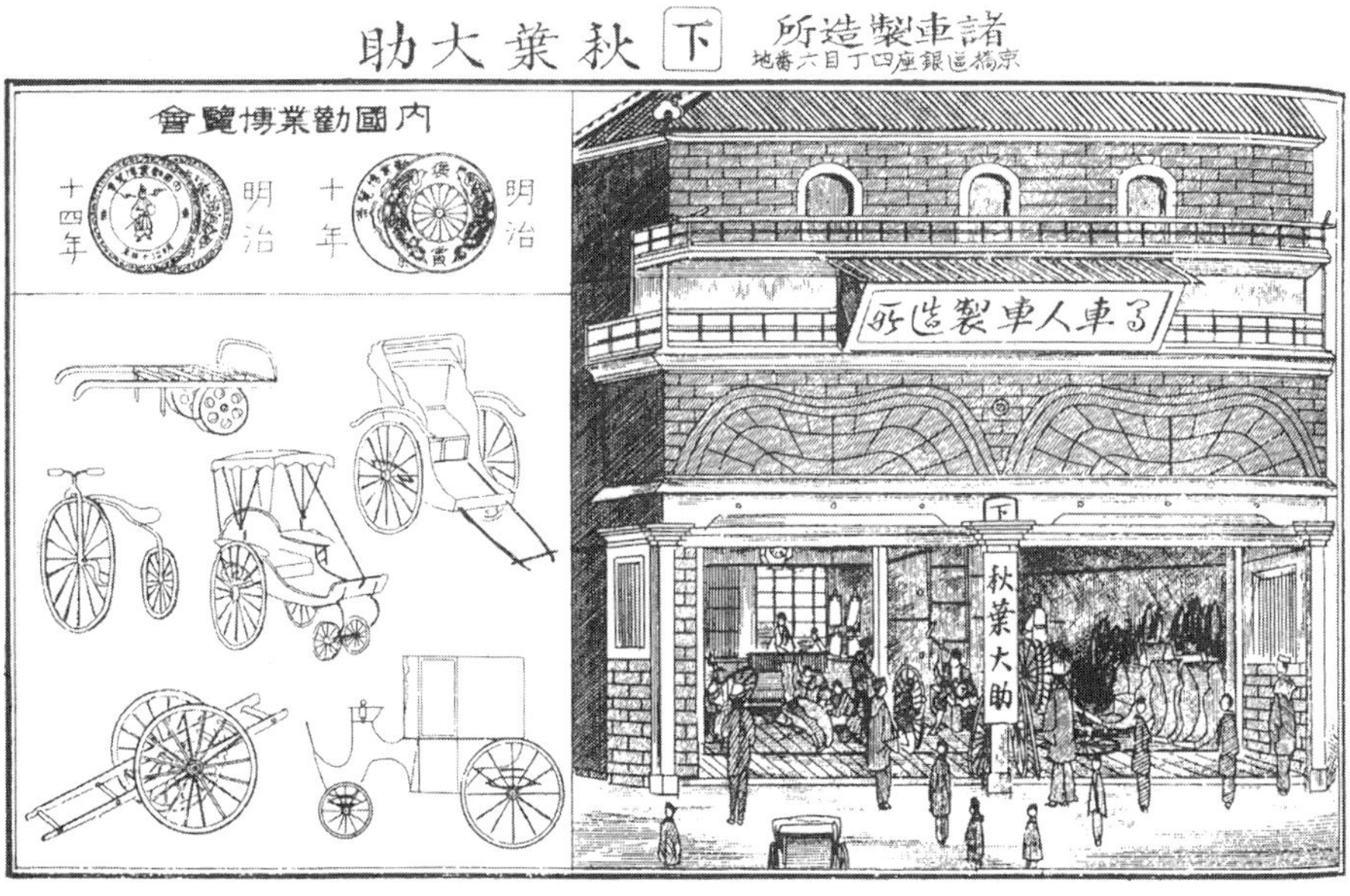

図23 秋葉大助の店（『明治期銅板画東京博覧図』より）

ていたようだ。国内の人力車とは形も色も異なり、梶棒は湾曲していた。国内の自転車はほとんど黒一色であったが、輸出用にはいろいろな絵が描き込んであり、二人乗りが多かったという(10)。明治の末頃には自動車がまだ大衆化しておらず、人力車を含め自転車は個人の乗り物としては主要な地位を占めはじめていた。ただ当時の銀座では、人力車の運賃がかなり高く、だれもが気軽に乗れたわけではない。現在誰もが乗る自転車は、当時貴重な乗り物の一つであった。

秋葉の店に見られるように、この時代の銀座通りでは近代工業化する以前の家内工業的な側面があった。表通りの華やかさとは違い、内側は生産に関連する場で占められていた。すなわち、この頃は商いと生産が一体となっていたのである。そして彼の店の後には、木村屋がここに店をだす。この二つの店には共通点がある。秋葉大助は国産自転車、木村屋はパンで各々国産第一号の称号を持つ。土地の主《あるじ》や業種が変わっても、日本の発祥を背負っているあたり、銀座の先進性だけでなく場所性の強さを感じる。

同じ銀座四丁目でも、銀座通りから外れると、商いから生産中心の用途に建物の利用が変わる。それを晴海通り沿いの三十間堀三―六（現銀座四丁目）にある高崎賓代が所有する土地（二〇坪）で見ることができる。この土地では、高崎鉄五郎が製本業を営んでいた。銀座は新聞社が煉瓦街建設以降非常に多い街となる。それにともない、新聞に関連する産業の数も非常に多くなる。そのうちの一つが製本業である。こうした業種の店は、ほとんどが裏通りや路地沿いに点在し、借地や借家での商いである。高崎鉄五郎の店のように、晴海通りに面している例は珍しい。

すこし地味な話題になったので、銀座のサクセスストーリーを演じた人物の土地を訪れることにしたい。それは松坂屋のむかい、銀座通りとみゆき通りが交差する角地にある。現在クロサワビルが建っている。その建物所有者の初代・黒沢貞次郎の土地と建物がある場所に向かおうとしている。彼は、尾張町二―二（現銀座六丁目）にある七二坪の土地を取得し、明治四五年に自社ビルを建設する。日本に初めてタイプライターを紹介した人物として知られる彼は、明治三四年にまず京橋で事務機器を販売する。彼がサクセスストーリーの主人公として取り上げられるのは、一代で一流にのし上がった人間の豪快さである。それもさることながら、この黒沢貞次郎に着目しておきたいのは、明治後半ではほとんど可能性の薄い銀座通りの角地に土地を取得し、大倉組と同じように一つの敷地に一つの建物を建てたことである。大倉組のような財閥を除けば、このような土地と建物の関係はほとんど見かけることがない。銀座では関東大震災後に一般的になるが、その先例をここで見たことになる。

銀座は商業活動が活発な所であり、多くの人口を抱えている。そのために、煉瓦街建設以降は病院と法律事務所が多い街でもあった。このうち、ここでは医者のケースを見ておくことにする。まず、現在銀座三越がある裏通りに面した場所を訪れてみよう。この銀座四—一七の土地（四七坪）を所有する高田郡司は、裏通りに面した半分の敷地に建つ三等煉瓦建築で随天堂医院を開いている。裏側の土地は貸しているので彼が利用する土地はそれほど広くはない。また、晴海通り沿いの三原橋の橋詰角地では、木村順吉が七三坪の土地で木村婦人病院を開業している。こちらの方は、晴海通りに面しているので、一等煉瓦建築であろう。そしてこの二人ともが、煉瓦建築で開業している。西洋医学の診察であるから、新聞社同様彼らも意識して煉瓦建築を選択したと思われる。ただ新聞関連業種や商人たちと違って、銀座の医者は土地を所有して開業するケースが比較的多く見られることだ。安定性から言えば、医者の方が商店主よりも遥かに高かったであろう。そのことと同時に、人の命を預かる仕事であるから、信用の面でも土地取得に強い意志が働いていたと考えられる。

ここまでは、土地とそれ所有する人たちの商いを通しながら、明治期の銀座を巡ってきた。次は、ビジュアルな地図を交え、場所や規模、所有者によって土地と建物の関係がどのように違い、固有の特性を持っていたのかを見ていきたい。さらに、それらが銀座全体とどのようにかかわりながら成立しているのかも調べることにしたい。

銀座の土地で繰り広げられたドラマ

借地での商いとその地主たちの関係

大震災以前の銀座の宅地面積は、『帝都復興区画整理誌　第三編各説第一巻』によると七万九九八五坪（内、借地面積四万六九八六坪）となっている。そのうち六割強の敷地が借地であり、その上には借地人の店や自宅、あるいは借家が建てられていた。土地を所有している場合でも、明治期では敷地いっぱいに建物を建てる人はほとんどいない。残りの土地は借地にしたり、借家を建てたりしてる。この時期、銀座の商人の多くは借地・借家での店舗経営が一般的であった。そして、銀座に居住する庶民の多くが借家住まいであり、銀座で土地を所有する層はごく限られていた。

一万五千人以上が生活し、三千近くの建物が建つ銀座において、商いや生活の場とする敷地に所在地のある土地所有者はたった九二件だけである。個人に限ると、八二人がそれにあたる。この数字からわかるように、煉瓦街建設以降から活躍しはじめる銀座の商人たちの多くは、はじめ土地を所有せずに借地や借家で商いをはじめるのがあたり前であった。

現在、明治後期の建物は銀座に一つも残っていない。海外の都市調査や日本の古い町並み調査では、目の前にある古い建物の実測調査をする。だが銀座では、たかだか明治期の都市空間を描きだすことすら難しい。ただし、銀座は他の街に比べ地図情報が比較的整っている。このあたりの史料を活用することから、銀座の都市空間を描きだす方法を見つけだす必要がありそうだ。当時の土地所有の状況を知るには『東京市及接続郡部　地籍地図・地籍台帳』（東京市区調査会編、一九一二年）がある。また、建物の様子は一棟一棟の建物の形状がわかる地図はない。だが、明治三五年に制作された現在の住宅地図帳に匹敵する詳細な戸別地図、『東京京橋区銀座附近戸別一覧図』がある。この地図からは、どのような人がどのような商いをしていたかがわかる。この二つを重ね合わせると、明治後期の土地と建物、商いの関係が詳細にわかってくる。

このように作成した地図を手に、明治後期の銀座にタイムスリップし、銀座一丁目あたりの銀座通りに降り立つことにしよう。銀座通りには成長した柳がたわわに繁り、並木をつくっているはずである（図24）。賑わいのある銀座通りを調べるのは後廻しにして、現在の銀座の街並みと照らし合わせながら、まずは現在銀座柳通りと呼ばれている道を東に進むことにする。並木通りと交差する東南側に最初の目的の土地がある。華やいだ場所ではない別の銀座の一面、当時の銀座の人たちにとっては日常的な銀座をまず見ておきたいからだ。この土地は、日本橋区に所在地がある田中佐次兵衛が所有している。彼の敷地には、角に風呂屋の白湯があり、横丁（現銀座柳通り）に沿って小さな商店が軒を並べている（図25）。銀座二丁目の西側一帯は裏通りや路地に生活の場が多い。風呂屋や小さな商店は、彼ら庶民の生活を支えているのである。このような横丁と裏通りに面する二〇〇坪を越える敷地内の状況は、当時銀座で一般的に見られた路地を配し、借地・借家の建物が建ち並ぶ空間構成である。土地の規模が大きいほどその中の建物は小さく細かく並んでいた。いかにも庶民的な雰囲気が滲みでてくる生活空間をこれらの土地はつくりだしており、一万人を越える人たちの暮らしがそこにあった。

庶民的な銀座の土地を見たところで、今来た道を引き返し、繁華街に成長した銀座通りに再び出ることにする。ここでは、銀座二丁目西側の街区が次の目的地となる。この街区に向かって左から、現在大倉本館、明治屋銀座ビル、越後屋ビルなどの建物が並ぶ。ここでのお目当ての場所は明治屋銀座ビルが建つあたりの土地である。そこから大倉本館の敷地境界までは、明治後期吉田幸次郎が所有する三八六坪の敷地であった。明治屋ビルの裏にあたる現在の観世通りには、第一、第二の二つの吉田ビルがあり、現在もその一部の土地を継承し続けていることがわかる。この銀座通りに面する敷地は、江戸時代の町屋敷内の路地構造がすでにまったく残っていない。東西に思うようにつくれなくなった路地を補うために、銀座通りと平行する南北の路地が通されている。このような路地は銀座通りの西側に多い。それは、先に述べたように、煉瓦建築の計画で連屋化したからである。

この敷地を所有する吉田幸次郎[11]は、尾張町、現在の銀座五丁目にあるアメリカ屋靴店のあたりで、江戸時代吉田屋という呉服店を手広く営んでいた。その後の明治二〇年代初め頃にはすでに店を閉じ、彼はこの地に隠居し、地主として地代のあがりで生活するようになっていた。明治末頃、京橋区、芝区、赤坂区に合わせて一四六八坪の土地を所有していたので、地主として充分に生活ができたと思われる。彼の例に限らず、明治期には商人として資産を貯え、ある程度の土地を所有すると、商売から身を引く者が他にも見受けられる。

商いをリタイアした地主が比較的広い土地の一部で借地・借家をする時、明治期の銀座では敷地の一番良い場所を貸し、その裏手に自分の居住場所や店を構える。これは、一般的に見られる大家と店子の関係である。吉田の土地も、銀座通り沿いに明治屋のビルが建つ。明治屋は、磯野計が明治一八（一八八五）年に横浜で船舶食料納入商を個人創業する。明治三六年には、計の又従弟・米井源治郎が社長に就任し、個人経営の明治屋を改組して法人化している。その時、明治屋は銀座に出店するが、借地の上に自社ビルを建てたことになる。大倉組に見られるように、大企業であろうと中小の企業であろうと、明治期は本店以外に敷地を購入して自社ビルを建てることはほとんどしていなかったのである。

吉田幸次郎の敷地を後にし、銀座通りを渡り現在一つの街区を占める松屋に向かうことにしたい。次の目的地は、近年東京三菱銀行に代わって松屋の建物の一角を占めているルイ・ヴィトンの店のあるあたりである。松屋が戦後に取得したこの敷地は、今日のようにはじめから一つの街区を占めていたわけではない。だが他の街区に比べ、明治期においても各々の敷地は細かく分割されていなかった。一つ小さな飛び地がある他、土地所有者は三人だけである。ルイ・ヴィトンの店のあたりは、吉田嘉平が所有していた（図26）。五八二坪あるこの土地には、連屋化した煉瓦建築が銀座通り側にびっしりと並び、九つの店が商いをしている。土地と建物の関係がわからないと、都市構造の仕組みがよく見えてこない一例でもある。明治七（一八七四）年創業の松島眼鏡店も当時ここで店を開いていた。戦後に松屋が店鋪を拡大する時、店はむかいにある松沢

図 24 明治期の銀座の柳並木（『よみがえる明治の東京　東京十五区写真集』より）

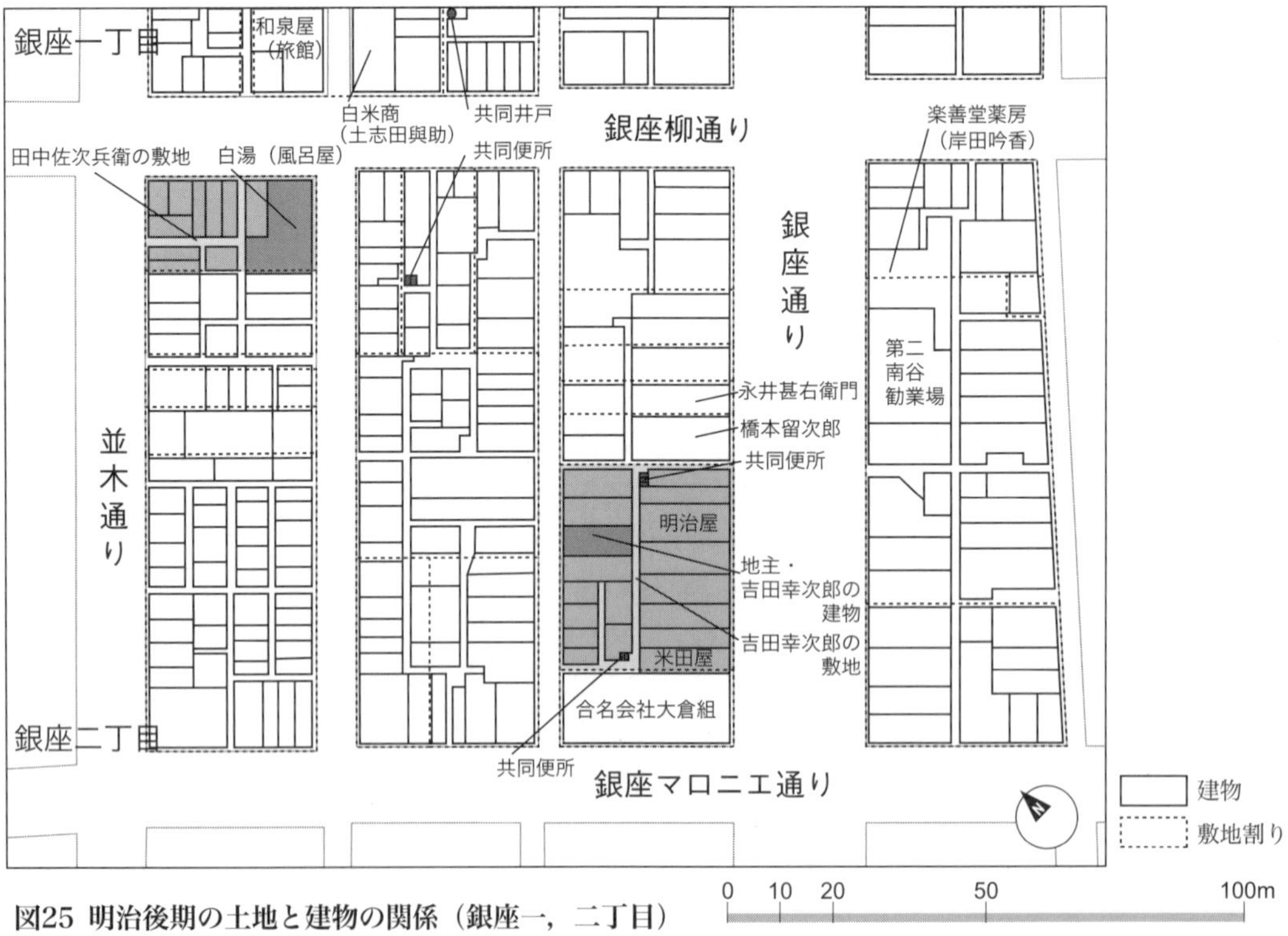

図25 明治後期の土地と建物の関係（銀座一，二丁目）

注：町名と通り名は現在の名称である．

敷地割りは，『東京市及接続郡部　地籍地図・地籍台帳』（東京市区調査会，1912年）をもとに作成した．

建物配置は，明治35年に作成された『東京京橋区銀座附近戸別一覧図』（平田勇美堂発行）をもとに作成した．

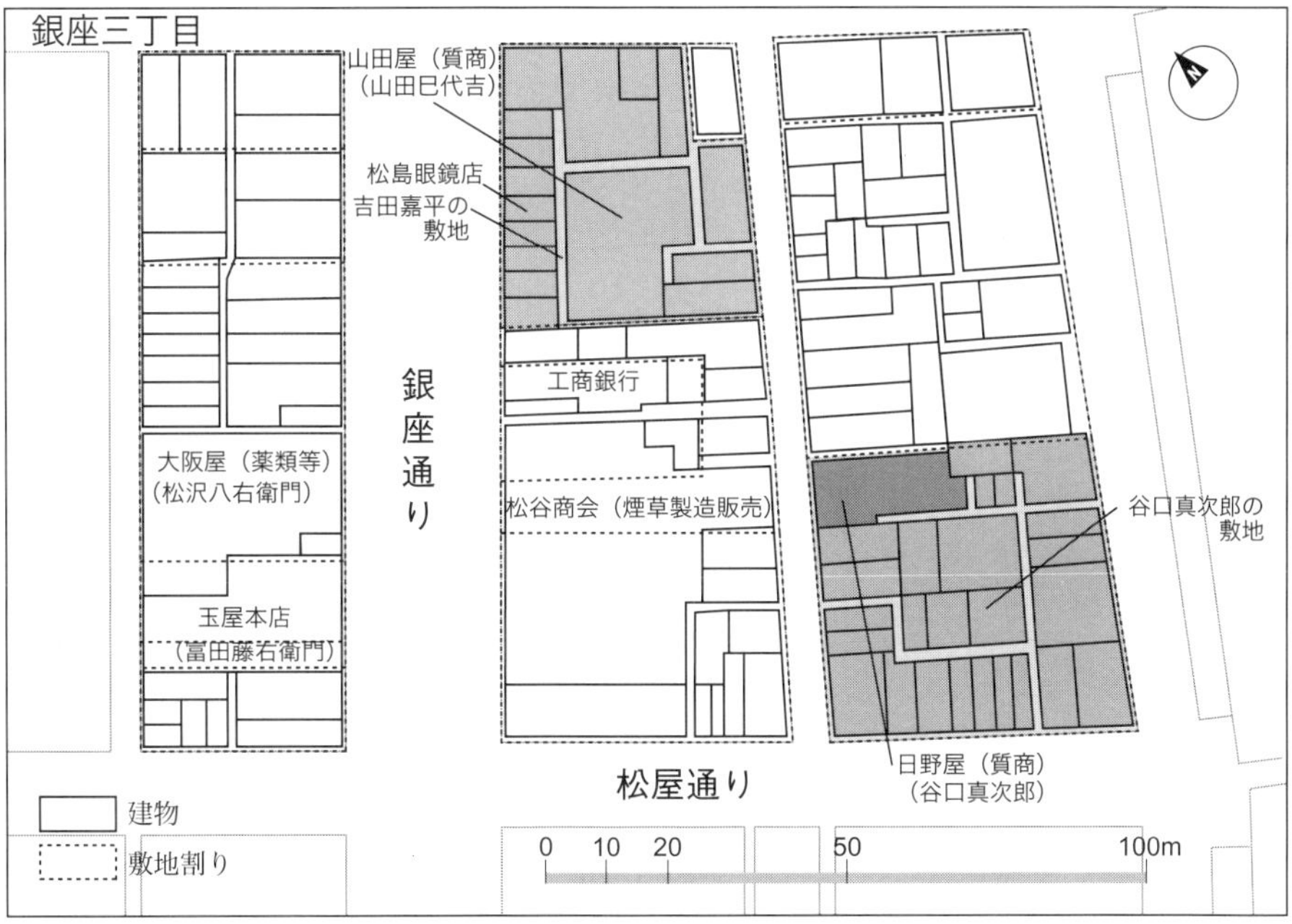

図26 明治後期の土地と建物の関係（銀座三丁目）
注：町名と通り名は現在の名称である．
　　敷地割りと建物配置は，図25と同様の図をもとに作成した．

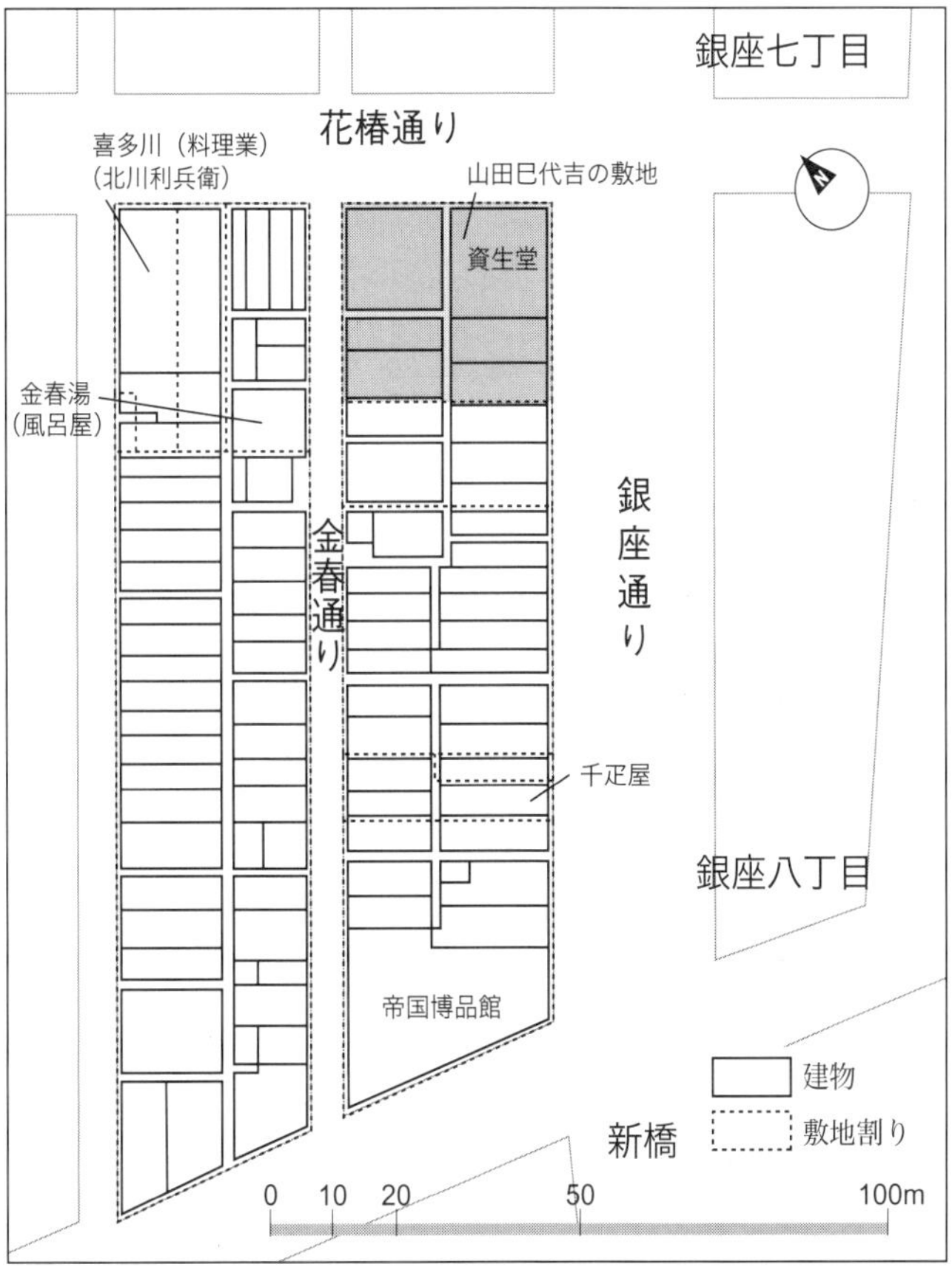

図27 明治後期の土地と建物の関係（銀座七，八丁目）
注：町名と通り名は現在の名称である．
　　敷地割りと建物配置は，図25と同様の図もとに作成した．

八右衛門の敷地に移り、現在まで商いを続けている。都市空間が変貌していくなかで、店鋪を移さざるをえなくなるケースが多々生じてくる。戦後のある時期まで、銀座の土地所有者がそのとき便宜を図って店舗の移転に対応した例は少なくない。銀座の地主と銀座で商いをする商店との密接な関係がここに見られる。

さて、銀座通りから横丁（現銀座マロニエ通り）、裏通りに廻ると、表通りとは違い、当時としてはすこし広めの間口を持つ建物が並び、街の様子も変化する。そこには商店ばかりでなく、三味線の師匠が住む仕舞屋もある。銀座通り側は建物が連屋化されているので路地がなかったが、裏の通りに廻ると何本かの路地が通されている。その路地の奥にはこの敷地の中でもっとも広いスペースを占める質商・山田巳代吉の山田屋がある。彼は銀座通りに二つの土地を所有しているが、質商を営むこの場所は借地である。山田巳代吉が所有する敷地の一つは、資生堂薬品部（現在東京銀座資生堂ビル）が建つ銀座八丁目角にある（図27）。明治期の銀座では、煉瓦街計画の経緯から土地と建物の所有が一致していないことが多く、彼のように土地を所有しながら、その土地で商いをできないケースは珍しくない。銀座通りの一等地を二つ手に入れても、建物所有の権利を持っていないために、なかなか自分の土地で商売をすることができない状況をつくりだしていた。これもまた、煉瓦街建設時の土地と建物の関係がつくりだした銀座における特徴の一つである。

地域に根ざす商人地主の存在

明治期の銀座は商店街であると同時に、居住の場であり、職人も多く住む街であった。花街もこの街の構成要素である。それは江戸時代から連綿と続いていた。これらの職・住・遊の人たちの生活基盤を支えていた業種が質商や米商、酒商である。どこの街にでも必ずある店だが、銀座においても重要な役割を演じていた。しかし、銀座の本にはこのような業種を扱った話がほとんど出てこない。繁華街の側面だけにスポットライトを浴びせ過ぎると、本当の銀座が見えづらくなる。ここでは、あえて生活に密着した業種の店と土地にスポットライトをあてることで、明治期のもう一つの銀座像を描くことにしたい。

これらの店は、ほとんどの場合地元の土地所有者であり、銀座の要所を満遍なく押さえるように分布している（図28）。そして、江戸から明治へと移る激動期、彼らがいかに安定して土地を継承したかは、次の数字でわかる。銀座では、明治四五年までの四〇年間に、土地を継承できたのは一五・一％（七二件）である。さらに、所有する敷地で商いをしている銀座の人はわずかに一一人と少ない（図29）。その中に、三十間堀二丁目（現銀座五丁目）の田村藤兵衛などの質商が四人、銀座一丁目の土志田與助などの米商が二人おり、地元の質商と米商だけで過半数を占めていた。残念ながら、酒商はこの中に含まれていない。彼らの中には、古くから銀座で商いを続けてきた店も少なくないが、煉瓦街建設以降に銀座の土地持ち商人となる。地元とのかかわりという点では他の二つの業種と共通点があるので、比較の意味で酒商の店も訪れることにする。

商いの内容が異なるこの三つの業種は、地域とのかかわりが各々異なる。質商は積極的に客を店に呼び込むわけではない。逆に、米商や酒商は通りに面して立派な店を張る。その点では客とのかかわりも多く、質商との違いを見せる。土地を所有する場所、土地と建物の関係にどのように表われてくるかが、ここでの着目するポイントとなりそうだ。まずは、質商を訪ねてみよう。

現在の銀座では、質商を探しだすことはできない。もうすっかりその役割を終えてしまっているからだ。ただ、歴史のある地方都市を訪れると、古い商店街からすこし入り込んだ所には、広い敷地に蔵のある質商の重厚な建物を今も見かける。明治期までは、質商が銀行に近い役割を担っており、街の商店や職人、居住者たちと深く結びついていた。このような関係が当時の銀座にあったであろうことは、質商が銀座六丁目を除く銀座一丁目から銀座八丁目の要所に、一軒以上地元の土地所有者として店を開いていたことでも理解できる。これらの店を商う当主が所有する土地と建物の関係、その土地が立地する場所には特徴がある。共通するのは、彼らの土地が他の地元の商人地主より比較的広く、表通りや横丁に面する土地を所有していることだ。彼らは銀座の華やかな場所の土地を手に入れていたのである。しかし、その店は表の通りではなく、必ず裏の通りに面して建てられている。実際に現場を訪れながら、さらに土地と建物の関係を検証することにしたい。その過程でおのずと、質商の土地が銀座でキーポイントの一つとなっていることがわかるはずである（図30）。

さてここからは各々の商いの特徴をよく示す土地の例を明治期と現在をタイムトンネルで結びながら訪ね歩くことにしよう。銀座に住まない私たちは、まずＪＲ新橋駅に降り立ち、外堀通り沿いを銀座七丁目に向かおう。目的の場所には、現在リクルートＧＩＮＺＡ７ビルが建っている。むかいには、昭和初期の近代建築・電通銀座ビルがある。明治期は、この加賀町一（現銀座七丁目）と呼ばれていた場所に質商・岡部惣五郎[12]が所有する二四〇坪の土地があった（図31）。この土地は震災後早々に㈱国民新聞社の所有となり、近代建築が建つので、土地の形状はその後今日まで変化することなく来ている。ただ

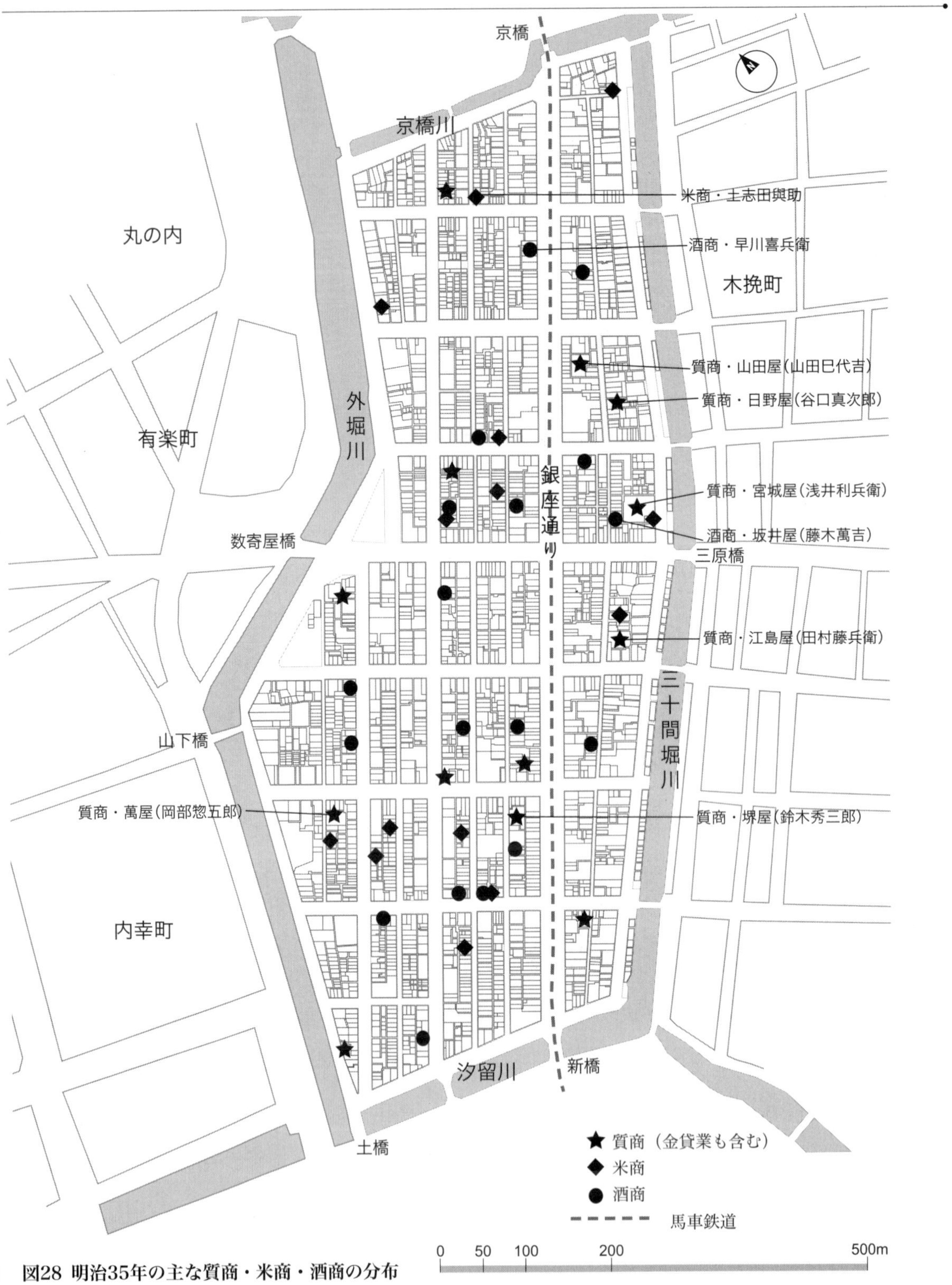

図28 明治35年の主な質商・米商・酒商の分布

注：ベースの地図は明治35年の建物状況を示している.

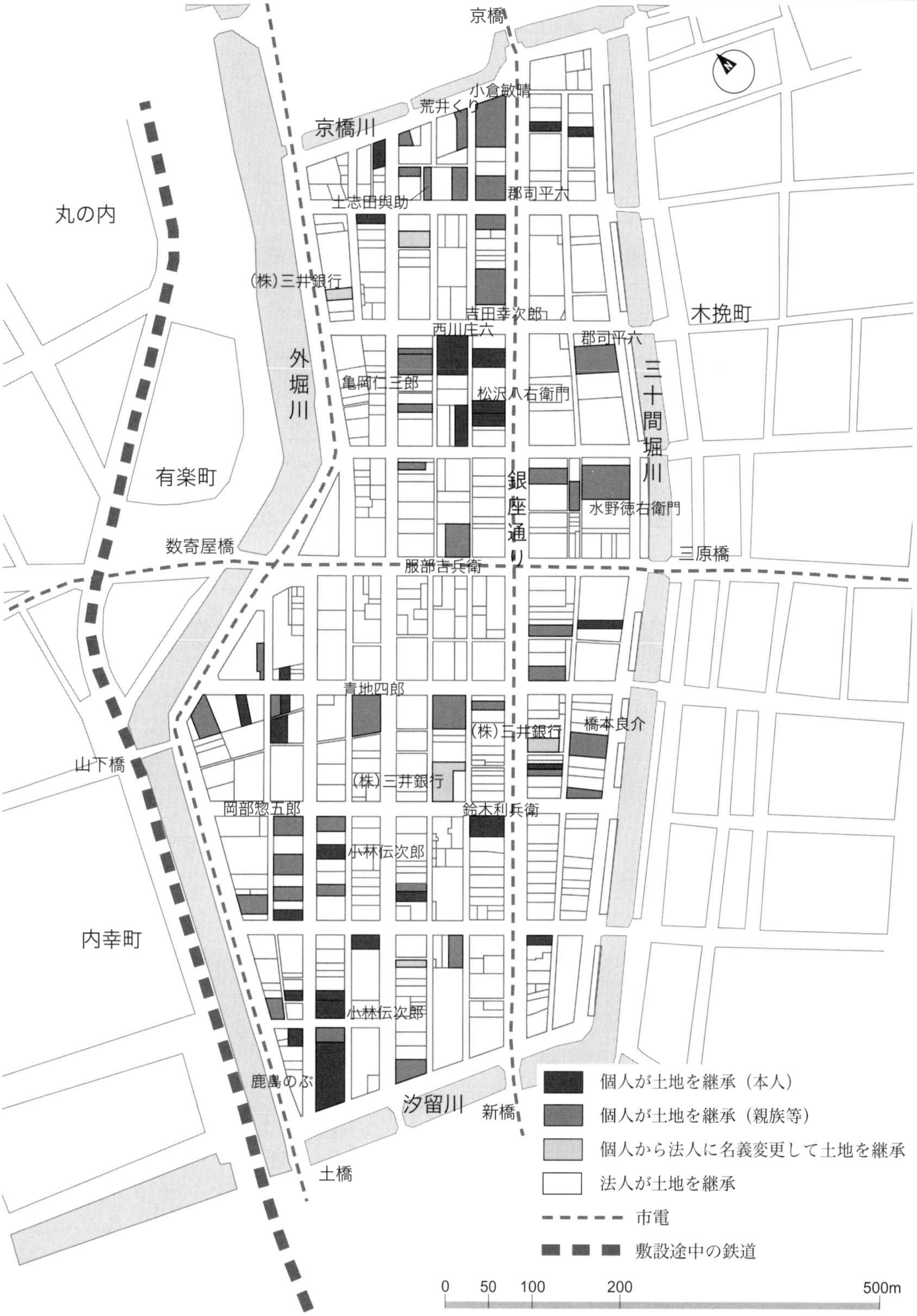

図29 明治5年から明治45年の間に土地所有者が変わらなかった敷地の分布

注：ベースの地図は明治45年の敷地割りを示している．

図30 明治35年の居住者と生活関連の店の分布

注：ベースの地図は明治35年の建物状況を示している．

明治後期にタイムスリップすれば、同じ場所で質商特有の土地と建物の関係が読み取れる風景を目の当たりにする。岡部惣五郎はここに所在地があり、土地の一部を使って、萬屋という屋号の質商を営んでいた。彼の店は外堀通りや横丁（現交詢社通り）に面していない。裏通り（現数寄屋橋通り）に入った所にある。そしてこの敷地には、彼の建物を取り巻くように、外堀通りと横丁に面して細かく割られた建物が軒を並べている。西洋家具商、法律事務所、英国商業雑誌の店など、大家を考えるとまるで似つかわしくないが、なるほど銀座だと思わせる業種が入っている。

質商の土地と建物の関係は、岡部惣五郎のケースが何も特別ではない。そのことを確かめるために、彼の土地があるこの交詢社通り沿いを東にむかって歩くことにする。そこにはもう一つ質商の土地の特徴を示す好例がある。銀座通りまで出ると、現在は右手に銀座東海ビルが建っている。銀座通りに面するこのあたりは竹川町二（現銀座七丁目）と呼ばれており、そこは鈴木利兵衛[13]の敷地であった。彼は二七五坪ある自分の土地の一部を使って堺屋という屋号の質商を営む。彼の店も、岡部惣五郎と同様に、表通りや横丁に面しておらず、裏の金春通りに入った場所に店を構えていた。この敷地で商いをするには一番魅力的な場所に、先のアール・ヌーヴォーの建

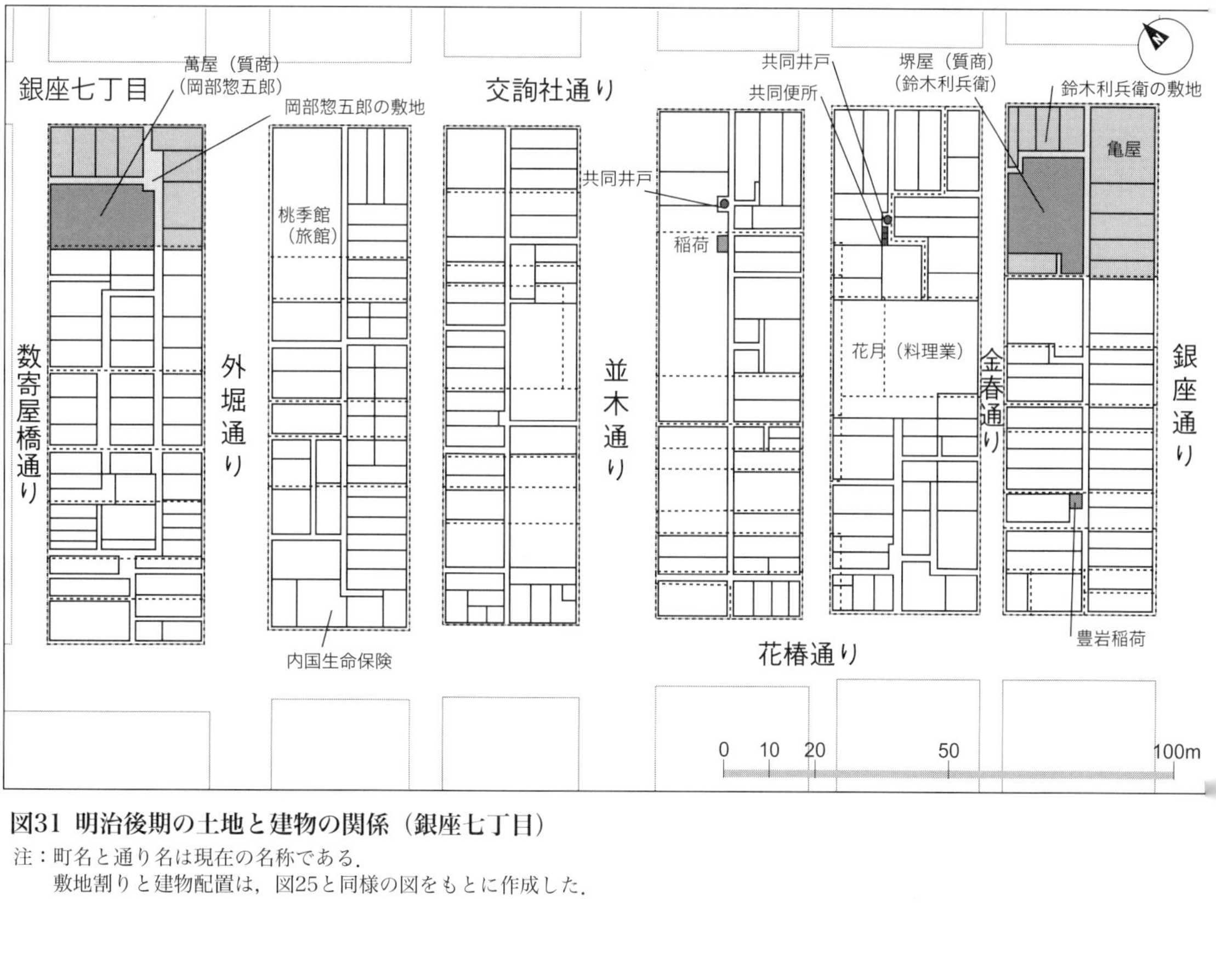

図31 明治後期の土地と建物の関係（銀座七丁目）

注：町名と通り名は現在の名称である．
　　敷地割りと建物配置は，図25と同様の図をもとに作成した．

築、亀屋鶴五郎の店が建つ。この店が堺屋に次いで大きな建物である。その両脇には間口二～三間の連屋化した煉瓦建築が四軒ずつ並んでいる。煉瓦街を脱する最初の建物を建てた店がこの質商の敷地であったことを知ると、当初あまり期待していなかった土地所有者・質商の役割を再認識していただけたのではないか。

この二つの例は、いずれも銀座通りや外堀通りといった銀座の都市軸を構成する通りに面する土地であった。彼らは街を活気づかせる店に土地の一番良い場所を貸して、逆にめだたない所には街にとってマイナス・イメージがある自分の店を置いていた。街の活性化を考えた時、実入りのよい土地を他人に貸すというだけでなく、このような土地とその中の建物配置の関係が街を発展させていく上で実に合理的に仕組まれていたのである。

銀座では、このような質商の敷地利用が異なった場所でも成立していることを確認するために、裏の通りに入り、さらに質商の土地を探すことにしたい。それは、先の二つの土地はいずれも大きな通りに面しているからだ。銀座通りから一本東に入った通りに沿って、質商の大きな敷地が二つある。このうち、今回は銀座三丁目にある質商・谷口真次郎の敷地を訪ねることにする。この土地は現在の松屋、先ほど訪ねた山田屋質店のある街区の裏にあたる。この土地は七一三坪あり、前に示した通りに面する事例の倍以上の規模がある。だが、土地と建物の関係はほとんど変わらない。谷口真次郎の場合も、三十間堀沿いや横丁（現松屋通り）を避け、裏通りの奥まったところに店を構えている。ただ、この土地が華やかな銀座通りから一歩入った横丁と裏通りに面しているだけあって、通り沿いに並ぶ店は魚屋や八百屋など住民とかかわりの深い店がめだつ。質商の土地は、一見なにげなく店舗が立地しているように見えるが、立地場所や土地と建物の関係で見ていくと、こまやかなしくみの上に成り立っていることがわかる。求心的な建物とそれを取り囲むように立地する建物群の関係は、武家屋敷や寺社の敷地の使われ方と似ている。町人地における町屋敷の構造とは異なるもう一つの大家と店子の関係が敷地の上に表現されていて興味深い。

質商と同様に、生活に密着した業種としてあげられるのが米商と酒商である。まず米商の場合から見ることにする。土志田與助は、銀座一丁目の二〇九坪の敷地で屋号・松屋という米商を営む（図32）。銀座通りから現在の銀座柳通りに沿って東に歩いていくと、右手角に現在八階建ての土志田ビルヂングが見えてくる。左手には先ほど訪れた風呂屋がある。彼は江戸時代から銀座のこの土地を守り続けている。明治四三年の紳士録から東京府に所在地のある納税額一〇〇〇円以上の米穀商を拾ってみると、記載されている者はわずか一七名だけである。そのうちの一人が土志田與助[14]であることから、南紺屋町二五（現銀座一丁目）の土地を拠点にかなり手広い商いをしていたことがわかる。彼は裏通りを挟んで両側に一〇〇坪強の二つの敷地を所有している。江戸時代は、現在自社ビルが建つ側の土地だけであった。こちらの敷地を見ると、それを囲むように南北と東西の二方向に路地が通っている。現在も健在であり、なかなか趣きがある。この土地と建物の関係は、江戸時代の町屋敷の構造をよく伝えている。横丁（現銀座柳通り）側にみずからの店と隣に眼鏡商の店が二つ並ぶ。その裏側には小さな建物が路地を中心に振り分けるように並べられている。銀座につくられていた江戸時代の町屋敷がどのように変化し、明治に受け継がれていたのか、江戸時代のこの場所の史料がないので比較分析はできない。ただ、先にあげた江戸時代の町屋敷の概念図と比べると、違いが見えてくる。それは、一つの敷地で町屋敷の構造が完結していないことだ。通り沿いの建物が連屋化されていることもあるが、隣の敷地との境界に一本路地を通すことで、通りに出る路地を少なくする工夫が見られる。路地の中ほどには共同井戸が置かれ、これも二つの敷地に住む人たちが共に使えるようになっている。このように、米商の街とのかかわりは、土地活用の面で質商と大きな違いを見せている。自分の店は一等地である通りに構えているからだ。商いをしている場合、このような関係の方が、江戸時代

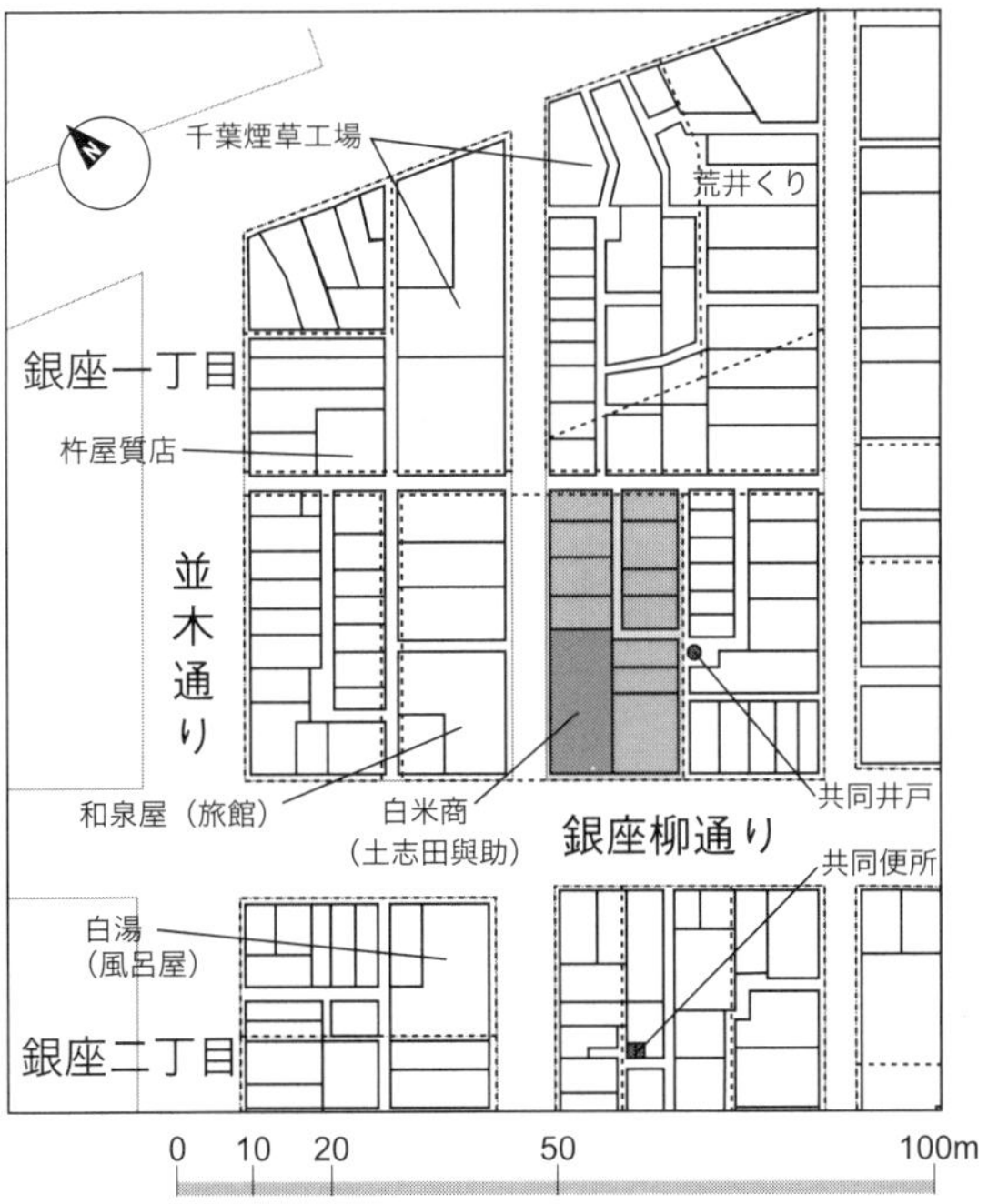

図32 明治後期の土地と建物の関係（銀座一，二丁目）

注：通り名は現在の名称である．

では一般的であったと考えられる。

最後に、酒商を訪ねることにしたい。酒商は、質商や米商と違って、堂々と銀座通りに店を張るケースが見られる。大倉組の並び、すでに何度か通った所である銀座二丁目には、一〇三坪の土地を所有する酒商・早川喜兵衛(15)の店がある。規模から言えば、この土地は中央に東西の路地が一本通る江戸時代の町屋敷の標準的な大きさである。米商の土志田與助の敷地同様、敷地内には銀座通りから直接路地が通されていない。吉田幸次郎との隣地境界に路地が設けられ、南北の路地と交差している。煉瓦建築の連屋化を基本にしていたことから、銀座通り沿いでは敷地境界に設けられる東西の路地が一般化していた。

彼の店はこのあたりの酒商としては一番古く、江戸時代からの資産家としても知られていた。だが、質商や米商のように煉瓦街建設以前からの土地持ちではない。明治五年時点、この土地は銀座一丁目に所在地がある小倉惣兵衛の所有であった。その点、銀座の酒商は日本橋や京橋の酒を扱う豪商と比べ、中堅クラスの商いであったと思われる。彼は煉瓦街建設後に土地を手に入れる。店のつくりは間口が二間半の黒壁土蔵造りの建物で、煉瓦建築ではない(16)。早川喜兵衛の敷地には、彼の店と隣り合って新居常吉の諸機械販売の店がある。彼は早川喜兵衛の隣に裏通り側だけに面する五一坪の敷地を所有しているが、銀座通りの店は借地での商いであった。ここでも土地と建物が一致しておらず、煉瓦街建設の時に別々に売買された結果が表われている。

銀座通りではないが、土地と建物が一致しない例をもう一つ酒商の例で見ておきたい。それは銀座四丁目にある藤木万吉(17)の五四坪の敷地である。そこは二つの裏通りが通されている。このうち、東側が三間幅の裏通りとして煉瓦街をつくる時に新設された。これらに挟まれた場所に彼の土地がある。だが、明治三五年の詳細な地図によるとそこは物置となっており、彼はむかいの敷地で坂井屋という酒商を営んでいる。その連屋化した煉瓦建築の一戸を手に入れたのだが、土地は従来の土地所有者・伊達宗基が広い敷地をそのまま所有し続けていたので、土地所有者にはなれなかったのである。ここにも、煉瓦街建設時の土地と建物のズレが生まれていた。銀座の酒商の場合は、大半の質商や一部の米商のように借地・借家人を抱える規模の大きな土地を所有していない。土地を取得できたのも、煉瓦街建設後である。この業種は、土地所有面より、商いにおいて街とのかかわりを深く持っていたと言える。このように見てきただけでも、煉瓦街の建設が土地と建物のさまざまなバリエーションをつくりだしていることがわかる。建物の利用のされ方だけでは見えてこない都市の細やかな構造が、土地との関係から見えてくる。

銀座人の台頭と街の成熟

明治の一〇年前後、西欧化しはじめた社会変化を敏感に嗅ぎ取ることができた商人たちは、その流れにふさわしい場として銀座を選ぶようになる。煉瓦街建設当初から銀座に店を開いた人たちは、銀座に落ち着くまでに開港場の横浜、居留地が近い築地など、さまざまな土地で創業していた。その後、彼らは一等煉瓦建築に店を構えるので、銀座が創業ではない。

この頃の銀座の土地は、激しく流動していた。わずかの年月の間に半分以上の土地が別の所有者に変わるのである。ただ、煉瓦街建設は官が宅地に手をつけなかったことから、土地と建物の所有関係が別々に売買されるケースを生みだした。土地所有者が大きく入れ替わったにもかかわらず、敷地割りは建物所有との関係で変化せず、ほとんどの場合元の敷地の形態が維持された。一方で、その上に建つ建物はそれだけが売買の対象となったことから、銀座の土地所有者の中には自分の土地で商いできずに借地での商いをする人も少なくなかった。

煉瓦街建設からそれ以降にかけて、敷地の分割は少なかった。逆に土地が統合され、大規模所有者が増えている。これらの土地集約にかかわった人たちの多くは銀座の人たちであった。それは何も地主だけの話ではない。煉瓦の街ができて建物を手に入れた商人たちの中には、中小規模の地主が土地を手放すとき同時に手に入れ、土地持ち商人となった人たちもいた。彼らもまた銀座の街とのかかわりを土地所有の面で深めていく。

その後明治二〇年代以降になると、銀座を創業地として活躍する商店がすこしずつ増えてくる。これらの店の多くは、時計、機械、洋品など輸入品を扱う人たちであった。この時期銀座に店を構えた商人たちは、土地持ちになる機会が遠のいていた。中小規模の土地の流動が少なくなり、すでに土地所有が安定したからである。土地と建物が別々の所有であったことは、土地がさらに安定化する一方で、商人たちの激しい流出と流入が引き続き繰り返されていた。その変化は建物の売買だけに現われた。もう一つ重要なことは、建物所有者が増えたことで、江戸時代の大家と店子の関係ではなくなっていたことだ。商人たちの多くが自分の建物を所有することで、彼らもまた土地所有者以上に積極的に街とのかかわりを持つようになる。それが明治後期からの新鮮で斬新な建築表現にあらわれ、同時に都市文化を創出し、発信するまでに至る。

さらに見落としてはならないことは、土地と建物との関係がつくりだす銀座特有の街のしくみである。江戸を払拭するどころか、江戸の都市構造を多くの面で継承せざるをえなかった煉瓦街の建設は、逆に今日に残る銀座特有の固有性の高い空間をつくりだした。このことは現在のまちづくりが学ばなければならないことの一つである。前時代の価値を取り除けば新しいものが生まれるというものではない。むしろ前時代のものを上手に使いこなしてこそ、魅力のある新しい空間が生まれてくる。新しい路地のしくみや土地と建物の関係がつくりだす空間表現の工夫は、まさに今日の銀座らしさを支えているのである。

(1) 時計塔の数は平野光雄氏が調べたところによる。

(2) 銀座には、四つの時計塔の他に銀座一丁目の読売新聞社にも時計塔が載せられていた。これは、社屋を明治四二年に改築するまでのわずか四年足らずの間に時計塔が廃止されたために、博品館と同様銀座の出入口のランドマークとして最適の角地に聳えていたにもかかわらず、人々の記憶には強くとどまることはなかった。

(3) 原田弘『銀座　煉瓦と水があった日々』白馬出版、一九八八年、一一六―一一七ページ

(4) 藤森照信『明治の東京計画』岩波書店、一九八二年、図四八―五三

(5) 野口孝一『明治の銀座職人話』青蛙房、一九八三年、一〇九ページ

(6) 明治四三年時点の橋本留次郎の納税額は所得税五三円、営業税一二三円である。

(7) 明治四三年時点の宮田勝之助の納税額は所得税一八四円、西紺屋町二四である。

(8) 明治四三年時点の納税額は、小林伝次郎が所得税四七四一円、営業税五二五円、服部金太郎が所得税九一五一円、営業税三五七〇円、大倉粂馬が所得税八九七一円、営業税一四六三円、米井源次郎が所得税五〇九〇円、営業税三四八八円である。

(9) 明治四三年時点の秋葉大助の納税額は所得税四二〇円、営業税五六六円である。

(10) 前掲書『明治の銀座職人話』一一三ページ

(11) 明治四三年時点の吉田幸次郎の納税額は所得税四六〇円である。

(12) 明治四三年時点の岡部惣五郎の納税額は所得税二六七円である。

(13) 明治四三年時点の鈴木利兵衛の納税額は所得税一五円、営業税一五七円である。

(14) 明治四三年時点の土志田與助の納税額は所得税一〇七〇円、営業税一二一円である。

(15) 明治四三年時点の早川喜兵衛の納税額は所得税五三円、営業税二〇七円である。

(16) 前掲書『明治の銀座職人話』一〇三―一〇四ページ

(17) 明治四三年時点の藤木万吉の納税額は所得税四七円、営業税八五円である。

第三章　都市文化を育んだ銀座の表現——昭和初期

GINZA

一　モダン都市・銀座への転回

災害を経た銀座の変化

関東大震災（地震と火事による被害）

明治初期の煉瓦街の痕跡がないか、当時の煉瓦がどこかに残されていないか、そのような動機から銀座の街を歩くことがある。昭和六三（一九八八）年、銀座八丁目のビル建設現場から煉瓦の壁が発見された。もちろん、明治初期に建てられた煉瓦建築の軀体である。これは、現在江戸東京博物館に常設展示され、誰もが気軽に見ることができる。このこともあり、この一〇年のあいだ銀座を歩き廻っていて、銀座七、八丁目には今も当時の煉瓦が眠っているはずだという、変に確信めいた気持ちになる。路地沿いにある古めかしい建物の壁の一部に露出した煉瓦があったりする。それが煉瓦時代のものであると断定できないとしても、震災後の復興時に煉瓦の構造壁を利用して応急的に建物を建てたり、瓦礫処理ができずに建物を建てる際に自分の土地に埋めたことも考えられる。特に、このあたりは戦災を免れていることから、建て替わらずに残る建物の一つ一つに煉瓦街の記憶が刻まれている可能性がある。

たとえ歴史的な建物がすでに失われているとしても、街歩きをしていると、歴史の舞台と現実の垣根が取り払われていくようで楽しい。実際の街を歩きながら都市の歴史を考え、推理していく方が、ときには思いがけない空気を嗅ぎ取ることができる。これから八〇年も前に起きた関東大震災、その後のモダン都市に変容していく銀座のことを語りはじめようとしている。ここでも文献や史料をビジュアル化し、そのデータを手に現地を調査し、銀座の歴史を読み解くことにしたい。

大正一二（一九二三）年九月一日、大きな地震が東京を襲い、その被害は関東一円に及んだ。昭和七（一九三二）年に編纂された『京橋区史』には、当時の様子が次のように書かれている。「この日は朝来より恰《あた》かも二一〇日の厄日の前駆的徴候であるかの如く強い南風に雨を加えて、やゝ荒れ気味であったが、それも間もなく平静となり、一〇時頃よりは天候次第に

図１ 地震直後の銀座通り（絵葉書）

図２ 火事で焼失した煉瓦街（絵葉書）

恢復して、晴れやかな残暑酷しい、むし暑い日がおとづれた」[1]。この文面から、震災当日はいかにも何かが起きそうな無気味な天候であったことがよくわかる。地震は各家庭で昼食の準備に追われていた正午すこし前に起きた。

地震による東京の震度は、場所によってばらつきがあった。山の手は台地部が比較的弱く、台地との間の谷地の揺れは激しかった。一方、下町は強烈な揺れとなる。ただ下町の揺れも一様ではない。隅田川を挟んだ東側のデルタ地帯、本所・深川の震度が激しく、地盤がしっかりしている日本橋、銀座といった旧来からの下町の方が揺れは弱かった。これらの旧下町一帯は、地震による被害が台地部程度にとどまっていたのである。建物被害が軽微であったことは、地震直後に被害を受けず建ち並ぶ銀座通りの風景を写した絵葉書がよく伝えている（図1）。

大地震で恐いのは二次災害である。地震の後、東京の市街のあちらこちらで火の手が上がった。建物が密集する下町一帯は、強風にもあおられて火の手がそれらを呑みこみ、ほぼ全域が焼失した。銀座では、まず八官町二四番地（現銀座八丁目）で火の手があがる。その主流は数寄屋橋・尾張町・三十間堀川に向かい、そこから分かれた支流は采女《うねめ》町方面に進みながら被害を拡大させた。一方、有楽町にある東京電燈㈱の社屋から発生した火元は、東の方に向かう。後に、八官町二四番地から発した火の手と数寄屋町で合流し、午後四時までには三十間堀川の河岸沿いと尾張町全体が延焼する。この火は、さらに東北方面に向かい、新富町・木挽町・築地二丁目にまで達した[2]。地震後の火事は、煉瓦の構造壁だけを残し、銀座を灰と化してしまった（図2）。

帝都復興計画に見る銀座の街並み

未曾有の大惨事を受けた東京では、いち早く復興事業が行なわれようとしていた。その内容は、東京府知事・後藤新平が描いた構想をもとに進められた。彼の当初の案は、旧一五区の範囲を越え、西が山の手線の内側全域を近代都市に再編する壮大なものであった。計画が具体化するにつれ、事業費があまりに膨大なことがわかり、被害が比較的少なかった山の手側は対象から外され、大幅に縮小されたかたちで計画が進められることになる。このようにして具体化する震災復興事業だが、明治期に実施された市区改正の計画面積からすればその規模と内容は非常に大がかりなものであった。政府にとっては、明治初期に銀座の煉瓦街建設だけにとどまっていた不燃化による近代的な都市づくりを、下町全域で実現させるまたとない機会が再び訪れていた(3)。

下町一帯では、帝都復興計画をもとに土地区画整理が行なわれ、狭い道が近代的な街路に生まれ変わる。木挽町には四〇メートルを越える広幅員の昭和通りが新しく通された(図4)。この広さは、煉瓦街計画のとき議論にのぼったロンドンやニューヨークの街路幅に匹敵する。半世紀後に煉瓦街構想の一部が別のかたちで具体化したことになる。中央に設けられた分離帯には植栽が施され、そこには欧米に匹敵する都市景観をつくりだそうとする意気込みが感じられる。だが、都市の近代化という新たな再編を迫られた下町の多くは、町の骨格を大きく変化させただけではなかった。旧来からの町のしくみが壊され、江戸時代から培われてきた生活空間を失うことにもなる。そして、日本橋の街を象徴していた一つの場所、魚河岸のまん中を昭和通りがぶち抜き、天下の台所が日本橋を離れ、銀座と目と鼻の先、築地に移る。この日本橋魚河岸が築地に移転を完了するのは、昭和一〇年のことである。

旧来の街のしくみを失っていく日本橋の状況と比べ、銀座は煉瓦街建設において街路幅員がすでに確保されていたことが幸いし、土地区画整理がほとんど実施されず、一部の道路の新設・拡幅にとどまった(図3)。そのことは、従来の地域コミュニティや生活環境を変えずに、街レベルでの復興ができたことを意味する。震災後の銀座は、新たな文化を花開かせる基盤を早い時期に回復していたのである。周辺の下町の変貌と銀座の基盤の安定は、「食の文化」を銀座に花開かせる。銀座四丁目交差点から晴海通りを六、七〇〇メートルも歩けば、築地の場外市場に行き着く。実際に体験すると、その近さをより実感できるはずである。築地の魚市場にもっとも近い繁華街が銀座となった。新鮮な魚介類を扱う寿司屋をはじめ、西洋料理や日本料理の店が大挙銀座に店を構えるようになる。伝統的な食文化を誇る関西の割烹も次々に店を出す。これらの料理・飲食の店が昭和二年には一六五軒にもなり、時代の変化が銀座に思わぬ風を吹かせた。

銀座で拡幅された通りは、晴海通りと外堀通りである。通り沿いを同じ条件で拡幅する場合は、本来ならば両側の敷地を公平に後退させる。不公平が生じると事業が進まない可能性があるからだ。だが、この二つの通りはいずれも片側だけが広げられている。震災後の混乱期には商いの場を失った者も多く、表面にあらわれない借地・借家の関係も含め、当時土地がらみの問題はかなり多かったはずだ。そのような状況の中で、銀座は明治期に頭角を現わしていた地元の大規模所有者が街の整備に大きく貢献しうる状況にあった。それに加え、商いや生活をする場が早期から健全に働いていたことも大きい。このようなことが重なって、道路拡幅などの官の都市計画が試みられる時、地元の盟主である大地主を中心に商人や住民が団

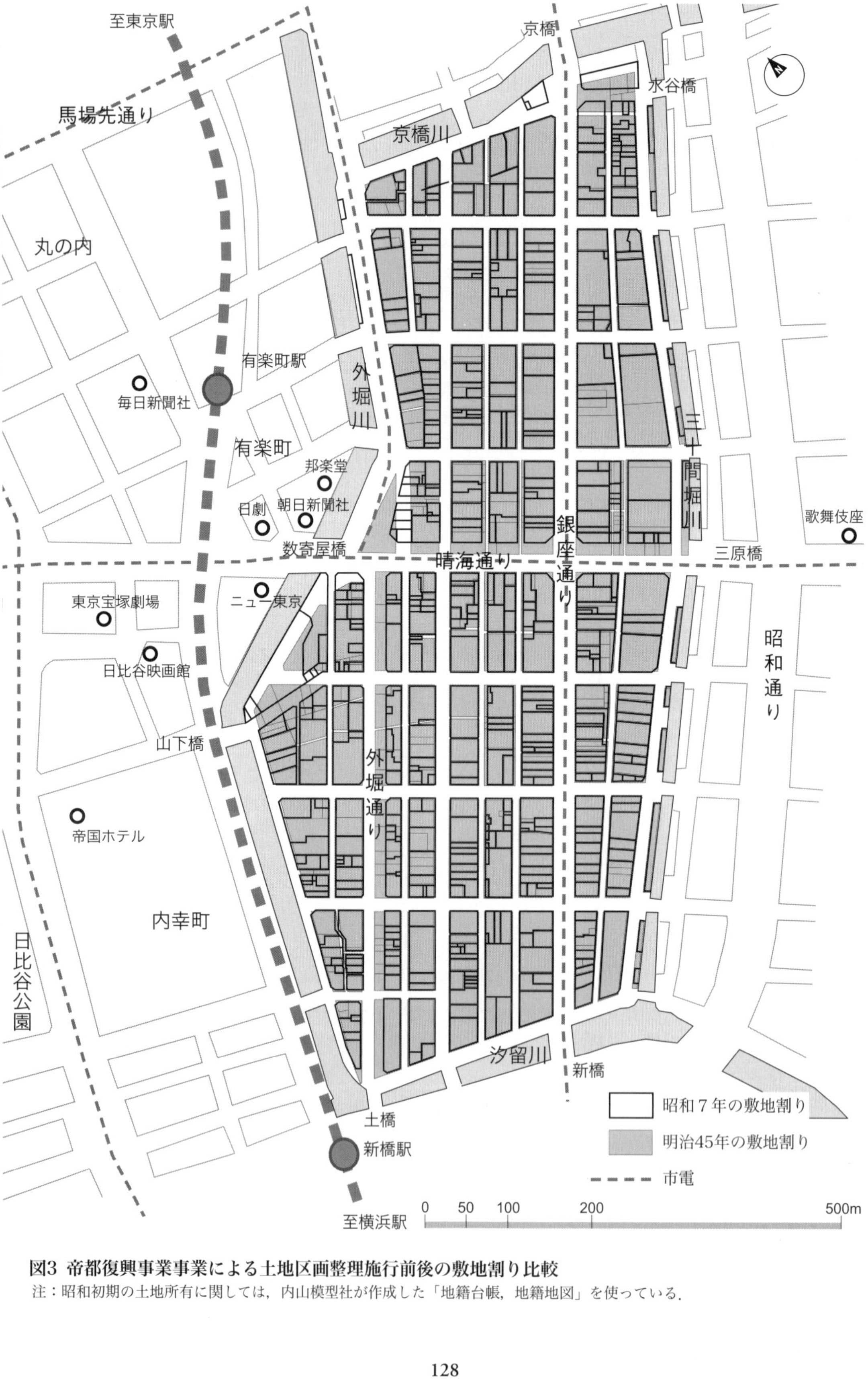

図3 帝都復興事業事業による土地区画整理施行前後の敷地割り比較

注：昭和初期の土地所有に関しては，内山模型社が作成した「地籍台帳，地籍地図」を使っている．

図４ 昭和通り（絵葉書）

図５ 日動火災保険ビル（『震災復興〈大銀座〉の街並みから　清水組写真資料』より）

図６ 数寄屋橋周辺のモダン建築群
（『震災復興大東京絵はがき』より）

結して、街づくりという次のステップに速やかに移行する組織をつくる原動力が生みだせた。

外堀通りは、銀座の西南端にある土橋から外堀沿いに比丘尼橋に至る道路で、その幅員が八間（約一四・六メートル）から一五間（約二七・三メートル）とまちまちであった。これを銀座通りと同じ一五間幅に統一した。その時、土橋から数寄屋橋までの東側だけが七間（約一二・七メートル）分の敷地を後退させられる。ここには、地元大規模土地所有者、吉田嘉平・嘉助と小林伝次郎がいる。しかも、彼らは通りの両側に複数の敷地を所有していた。

彼らの場合どちらの側が削られても大きな問題はない。しかし、中小規模の敷地を一つだけ所有している者にとっては大問題である。西側の土地が削られると、敷地を失ったり、小規模な敷地が残るだけとなるケースもでてくる。一方東側は、道路拡幅しても大規模な近代建築が充分に建てられる敷地を残せる。この敷地を利用して、後に日本動産火災保険㈱（昭和六年）や㈱電報通信社（昭和九年）の大規模な建物が建つことで、見事にその答えをだすことになる（図5）。

さらに、広い幅員の道路を生みだしたい官の思惑を越えて、外堀通り沿いをどのような街にしていくかという民の考えが示された一例をここに挙げておきたい。それは、日動火災保険が近代建築を建てるまでの経緯である。江戸以来銀座西五丁目の地主である吉田嘉助と町内会の有志がビル建設に対し、街の美観や将来の賑わいを損なわない建物を建てるように要望書を提出している。[6] 最近では住民がまちづくりや街の景観に高い関心を持ちはじめているので、建築主にいろいろと要望をだすことは珍しくない。しかし、都市計画や街づくりは行政が行なうことが当たり前であったこの時期に、このような要望をだすあたり、銀座住民の震災復興に対する面目躍如といったところだ。そして、建築主もそれに応える。オフィスビルでありながら、一階部分はショーウィンドー化し、街の賑わいを損なわない配慮を示した。そのフロアには洋画商の長谷川仁を迎え、画廊を開かせている。今日の日動画廊である。銀座通りに負けない街並みづくりがここにスタートしたのである。

昭和九年には屋上からサーチライトを放つマツダビルが完成している。むかいの日動火災保険のビルと合わせ、拡幅された外堀通り沿いは近代的な街並みがすこしずつ整いはじめていた。この頃、数寄屋橋周辺では山口文象が設計に携わったその橋（昭和三年）を中心に、朝日新聞社（昭和二年）、泰明小学校（昭和四年）、日劇（昭和八年）が次々と建ち、水辺に映える象徴的なモダン都市の空間に生まれ変わっていた（図6）。これらの建築の一つ一つは各々に個性的な表情を掘割側に見せる。その近辺の外堀川は緩やかな曲線を描いて蛇行する。渡辺仁が設計した日劇は敷地の形状の難しさを意識させるよりも、水辺の緩やかな変化と開かれ陸化する東京に、数寄屋橋は再び都市の水辺空間の魅力を人々に強く印象づけることになった。

た都市空間の広がりを円弧を描きながら見渡す建物配置になっている。その結果、この建物は拡散的に広がる都市空間に強い求心性を持たせながら、橋を核にした水辺空間の一員であることを同時に表現している。数寄屋橋界隈のシンボルがここに誕生したのである。

拡幅されたもう一つの道路、晴海通りは震災以前の一〇間（約一八・二メートル）を倍にし、約三六メートルに拡幅した（図7）。これによって削られた敷地は、銀座四丁目側に限られた。銀座五丁目側にいち早く非木造の建物が建てられていたからであるという話も聞くが、真意は定かでない。三原橋や数寄屋橋の先にある道路の取り付け方とも関係するが、むしろ、晴海通りの北側に土地を持つ松沢八右衛門と吉田嘉助の大規模所有者の存在が大きかったのではないかと思う。こちらの方は具体的な史料がまったくないので想像の域を出ないとしても、外堀通り同様、彼らが行政との調整役や街づくりのキーパーソンとなって晴海通りの街並みを整える努力をしていたことは充分考えられるからだ。

銀座の風景を大きく変貌させた数寄屋橋一帯からこの通りの延長線上、銀座四丁目には銀座の象徴となる服部時計店が日劇と同じ渡辺仁の設計で昭和七年に建てられていた。彼は銀座のきわめて重要な都市空間に二つの建物を建てたことになる。服部時計店が建つこの土地の所有者は松沢八右衛門であった。島田組の倒産を受けて彼が煉瓦街建設中に手に入れたものである。銀座の核となりつつある銀座四丁目の土地を銀座以外の不在地主ではなく、この地元の大地主である彼が所有したことで、単なる借地・借家経営に終わらず、銀座全体の街や建築のあり方を考えることのできる土壌がそこにできていたことに大きな意味を持つ。昭和八年には、銀座四丁目のＡ・レーモンドが設計した教文館のビルが竣工し、銀座通りは近代的なビルが街並みを構成しはじめる。この土地も松沢八右衛門が所有していた。土地を所有することが銀座の発展に活かすことのできる重要な要因であることを、彼は少なからず感じていたはずである。そうでなければ、どうして彼が所有していた土地に銀座を象徴する建物がこのように複数建てられたのであろうか。

服部時計店の建物は、銀座の都市軸である銀座通りと新たな都市軸をつくりだそうとしている晴海通りの角の部分を曲線にすることで、この二つの通りを巧みに融合させ、銀座をより広がりのある空間にする演出が見られる。銀座が銀座通りという一極軸の繁華街ではなく、二つの軸が交差することで面的な広がりのある街であることの魅力を、この建築は空間として教えてくれている。そのようなところにも、微動だにしない存在感がこの建物に滲みでているように思えるのだ。

ここまで拡幅された街路沿いの街並みが変容する様子を見てきたが、新設した道路はどのように街並みを変化させたのだ

図 7　晴海通りが拡幅され，復興した銀座（絵葉書）

図 8　外堀川沿いに面して建つ泰明小学校（『帝都復興事業大観』より）

ろうか。二つあるうちの一つは京橋南詰から新しく架設された水谷橋に至る街路である。幅員が約一五メートルに拡幅されている。ただここでは、もう一つの山下橋付近の新設道路を詳しく見ていきたい。それは、元数寄屋町と山城町との境を通っていた八間幅の街路のうち、外堀寄りの約三〇間（約五〇メートル強）ほどの長さの道路を廃止し、その代わりに山下橋から幅員約一五メートルの道路を新設したものである。同時に外堀沿いの道路を廃止することで、泰明小学校の敷地が広がり、水辺に面してゆったりとしたモダンな校舎を建てることができた（図8）。この校舎は東京大空襲の時、大きな被害を受けたが、すぐに修復されて現在も歴史を重ねている。それと合わせ、隣接する敷地には帝都復興事業で整備された数寄屋橋公園が完成する。下町を中心に数多く試みられた小学校とセットになった復興公園である。これまで銀座には公園が一つもなかった。その公園が銀座にはじめて誕生した。この復興公園の新設は、数寄屋橋の都市空間に建築以外の新たなアクセントをつくりだし、人々の憩いの場となった。現在は高速道路の谷間にある感じが否めないが、できた当時は目の前に外堀川が流れ、開けた視界の先には近代建築群をパノラマで見渡せたはずである。

泰明小学校の歴史は古い。明治一一年に初代である煉瓦造り二階建ての校舎が建てられた時からはじまる。この小学校には銀座の人たちが通い、幼い頃銀座の住人であった北村透谷や島崎藤村も在籍していた。この前を斜めに通る先の復興事業で新設された道路ができた。山下橋を通って帝国ホテルや日比谷の劇場街に抜けるみゆき通りである。この道は、煉瓦街建設の時に、まっすぐにしたものを多少角度の違いがあるものの再び江戸時代の状況に戻すようにつくられた。この変化からは、街を表現する上で、周辺地域との駆け引きの歴史が読み取れる。

煉瓦街建設では、町人地の街区構成でつくられている銀座をより徹底した碁盤目状の街にするために、この道をまっすぐにした。一方そのとき、大名屋敷の街区構成を引き継いだ日比谷から内幸町にかけての一帯は、区画を変えることなく復興事業による整備が行なわれていた。もちろん、山下橋の位置も同じ場所のままである。江戸時代中期の都市再編では山下御門付近にある大名屋敷の敷地割りのそれに従って、銀座側の道を斜めに歪ませ、町人地の街区がつくられた経緯がある。この三百年以上も前の土地のしくみを明治初期の煉瓦街計画の意思で変えることができなかったのである。そのことを見ても、場所のもつ不思議な力をこのあたりに感じる。

街と建築によるモダン空間の演出

都市環境としての建築装置

大正一二年九月一日に起きた関東大震災は、ウォートルスが中心となって計画した煉瓦街の建築を消し去った。その焼け跡に、まもなく急ごしらえの建物が建ち、二カ月後の一一月一〇日には銀座通りの商店の多くが開店に漕ぎつけた。そして翌年の大正一三年頃から、外堀に面した実業之日本社のビルなど、近代建築が銀座に建ちはじめる。これらの本格的な建築で街が復興する以前、銀座にはバラック建築が建てられた時期がある。それは二年足らずの短い間であるが、単なる掘建て小屋ではなかった。これらの建物は震災で仕事をなくした画家や彫刻家などの芸術家が設計者となって銀座の街並みに異彩を放ち、建築家もバラック建築に手を染めていた。このある種舞台装置のような木造建築は、当時の銀座において、石や煉瓦、コンクリート造りの建築に比べ、建設のコストや期間だけでなく、表現手段として建築の領域を超える自由度があった。昭和初期の銀座通りを写した連続写真には、バラック建築がまだ数多く残されており、なかにはなかなか凝った意匠のものも多く、堅い素材の近代建築に比べるとどこか温かみが伝わってくる(図9)。

震災後、バラック建築が焼け跡に建ち並ぶ銀座通りの風景を克明に記録する人物が現われた。建築装置を中心に、スケッチして歩いた舞台美術家の吉田謙吉である。この時代の焼け野原から復興し、世の中が急激に変わっていく銀座の様子を理解するには、そこで観察し、克明に記録した「考現学」の提唱者である今和次郎、吉田謙吉の成果が役に立つ。彼らの調査の成果は『モデルノロヂオ［考現学］』と『考現学採集（モデルノロヂオ）』の二冊の本にまとめられている。ここでは、吉田謙吉の「一九三一年銀座街広告細見」に描かれているスケッチを見ながら、震災後のモダン銀座の表舞台をのぞき込んでみたい(図10)。

吉田謙吉は「一九三一年春の銀座に於ける、その軒別の大小商店デパートの表皮に顕れた広告的要素のあらましを報じ得るなら、この採集図の意義は達せられる」と語る。彼は、建物自体ではなく、それに付随する装置に着目した。そこには、商品やサービスを売る赤裸々な行為がダイレクトに表現されているからだ。彼のスケッチは建築をあえてシルエットだけにし、装置を主役にしている。これは昭和六（一九三一）年三月二五日に描かれた。この時期の銀座通りは、和風二階建ての天國が銀座八丁目に建てられ、銀座二丁目の越後屋ビル、銀座四丁目の服部時計店はまだ建設中である。そして、石本喜久治が設計した銀座八丁目の銀座パレスや二丁目の明治屋ビルヂング、菅原栄蔵設計による銀座七丁目の大日本麦酒会社のビルといった、後に銀座のランドマークとなる建物は、吉田謙吉のスケッチの中には描かれていない。

彼は言う。「わが銀座は、いつも乍ら現代相の選ばれたる一断面として賑かにその考察の媒材とされる。だがその賑かさの中には、多量に広告的要素が織り込まれてゐる事を私は見逃したくない」と述べる。銀座の賑やかさを演出している要因の一つが建築に付随する広告的要素であると言うのである。これらの装置は賑わいを演出する。だが、その表現を建築ではなく装置に頼りすぎ、氾濫すると街並みの雰囲気を壊してしまう。銀座は繁華街であるから、街の中に賑わいをいかにつくりだしていけるかが生命線である。彼のスケッチは、装置のラフな形とその位置がきわめて客観的に数字としてあらわせるように描かれている。街や建築、それに付随する装置を評価するには、それ以前の分析のベースとなる材料をいかに客観的に提示できるかが重要で、そのことを彼のスケッチから学ぶことができる。吉田謙吉は、銀座通りにある二四七軒の店の建築装置をしらみつぶしに調べた。ただし、この数は建築の棟数ではなく、店の軒数である。

まずショーウィンドー（飾窓）からその数を数えはじめる。二四七軒のうち実に三分の二店がそれを備えていた。明治一〇年代ころから銀座でも、列柱のある歩廊を改造したショーウィンドー化が進んでいた。列柱を配した重厚な街並みより、賑わいをつくりだすディスプレー空間を銀座の人たちは早い時期から選択し、実践していた。

銀座は、震災後しばらくの間、商店や居住者の入れ替わりの激しい街となる（図11）。銀座通りは時計や洋品、洋服などの高級な商品を扱う専門店が増えると同時に、それらの店の盛衰も激しさを増す。このように流動の激しい銀座では、商品を飾るショーウィンドーが店をアピールするきわめて重要な要素となっていた。そのために、単に附属物として建築に取り付けられたのではなく、本格的に建築の意匠として組み込まれるようになる。彼のスケッチからは、ショーウィンドーがこの時期すでに街並みの連続性をつくりだしていたことがわかる。この建築表現としてのショーウィンドーの重要性は現在においても変わらない。ショーウィンドーが通り沿いに連続することで、魅力的な歩行空間を演出することができるからだ。

彼が次に注目したのは、浮き出し文字、金文字の屋号や商品名、マークなどの状況である。これは、建物に直付けされた看板の代わりに出現した。図中のスケッチには、×印、マ印やその他記号を印して数量的におさえ、建物と看板との関係の変化について語りはじめる。「それは、かつて震災が齎らしたバラック商店建築の影響から、看板と建物そのものとの融合

銀座八丁目

注：この連続写真は『アサヒグラフ』（第10巻第20号）（昭和３年５月９日）に収録されている連続写真のうち，
３枚をつなぎあわせたものである．

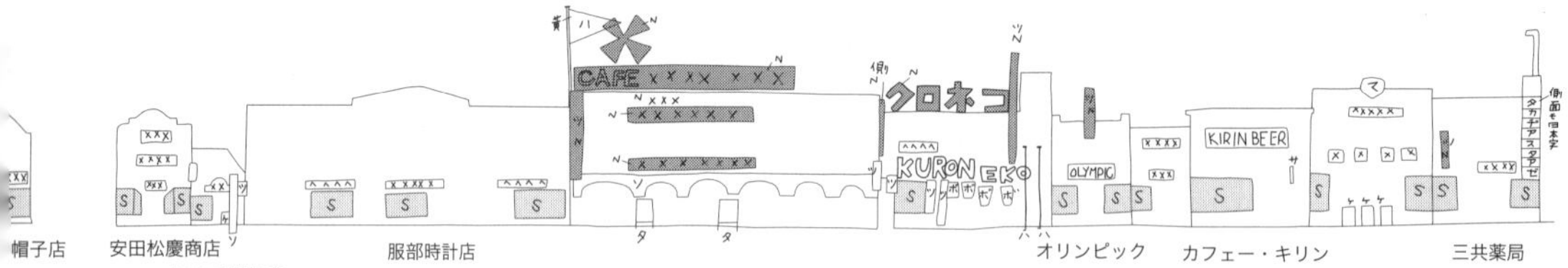

銀座二丁目　　　銀座二丁目

図11 流動する銀座一，二丁目の建物（昭和５年と昭和10年の比較）

- 店舗等に変化がなかった建物
- 空家のままの建物
- 空地のままの土地
- 不明の建物
- 空地・空家に店舗等が入った建物
- 入居していた店舗等に変化があった建物
- 店舗等が転出し、空家となった建物
- 店舗等の入った建物が空地となった土地

図9　銀座通り東側の連続写真（昭和3年）

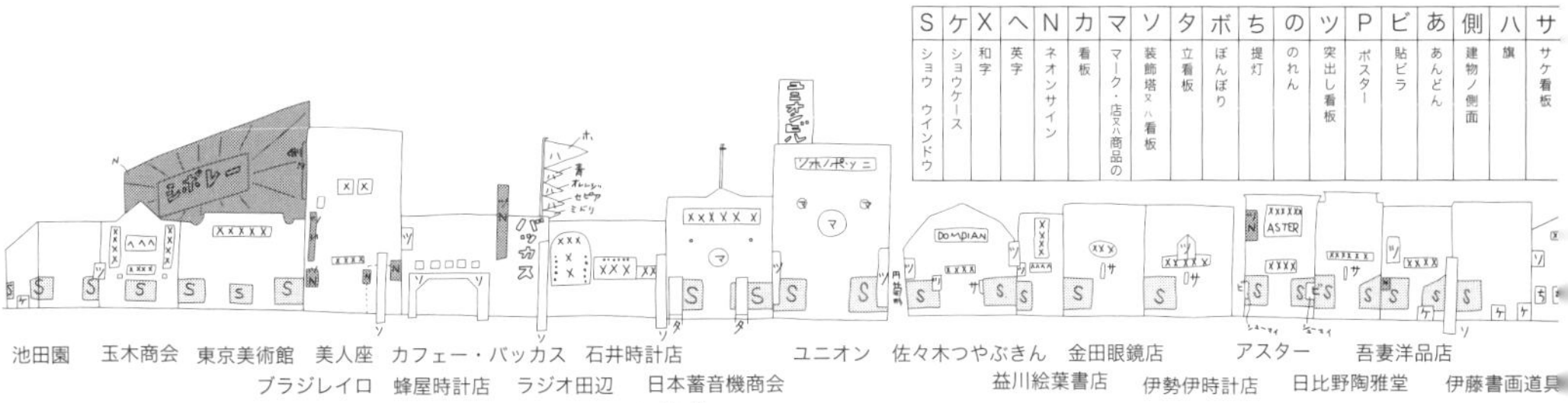

図10　1931年，銀座通りの連続立面（銀座一，二丁目東側）

注：この図版は吉田謙吉が1931年春に描いたスケッチ（今和次郎，吉田謙吉『考現学採集（モデルノロヂオ）』に収録）を銀座一，二丁目の東側だけを再現したものである．ただし，ネオンとショーウィンドウにはわかりやすくするために網かけをした．参考のために，図版の下には店の名前を列記した．

図12　ネオン瞬く銀座通り（『震災復興大東京絵はがき』より）

関係の発達過程を示してるものゝ如くである。即ち災害後の商店建築のそれに於ては、従来の殊更なる独立した掲出看板は漸次減少して、建物に直接に取付けられた處の浮出文字金文字の、種々な調和のそれを逐ふ状態となりつゝあるものゝ如くである」と言う。彼が確認したその数は東側が一九一軒、西側が八六軒となっていた。かつて煉瓦街となった銀座でも、屋号の入った独立した掲出看板が数多く掲げられていた。だが震災後は、掲出看板から取り付け文字へと移行する流れがあり、建築に馴染んだ表現手段が取り入れられるようになってきたのである。

ただし一方で、各種の突き出し看板は漸次増加する傾向にあると、吉田謙吉は指摘する。歩道に突き出した看板は確かにめだち、人の目に触れやすい。このことは現在にも通じることである。だが、飛び込みや場所が不案内の客を目当てに銀座の店がどれだけの数商売をしているのだろうか。少なくとも銀座通りに関しては、震災後も現在もきわめて少ないはずである。そのことを考えると、逆に銀座の街全体がつくりだす雰囲気や景観を魅力的にした方が、店の価値も上がるはずなのだが。現実には、モダン都市に変貌しようとする銀座は、店をアピールするこのような方法が混乱していた。

加えて彼は、ネオンサインの発達がますます看板の意匠を凝らす傾向を助ける力となるようだとも語る。装置による表現が強まっていることが建築にも少なからず影響を与えはじめていることを暗示する。突き出し看板の中でネオンサインは、銀座通りの東側が七一個のうち二五個、西側が一〇二個のうち一四個という結果であった。ネオンの突き出し看板は東側、しかも銀座一丁目から四丁目が一四個ととりわけ際立っており、さらに増加する傾向にあるとしている。そこには、カフェーキリンやクロネコが夜の銀座を眩く照らしだしていた(図12)。バラックの時代は建築表現の自由さを勝ち取った一方で、看板やネオンによる安易な自己アピールの手段が氾濫しはじめている傾向を吉田謙吉は鋭く捉えている。光は街を演出する重要な要素であることは間違いない。銀座がどのような街をめざすのかで、光の使い方も大きく変わってくる。しかもこのことは、現在にあてはめることができ、時代を越えた都市の課題でもある。

豊かな内部空間の創出とモダン都市の生活

関東大震災以降、終戦までに建てられた銀座の主な近代建築は、約一三〇棟を数える(図13)。昭和一〇年頃までには既に近代建築は出つくし、その後は戦時下の資材統制のあおりを受ける。銀座では、昭和一四年に建てられた鉄筋コンクリート造り四階建ての東海堂別館を最後に、戦後しばらくの間まで新築のビルが建つことはない。モダン都市として街並みが整えられていた時期は、わずかの間にすぎなかったことになる。

戦争に突入するという時代の綾に促されるように、銀座通りを中心に大規模な近代建築が短い期間に集中的に建つ。これらの建物は銀座全体に分散してその数を増やした。このように点在するのは、小さく分割された複雑な土地が集まる地区に、大規模な建築が建ちにくいからである。小さな敷地を集めて大きな土地にするには、複雑な権利関係を解決しなければならない。しかも煉瓦街建設時から、土地と建物の所有が異なる場所ではなおさらである。したがって、震災以降分割を免れ、土地と建物の所有関係が一致する比較的まとまった敷地、あるいは統合可能な中規模の土地がいくつか集まっている場所に、これらの大規模な近代的ビルが建つことになる。この辺に関しては後で街歩きをしながら詳しく確認するが、ここでは銀座に建てられた近代建築によってどのように新たな試みがなされてきたかを話しておきたい。その一つは豊かな内部空間をつくりだす建築が登場したことである。

まず最初に、昭和三年に建てられた交詢社ビルディング（銀座六丁目）を訪ねることにする。このビルは、㈱三井銀行（二八八坪）と㈶交詢社（三三三坪）の複数の敷地が合わさった六二一坪の敷地の上に建てられた（図14）。横河工務所（横河民輔設計による建物は、中世イギリスの住宅スタイルを基本とした、ゴシック様式のクラブ建築である。交詢社は明治一三（一八八〇）年、福沢諭吉の呼び掛けにより結成された日本最古の社交クラブとして誕生する。その活動が出発したのは、宇都宮三郎の寄付で譲り受けた連屋化した煉瓦建築（家屋）二戸（床面積約三四坪、京橋区南鍋町二―一二）を改築した社屋からだ。震災後は、新社屋の建築に際し敷地をどのようにするかがかなりの議論となっていた。結果としては、時事新報社の跡地も含めた現在の敷地規模に建てることになる。(4) このようにして、銀座の横丁や裏通りに面しても規模の大きな近代建築が建つようになっていく。

二〇〇二年夏、この交詢社のビルは老旧化を理由に解体作業に入り、当時の姿を見ることはできない。まだ健在だった頃を思い起こす他はないので、その時にフラッシュバックして、空間体験をしてみたい。銀座通りの密集する街並みを抜けてから交詢社通りに入ると、右手前方にゴシック様式の建築が目に入る。ここは会員制クラブなので、一般の人はなかなか建物内部の様子をうかがい知ることができない。建物の内部へ足を踏み入れると、意表をつく吹き抜けの大空間が待ち受けていた（図15）。街並みがつくりだす動的な空間と建築内部の静的な大空間のコントラストがその場の物語をつくりだし、実に

図13 昭和初期の建築階層

注：建物配置は，『火災保険図』（昭和7～11年）をもとに作成した．ただし，銀座五丁目の田村藤兵衛の建物は『京橋区銀座五六丁目銀座西五六丁目町内図』（昭和16年7月発行）を参考に修正を加えた．

図 15 交詢社ロビー（交詢社パンフレットより）

図 14 交詢社ビル（『震災復興〈大銀座〉の街並みから　清水組写真資料』より）

豊かな世界を演出する。この大空間を中心に食堂や談話室などに導かれる。個々の部屋の内装は用途によって各々に趣きがあるが、その基本は中世イギリスの住宅スタイルでまとめられている。ここにはビリヤード場などの娯楽施設と共に、驚いたことに屋内ゴルフ場まで用意されていた。

交詢社では体験できなくなった豊かな内部空間を、現在も維持し続けている建物がある。それはだれもが気軽に体験できる場所で、昭和九年に竣工したアール・デコ調にまとめた内部空間を持つ大日本麦酒㈱のビル（現サッポロライオン銀座七丁目ビル）である[5]（図16）。ここは利用された読者の方が多いと思う。この建物の設計者・菅原栄蔵は、フランク・ロイド・ライトのもとで帝国ホテルの設計に携わっており、このビルの内部空間はライトの空間づくりの魅力を充分に伝えている（図18）。この劇的な場に導くために、建物の外装は意識してシンプルな仕上げにしてある（図17）。そして、変化の予感と期待を抱かせる出入口を通ると、大空間とそこに施された華麗な意匠が訪れた者を迎え入れる。この建物には、このような別世界に誘う巧みな演出がある。これはライトの空間を意識したとされる内部空間であるが、建物に使われた材料はライトと異なる耐久性の高いタイルなどの材料を吟味して使っている。優れた建築空間を創造した帝国ホテルが耐久性のない大谷石を多用したことで建築の寿命を短くしたのとは対照的である。現在も、この空間はライオンビアホールとして銀座を訪れる人たちに人気がある。しかも空間利用という面から言えば、会員制の閉鎖的な交詢社と、誰でもが気軽に訪れることができる大日本麦酒のビルの内部空間とでは大きな違いがある。銀座での豊かな空間体験が気軽にできる場がすこしでも増えることが望まれるところだが、一方歴史を積み重ねてきているサッポロライオン銀座七丁目ビルのような内部空間がいつまでも残り続けることは銀座の都市文化に厚味を持たせる重要な意味がある。

銀座通りには、もう一つ資生堂パーラーが魅力的な内部空間をつくりだしていた。建物の高層化がちまたの目を引き付けていた時、資生堂は二階建ての低層の建築を前田健二郎の設計で建てた（図19）。この建物は高度成長期に入る頃にすでに取り壊されているので、残された写真などで想像する他ない。建物の内部に入ると、中央が吹き抜けとなり、優雅な雰囲気をつくりだす（図20）。そこは大空間による荘厳さや威厳はない。むしろ、上品さが漂う柔らかな空間のありさまが女性たちの憧れの場所となっていた。この空間の質はクライアントが明治期から確かな目で建築家を登用してきた文化的素養の表われでもあるように思える。もちろん、このことに刺激された建築家の感性の具現化であるのだが。代を重ねた資生堂パーラーは、近年リカルド・ボフィルが設計した赤い外壁の東京銀座資生堂ビルとして生まれ変わった。そこにもクライアントの内部空間へのこだわりが感じ取れる。一階のフロアは開放され、外部空間と一体となるように自由に出入りができる。その空間は吹き抜けとなっていて、空間を贅沢に演出している。このように開放感のある建物が銀座に増えていることは、銀座の街歩きを一層楽しいものにしてくれる。さらにエレベーターで最上階まで行くと、ここも二層分を吹き抜いた、ガラス張りのトップライトと銀座の街並みを見渡せる開口部を広く取った開放的な空間が待ち受ける。このような空間をつくる感覚も、建築家だけの感性ではない。銀座の街の歴史がクライアントも、建築家も刺激しているように思えるのだ。

魅力的な内部空間を持つ建築が建ちはじめていた昭和初期、銀座ではモダンな都市生活のための建築も誕生している。それは、奥野治助が経営するアパートである。(7) 彼が大正三年に設立した奥野商会は、当初パッキングの生産を行なう家内工業的な会社であった。震災後には、彼の所有していた四九坪と隣地を加えた敷地に「銀座アパートメント」が昭和七年に建つ(図21)。モダン都市に商業空間が変容するこの時期、銀座で暮らす一万三千人を越える人たちのほとんどは、和風の生活スタイルを維持していた。そのような生活環境に現われたのがモダンな生活スタイルをイメージしたアパートメントである。

この建物は、二期に分けて建てられた。まず一期に南側半分、彼が所有していた土地に建つ。その後、時期をずらして一期のプランを反転したかたちの建物が二期として建てられている。(8) 奇妙な建て方をするが、土地所有のあり方とともに、建築を見ていくとなるほどと思う。この場合も、土地取得のズレがこのような結果をつくりだした。まず最初に、もともと所有していた土地から建築工事をはじめ、その後土地取得のめどがついた隣地の工事に取りかかったのである。

昭和一三年七月の『新青年』臨時増刊に発表された奥村五十嵐の短編「銀座物語」(モダン都市文学Ⅲ『都市の周縁』平凡社に収録)には、「銀座裏の堀端にある、鉄筋コンクリート五階建の柳アパート」が登場する。この小説では同潤会のアパートを意識しているようだが、「柳アパート」が実在したかどうかは不明である。しかし、小説にでてくる風景描写や位置関係から類推すると、昭和七年前後に建てられた銀座アパートメントがその場所とほぼ合致する。最上階の部屋からは、眼下に水上バスが行き交う三十間堀川が見え、その先には隅田川や東京湾も視界に入っていたのかもしれない。現在の超高層マンションからの眺めとさほど変わらないダイナミックな都市風景のパノラマが当時堪能できたはずである。

銀座アパートメントは地上六階、地下一階の鉄筋コンクリート造りであるから、小説とは階数がすこし異なる。奥村五十嵐が創作のために銀座を歩き回っていたならば、きっとこの建物も目にしたはずである。小説にでてくる柳アパートは、「銀座界隈でも有名な、旦那持ちの女たちの巣窟であった」としている。だが実際には、戦前の銀座アパートメントの住人は、

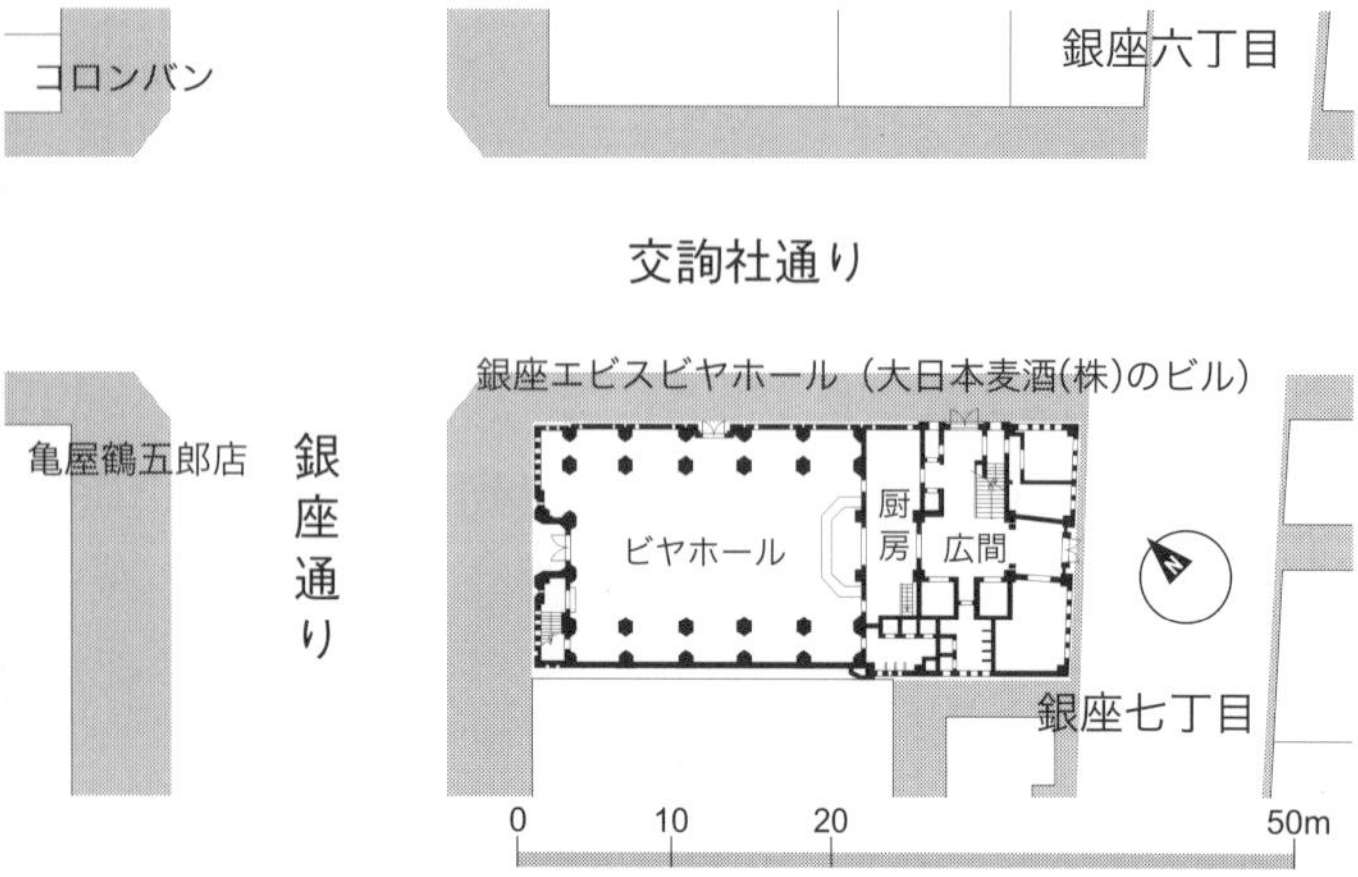

図16 大日本麦酒(株)のビル1階平面図と街並み

図 17 大日本麦酒㈱（現サッポロビール銀座七丁目店）
（『建築の東京より』）

図 18 ビアホール（現サッポロ銀座七丁目店）内部（『ビヤホールに乾杯』より）

図 19 資生堂パーラーと化粧品部
（『資生堂百年史』より）

図 20 資生堂パーラー内部
（『資生堂百年史』より）

図 21 銀座アパートメント
（1994 年撮影）

詩人の西條八十、歌手の佐藤千夜子などの有名人、あるいは舞台装置家であり、今和次郎とともに考現学を提唱した吉田謙吉も住んでいた。このアパートメントはモダニズムの香りただよう都市空間をつくりだしていた銀座にふさわしい生活空間であったのだ。現在は奥野ビルディングと名前を変えているが、建設当時の雰囲気をよく残しながら健在である。ここを居住空間として利用する人は見かけなくなった。しかし、銀座での隠れ家のオフィスにする人や画廊など、現在入居者が空きを待つほどの人気である。優に半世紀以上の年月が経過しても、かたちを変えて当時のモダンな空間を使いこなすスタンスは色褪せていない。

銀座では、この銀座アパートメント以外にモダンな生活の場があまりできていない。昭和二年に金融恐慌があり、その後戦時色が濃くなりはじめ、華やいだ生活がすこしずつ影を潜めはじめた頃である。ただ、このような時代背景でなかったとしたら、銀座にはどのようなモダン生活の場がつくりだされたのか、想像を逞しくしたくなる。当時三十間堀川や外堀川沿いでは工場や長屋の土地利用転換が積極的に行なわれても不思議ではない状況にあった。昭和一〇年を過ぎても相当の空地が点在している。第二、第三の銀座アパートメントが銀座にできる可能性が残されていた。そのことが進展すれば、モダン都市としての商う場と住まう場の関係がもっと一体化し、都市の魅力をつくりだせたのではないか。現在、銀座に居住する人はきわめて少ない。このような場所に居住することこそが本来的な都心居住であり、都心生活のスタイルをつくりだすことができると考えている私にとっては、モダン都市生活を実践した「銀座アパートメント」にもうすこし光をあてたいのである。

二　土地と人が織り成す世界

土地の評価とその変化

銀座の地価が日本橋を越える時

銀座が繁華街として脚光を浴びる昭和初期、土地の不動産価値はどのように評価されていたのだろうか。『中央区史』中巻に、昭和一〇年一二月に実施された「市内商店街ニ関スル調査」(東京商工会議所)が載せられている。それによると、銀座は最高地価が坪あたり三五〇〇円、二位の新宿に五〇〇円の差をつけている。その他との比較では、新市域の小松川春日町商店街(江戸川区)と実に五〇倍の開きがある。平均地価においては、銀座の二五〇〇円に対し、新宿および渋谷道玄坂の一〇〇〇円、上野広小路の八〇〇円と大きな違いを見せる。だが、これらの地価はもっぱら商店街を対象にしたもので、日本橋にある室町など、東京の一等地はそこに含まれていない。

そのことを確かめるために、すこし時期を遡るが昭和八年の都心部の地価分布を検討しておきたい(図12)。ここでは、日本橋寄りの室町が一〇〇円/坪以上と、最高の地価を示している。ただ明治一一年時点の地価と異なるのは、三倍以上の開きのあった銀座四丁目交差点の地価が八〇〜九〇円/坪となり、日本橋区の最高地価に近づいていることだ。もう少し銀座の細部に目を向けると、銀座通りの他の交差点の地価も周辺と比べて高くなっている。車が行き交う交差点が街の中心的な役割を担ってきていることを地価の分布状況が示している。このように、昭和初期の銀座の地価は、日本橋区の一等地にまだ及ばない状況であったが、交差点を中心に高地価の範囲は拡大する。銀座が江戸以来東京の中心地を保持してきた日本橋を抜いて地価の面でトップに躍り出るのは、戦後まで待たなければならない。

銀座の土地と建物の所有関係が一致しないケースの多いことはすでに明らかにした。そこで、銀座の土地に建つ建物を借りる場合、価格はどのようになっているのだろうか。これに関しては東京市統計書の「市街宅地賃貸価格最高額」があり、

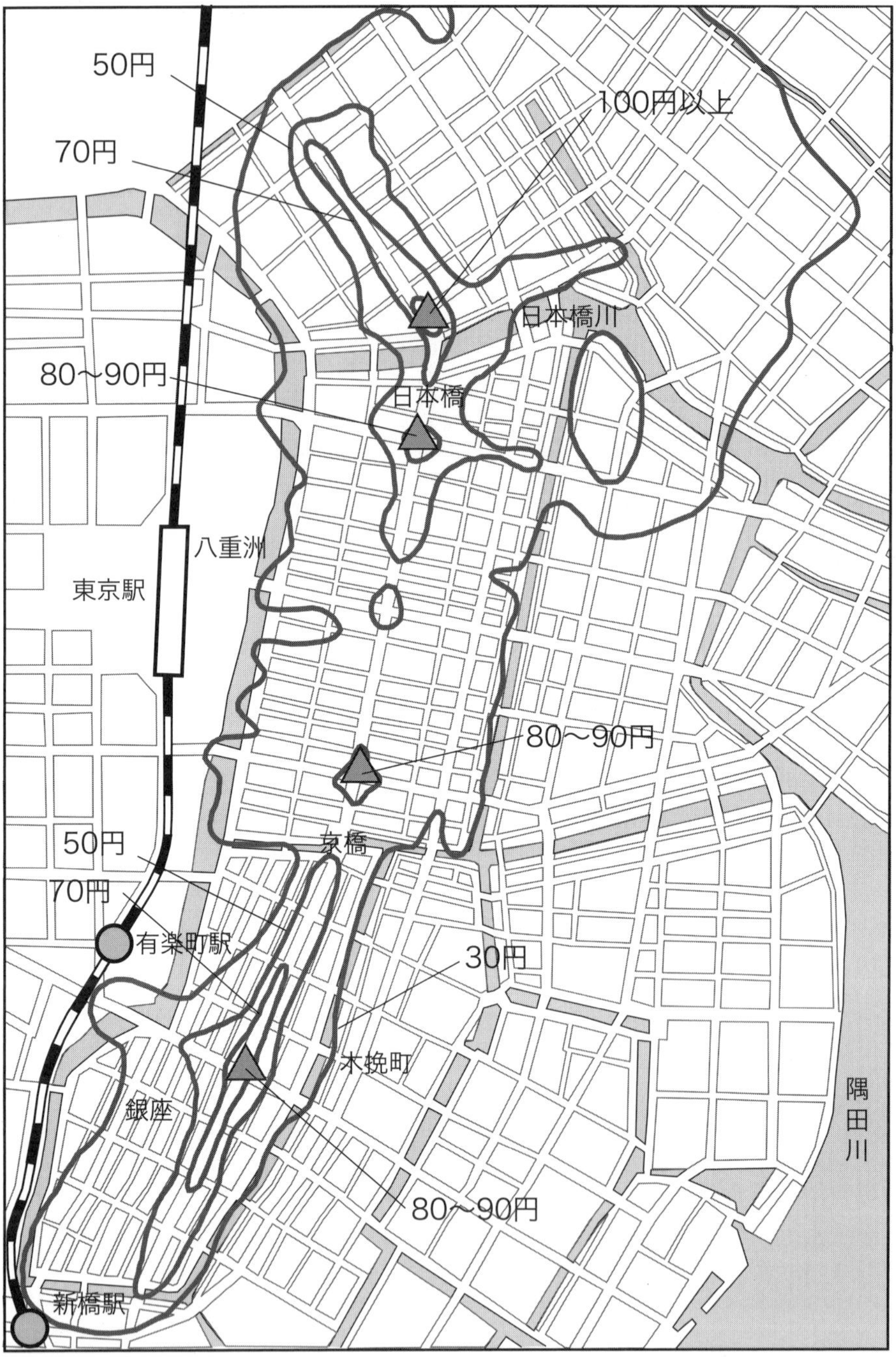

図22 昭和8年の東京都心部の地価
注：単位は坪当りの地価
　　藤森照信氏が『明治の東京計画』で作成した図版をもとに作図した．

その変化を毎年追うことができる。この資料によると、関東大震災以前は日本橋区が銀座の倍近い最高額の値を維持し続けていた。この状況は地価の場合と変わらない。しかし、震災後はその差が急接近する。昭和四（一九二九）年には銀座が日本橋区の一等地を抜いてはじめてトップとなる。地価との違いがここに見て取れる。昭和初期の銀座は、土地を活用するための賃貸価格が日本橋区の一等地を抜くことで、不動産価値よりも、まさに商う場として最高の評価を与えられていたことになる。

大規模土地所有者の行方と土地の法人化

大正の中頃から、土地解放へ向けての市民の圧力やマスコミの積極的な報道、これらの流れを汲んだ借地・借家法の施行により、東京では華族などの大規模土地所有者の崩壊と彼らが所有する土地の減少がめだつようになる。銀座でも一〇〇〇坪以上の土地を所有する地主は五人減り、八人となる（図22・23）。二〇〇〇坪を越える地主は紙商の吉田嘉助と時計商の小林伝次郎の二人だけとなった。一〇〇〇坪台はほとんどが個人で占められているが、唯一の法人として徴兵保険㈱が二カ所に大きな土地を新しく所有し、大規模地主の仲間入りをする。

かつての大規模土地所有者の中には、銀座に一坪の土地も所有しなくなった者が二人いる。煙草商だった郡司平六[9]と質商の青地幾次郎である。彼らの土地は縁者も含め、銀座の土地所有者リストから完全に姿を消す。彼らには、煙草専売化による利益の低落とその後の新商売の不振、銀行業に乗り出して昭和初期の金融恐慌のあおりで倒産に追い込まれたケースがあてはまる。

飲食業の松川仙次郎は松川長右衛門から譲渡された土地に加え、一二四四坪にしている。譲渡した松川長右衛門は七〇〇坪近く減らして三二一坪の敷地を所有するだけとなったが、彼ら二人の土地を合わせると増加している。飲食店の盛衰があるものの、この業種が銀座で台頭してきた一端を彼らの土地所有状況からうかがえる。彼らの居住地は、震災以前の銀座から芝の方へ移る。同様にして、先代から一〇〇〇坪以上の大規模土地所有者となっていた渡辺薫は豊島郡渋谷町に、質商・谷口真寿[10]は築地に各々居住地を移している。世代交代と地元地主の居住地の郊外移転が目につく。

吉田嘉平の合わせて七〇〇坪近い三カ所の土地は、吉田嘉助の所有となって引き継がれていた。だが、その他の多くは手

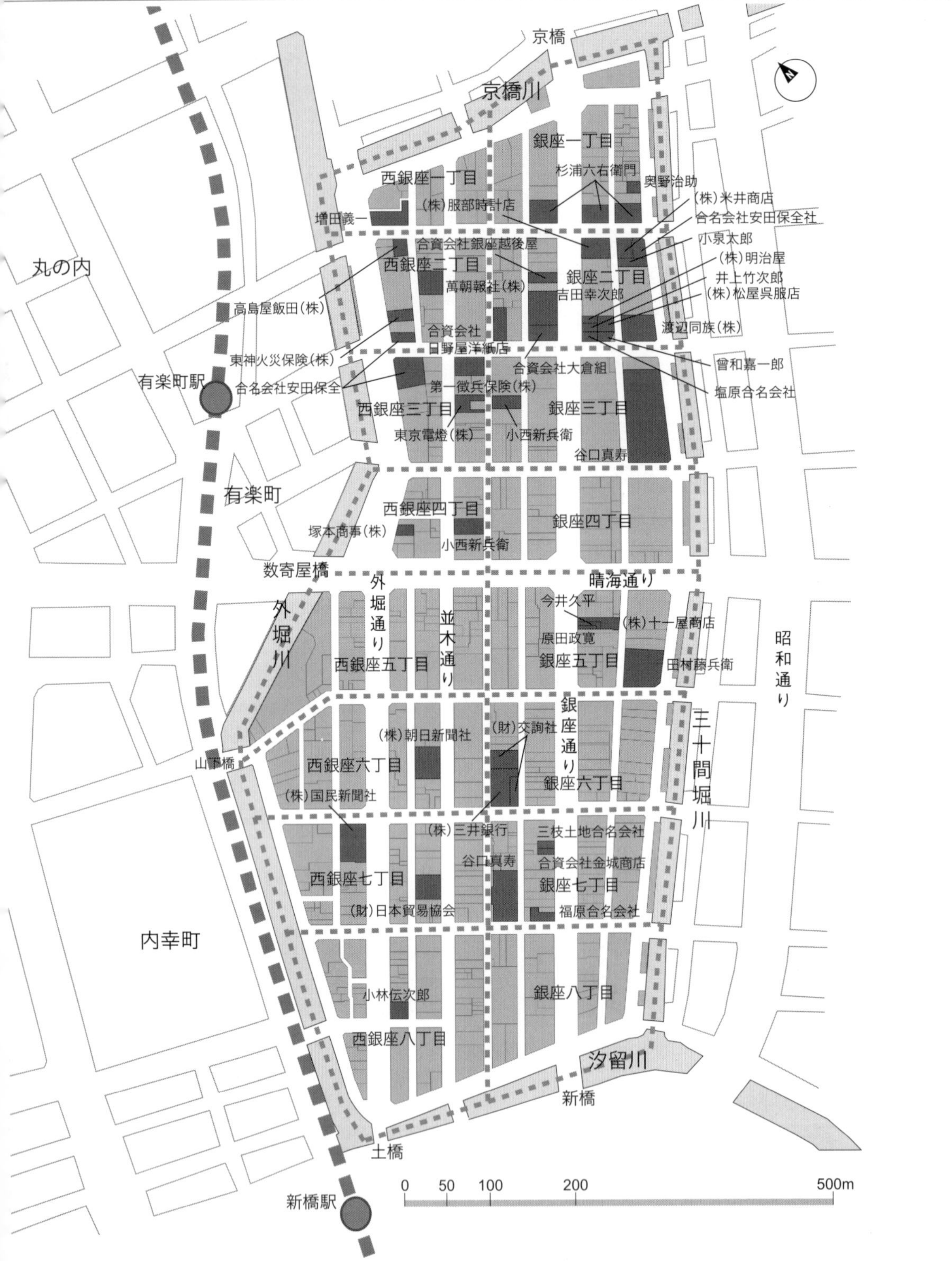

図23 昭和7年に登場する主な土地所有者とその敷地

注：ベースの地図は，昭和7年の敷地割りの状況を示している．

図24　新旧の大規模（1,000坪以上）土地所有者の分布（昭和７年）
注：ベースの地図は昭和７年の敷地割りの状況を示している．

放し、昭和七年時点では外堀通り沿いの二カ所だけとなる。この時点で、二〇〇〇坪以上あった吉田嘉平の土地は六六八坪に減る。彼らも、震災を契機に、品川の地に移り住む。

銀座の大規模土地所有者の郊外移転は地元地主だけではない。明治期銀座以外に所在地があった者も変化を見せる。西村平蔵（五八〇坪）、西村正治（二二五坪）、西村信平（二〇三坪）の三人にそれぞれ分割譲渡した西村謙吉は明治後期神田区に所在があった。だが、土地を譲り受けた三人はいずれも神田の地から離れ、東京郊外や神奈川、兵庫に場所を移している。

青地四郎は若干の土地を減らしたために一〇〇〇坪を割り、八九七坪となっていた。彼の場合は、ここまで見てきた地主とは異なり、分散所有していた複数の敷地を手放し、新たに拡幅された外堀通り沿いに二つの土地を手に入れている。外堀通り沿いの銀座五丁目、六丁目にある四つの街区は、青地四郎の土地が加わることにより、大規模土地所有者の土地が大半を占めるようになる。彼は浅草区に所在地があったが、吉田嘉助と同様、江戸時代から銀座五、六丁目の地主であり続けていた人物である。青地四郎が外堀通り沿いに土地を集約化させた経緯を見ると、同じ地主同士のよしみが吉田嘉助とあり、拡幅された外堀通り沿いをモダン都市・銀座にふさわしい街並みにしようという二人の話し合いがあったようにも思える。これは推測の域を出ないが、もしこのことが実現していれば、銀座通りに匹敵する街並み景観をつくりだす民の構想が外堀通り沿いにあったことになる。その彼もまた浅草区から居住地を麴町区飯田の屋敷町に移している。

それでもすべての大規模土地所有者が都心を離れ、所在地を移したわけではない。一一一〇坪の土地を所有していた小川専助はまだ日本橋区を所在地としている。彼は、所有していた五つの敷地の数は減らしていないが、三〇〇坪以上の土地を失い七五五坪とする。銀座二丁目の土地は五つの敷地に分割し、そこで商売している人たちに一〇坪台の敷地にして一部を売却する。あるいは、同じ二丁目の土地では、隣の地主に分割売買している。彼は、各々の敷地の坪数を減らしている場合が多いが、逆に銀座四丁目の敷地は現在の松屋通り側にあった吉田嘉助所有の敷地を手に入れ、増やしてもいる。大規模な土地を維持する土地経営者の苦慮する様子が垣間見られる。だが一方では、このような土地が細分化されることで、銀座の土地と建物の所有が一致しはじめる。

法人の場合を見ると、銀座に六カ所、一〇二八坪を所有していた㈱三井銀行は、昭和七年時点ですでに七〇〇坪以上もの土地を売却し、交詢社の建物が建つ敷地の一部（二八八坪）を所有するだけとなった。三井は煉瓦街建設後の土地取得の情熱が銀座からすっかり失せてしまったようだ。銀座が商店街として成熟し、大規模な都市開発を進める余地がなくなっていたことも一つの要因としてあげられる。それは、銀座が震災復興事業においても、都市構造を大きく変えることがなかったからである。

ここまでは大規模土地所有者が明治期以降どのように変容し、所在地を移してきたのかを検証してきた。彼らが居住地を郊外に移すのは急速であった。法人を除けば、銀座の小林伝次郎、田村藤兵衛と日本橋の小川専助が旧来の所在地を維持しただけで、後はすべて郊外に住所を移す。現在銀座に土地を持ち、そこで商いをしている大半の人たちは都心周辺や郊外地に居住し、そこから銀座に通っている。このような構図が最初に現われたのは震災後のこの大規模土地所有者の居住地の郊外化である。

これに対し、銀座に所有地を持つ法人は一挙に三倍以上に増加する（図25）。これらの企業は主に並木通りや外堀通り沿いの土地を手に入れ、そこを本社とした。もちろん、関東大震災以前にも、それらの通りには新聞社やそれに関連する印刷、製本、広告などの企業が多く立地していた。だが、銀座西六丁目の㈱朝日新聞社のように土地を取得して社屋を建てる企業は少なかった。借地であった並木通り沿いの東京電燈㈱（現東京電力㈱、銀座西三丁目）や外堀通り沿いの㈱国民新聞社（銀座西七丁目）は、震災以後に土地所有者の仲間入りをする。この時期格段に発行部数が拡大する新聞社をはじめ、これらの関連企業は震災を契機に業務空間の大規模化を図るために敷地の拡大を行なっている。㈱朝日新聞社は隣地を手に入れ、一六二坪から倍以上の三七八坪の敷地にしている。

法人の新聞社が土地を取得する例をさらに読売新聞社で詳しく見ていくことにしよう。明治期に借地であった銀座一丁目の読売新聞社は、震災後広い敷地を求めて別の場所に移転する。この新聞社のように、建物を所有するだけで銀座通りに種地を持つことができなかった場合は、同じ場所で業務空間を拡大するために周辺に立地する建物と広い土地を同時に取得することが難しい。銀座通りには三〇〇坪を越える敷地もあるが、新聞社がそれらの土地を手に入れるにはすでに地価があまりにも高すぎた。そのために、土地を所有していない企業は、地価の安い外堀通りや並木通りに面する広い土地に的を絞る。読売新聞社が最終的に移転を決めた土地は、外堀通り沿いの現在ファッションビル・銀座プランタンが建つ場所である。明治期、ここには高木兼寛の所有する三四八坪の土地に屋敷が建てられていた。昭和七年の地籍台帳作成時点では合名会社安田保全社に名義が変更されている。その後、読売新聞の社屋が建つことになるので、この会社はエンドユーザーではなく、読売新聞の土地仲介業者であったと考えられる。昭和一四年、読売新聞社は外堀通りに面するその土地に、服部時計店の延

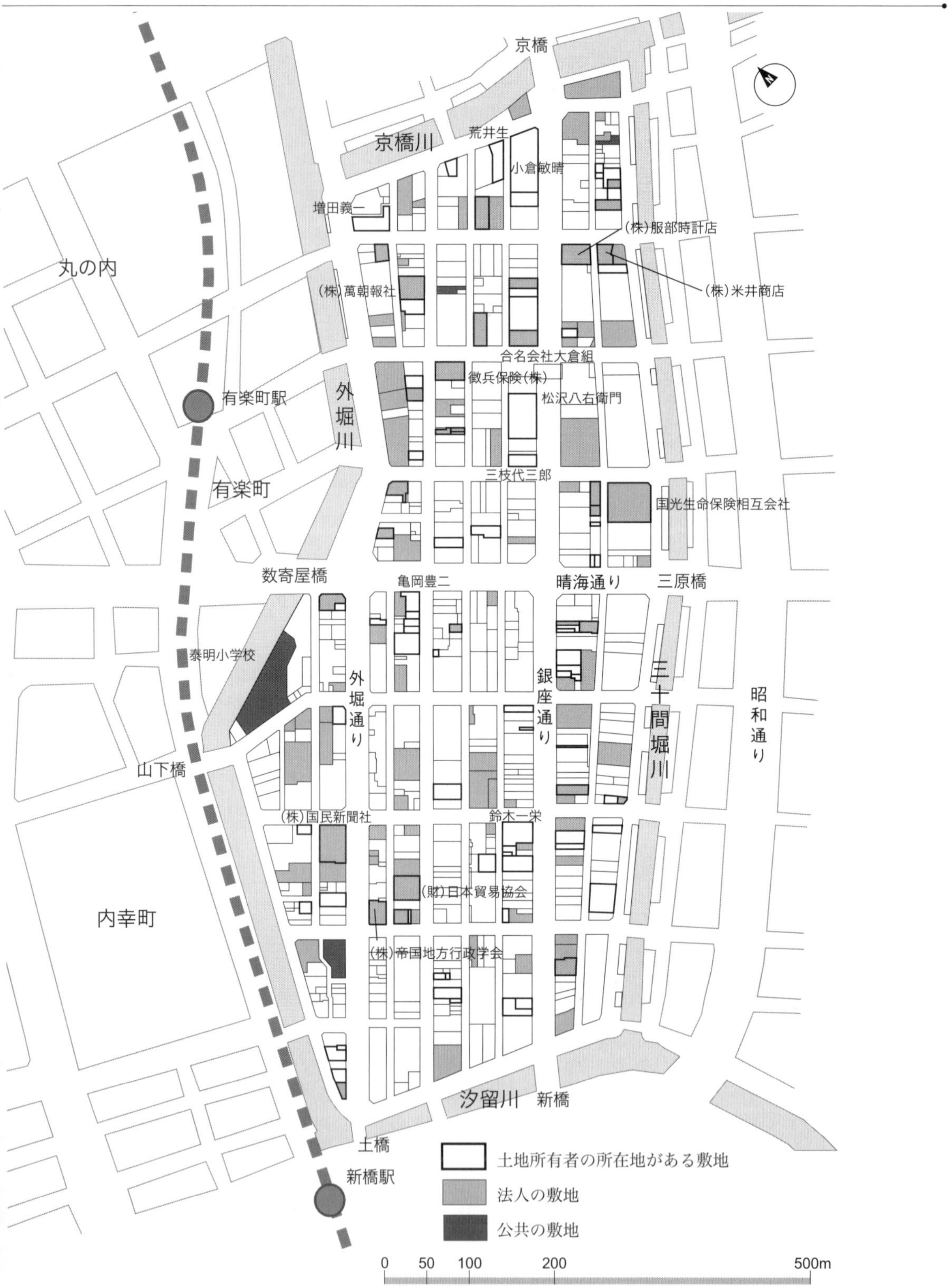

図25 土地所有者の所在地がある敷地と法人の敷地（昭和７年）

注：ベースの地図は昭和７年の敷地割りの状況を示している.

図 26　外堀通りに建つ読売新聞社（『震災復興〈大銀座〉の街並みから　清水組写真資料』より）

床面積を一〇〇坪強上回る二一七三坪の鉄筋コンクリート造りの本館を建てる（図26）。地上六階、地下一階の建物には、三階に編集、二階に活版、一階には銅版・印刷の工場と発送所が置かれ、最新設備を整えて再出発した。この新聞社は千代田区大手町に移転する昭和四六年まで、一世紀近くの間銀座の新聞社であり続けたのである。

土地を売却した側の高木兼寛は、嘉永二（一八四九）年に生まれ、海軍軍医総監にまでなった人物である。東京慈恵会医院を創設する彼は、東京府内でも有数の高額納税者で、明治四三年に二五八〇円の所得税を納税していた。明治末頃、一〇〇〇円以上の納税者が東京府内に三一二人だけであったことを知ると、その納税額がいかに多額であったかがわかる。同時に、この銀座の土地を含め明治四五年時点では東京に三七〇八坪もの土地を所有していた。その彼は銀座を支えてきた人物たちとも縁がある。銀座の三奇人の一人、天狗たばこの岩谷松平は同じ鹿児島出身で遠縁の彼を頼って上京している。岩谷が同じ銀座の地に店を開いたのは、偶然ではないようだ。また、資生堂の福原有信は高木が創設した東京慈恵会医院の薬局生であったというから、人々の不思議な縁が想像以上にからみ合って銀座は繁華街として成り立っていた。[11] 現在までにこの土地は、住宅、新聞社、そしてファッションビルと土地利用が変化してきたが、その役割を代えながらも人々を引き付ける場所であり続けていることは興味深い。

読売新聞社屋が建つ震災以前、三〇〇坪以上もある高木兼寛の屋敷は漆喰で固めた土塀で囲われており、敷地の東側にバルコニーのある西洋風の木造二階建ての瀟洒な建物が建てられていた。[12] 高木兼寛は一九二〇年に死去しており、家主の居なくなった土地が手放されたのである。

土地から読む銀座の動向

土地と建物、そして路地の関係性

関東大震災を経て継承した敷地数の割合は、四五・三％（二五一件）にのぼる（図27）。煉瓦街建設を経験した明治期が一五・一％（七二件）であるから、非常に高い割合である。震災後、銀座に所在地のあった吉田嘉助など、大規模土地所有者が郊外地に移転したにもかかわらず、銀座に所在地がある土地所有者は銀座以外の不在地主を上回る。かつて銀座の住人であった彼らの土地を含めると、その割合は非常に高くなる。この数字から、銀座に深くかかわりを持ち続けてきた人たちは、煉瓦街建設当時に比べ、土地を所有する意欲の高さと、銀座のキーパースンとしての役割を演じる上で充分な力を震災の時に持ち合わせていた。彼らは、銀座に愛着を持つ個人商店の旦那衆の気概と一体化し、銀座を復興させるまちづくりに大きく貢献する準備ができていたのである。

ここでは震災を経て、大家と店子の濃密な関係が空間としてどのように再び土地に描かれたのかを見ていきたい。その一例として、まず銀座五丁目の三十間堀川沿いの街区を訪れることにしよう。そこには田村藤兵衛[13]が所有する敷地（銀座五―三、五四八坪）がある（図28）。彼は、震災後銀座の大規模土地所有者が次々に不在地主となるなかで、小林伝次郎と共に銀座に所在地を置く数少ない人物であり、震災以前からここで質商（屋号・江島屋）を営んでいる。店は法人化するが、土地の所有・管理は依然として個人で行なっている。田村藤兵衛の広い敷地には、中央にみずからの店舗併用の大きな屋敷がデンと構え、その周辺を借地・借家である戸建てや長屋の建物が取り巻くように再建された。この敷地の使われ方は、明治期で見た同じ質商である銀座三丁目の谷口直次郎の土地と建物の関係と変わりがなく、敷地利用から大家と店子の関係がここでは維持されていることがわかる。一方谷口の場合は、店も自宅も引き払っていた。元の屋敷の場所には借家の店と住宅が建てられ、敷地内完結型であったイレギュラーな路地はコの字型に形を変えている。このような変化を見ると、銀座の路地は震災以降土地と建物の変化に柔軟に対応していることに気づく。残念ながら、今ここを訪ねても松屋の東館と駐車場になっているので当時の面影を探ることはできない。

路地の話になったところで、銀座七丁目に所有している谷口真寿の土地をもう一つ見ておきたい（図29）。こちらの方は、はじめから商売の基盤としての土地ではなく、借地・借家経営のために彼が所有していたものである。このような土地は、震災後も、横丁や裏通りに面した場所に引き続き残る。銀座通りから資生堂のザ・ギンザのビルを右手に見て歩くと、以前訪れたことのある豊岩稲荷の碑がある。その次の街区に彼の五〇七坪の土地がある。ビルに挟まれた敷地の中央には路地が通されている。この路地のつくられ方は、明治期にいくつか見てきた煉瓦街建設の際につくられた南北路地である。現在も裏通り側と路地側には、各々木造の建物も含めびっしりと店が連なっている（図30）。大きな敷地内に通されたこの路地は、昭和初期まで商店の多くが職と住を一緒にしているために、店の裏で生活する家族や従業員に使われていた。さらに、路地

図27 明治45年から昭和７年の間に土地所有者が代わらなかった敷地

注：ベースの地図は，昭和７年の敷地割りの状況を示している．

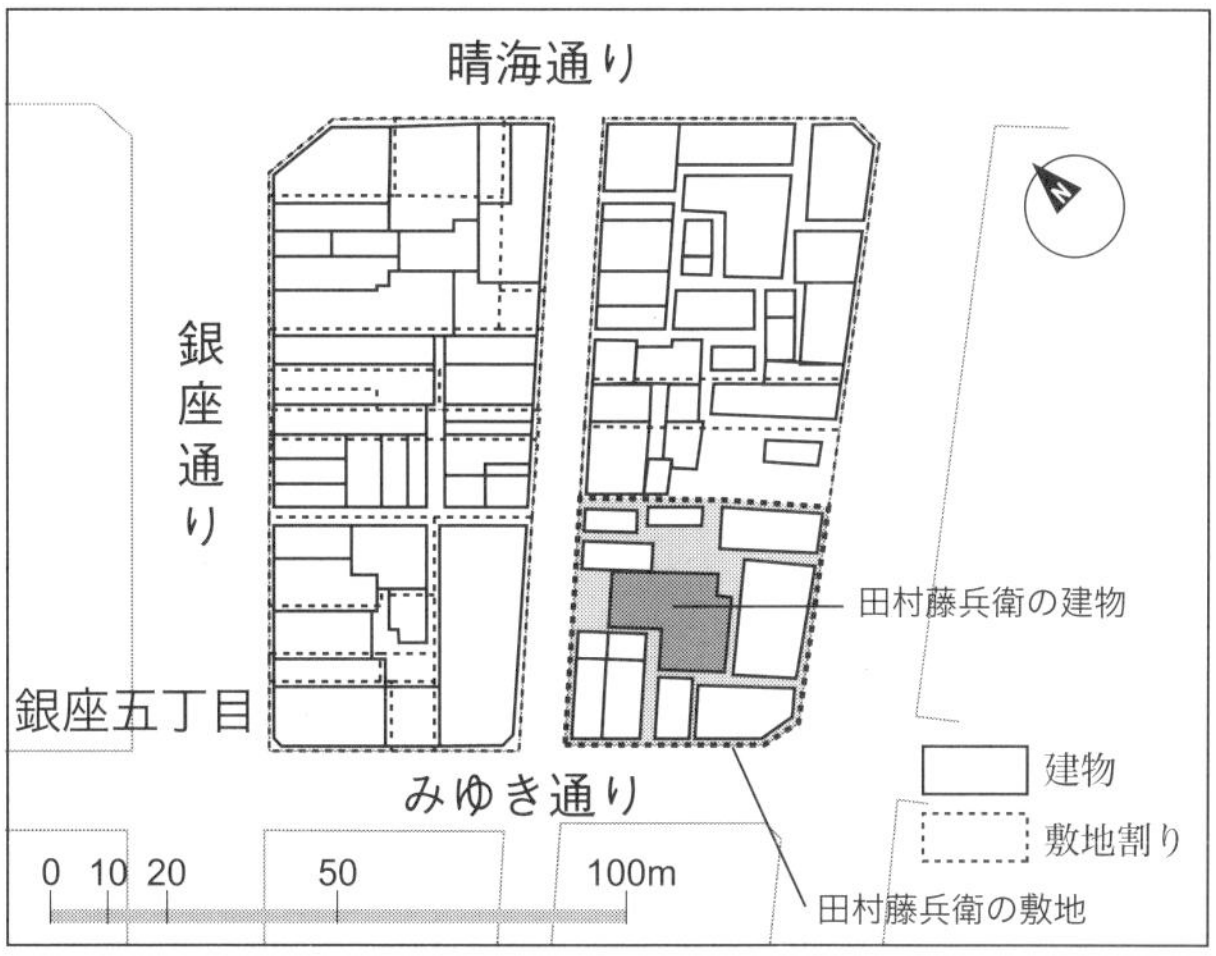

図28 昭和初期の土地と建物の関係（銀座五丁目）

注：敷地割りは，内山模型社が作成した「地籍台帳，地籍地図」（昭和７年）をもとに作成した．建物配置は，『火災保険図』（昭和７-11年）をもとに作成した．ただし，銀座五丁目の田村藤兵衛の建物は『京橋区銀座五六丁目銀座西五六丁目町内図』（昭和16年７月発行）を参考に修正を加えた．
通り名は現在の名称である．

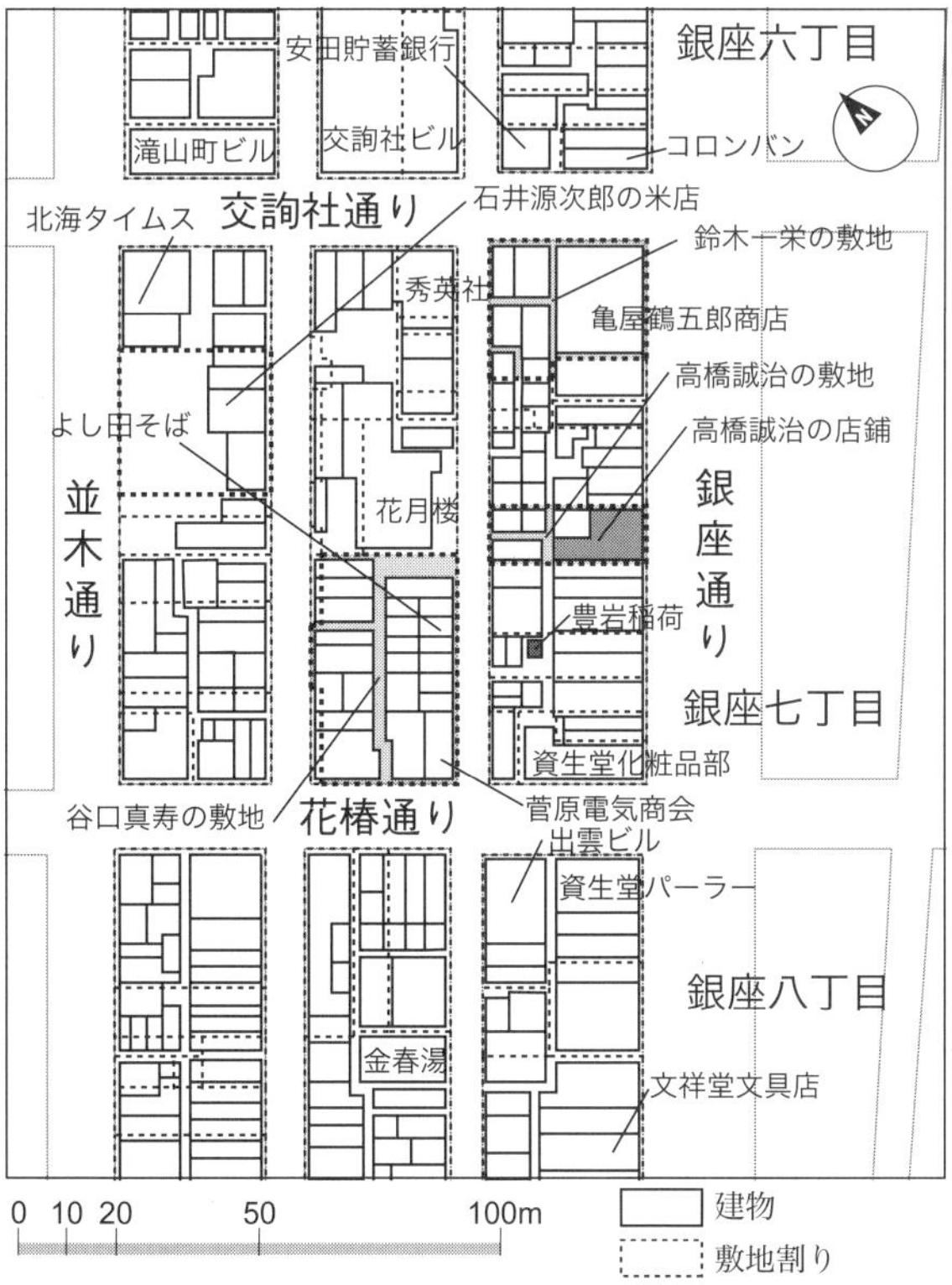

図29 昭和初期の土地と建物の関係（銀座六，七，八丁目）

注：敷地割りと建物配置は，図28と同様の図をもとに作成した．
通り名は現在の名称である．

図 30 現在も雰囲気を残す路地空間（1994 年撮影）

だけに面している店や住宅にとっては、ここが唯一の通りに出られる道でもある。小さな間口の店が並ぶ路地裏の雰囲気は現在まで変わらずに残されている。

路地が失われていくなかで、どうしてこのような場所が戦後長らく守られてきたのだろうか。ここで商いや生活をしていた多くの人たちは、戦後個々の土地を手に入れる資力のあったことがまず第一にあげられる。さらに、この土地を所有していた谷口真寿がかつて銀座の住人であったことも大きい。それは、この広い敷地が戦後一括して売り払われずに、商いをしていた者たちに細かく分割売買されたからである。敷地が細かく分割されたことで、その後ここには大きなビルが建つことができず、路地も結果的に残された。この路地の存在は昭和戦前までの銀座の大家と店子の関係の深さを今に伝えている空間でもあるのだ。

谷口真寿のこの土地は、江戸時代にさかのぼると会所地であった場所を含む。その規模は江戸時代の町屋敷の四、五倍もあり、煉瓦街建設のときに南北の路地が通された。本来の町屋敷の規模の構造ではないのだが、横丁に面する表店、中央の路地、その両側に張り付くように連続的に並ぶ建物で構成される空間は、機能的に町屋敷の構造をよく継承している。ここでは、敷地規模の拡大とその使われ方が変化したことでむしろ江戸のしくみが再現されたことになる。横丁から入った路地はその先が行き止まりになり、突きあたった所を右に折れると裏通りに抜けることができる。路地から金春通りに出ると、そこには高見順などの小説にたびたび登場するそば屋のよし田がある。

この道に出たところで、次に銀座通りに面して商いをしている商人の土地を訪れることにしたい。読者の方々もこのあたりまでくると、そろそろ銀座の路地の面白さがわかりはじめてきたと思う。そこで、目的地へは路地を抜けて行くことにしよう。そば・よし田のむかいに細い路地がある。ここは、明治期に路地の話をした時に通っているので馴染みの場所である。その奥の豊岩稲荷の所を左に曲がるとまっすぐな路地が続く。その細く長い路地を北の方に進むと、驚いたことに自動ドアが目の前に現われる。これは最近つくられたものだが、以前は交詢社通りまでさらにまっすぐ路地が延びていた。薄暗い場所からは、その通りが日射しを浴びてやけに輝いて見えていたことを思い出す。

自動ドアの先はギンザグリーンというビルである。このビルが建つ敷地は、昭和初期、高橋誠治の土地であった。彼が所有していたころ、銀座通り沿いの土地は路地を境にして表と裏に分割されておらず、銀座通りから裏の金春通りまで一続きの敷地がほとんどであり、この土地もその一つである。煉瓦街建設の際にできた南北の路地に対し、各々の敷地割りの構造は江戸時代のまま、この時期まで維持されていた。彼は七八坪ある土地のうち、銀座通り側で靴店を商い、裏側の土地は貸していた。昭和七年時点でも、敷地全体に建物を建て、商いだけをするケースはごく僅かで、表と裏に分けた使い方が銀座では一般的に見られた。町屋敷の間口規模よりすこし小さめのこの土地は、逆に江戸時代に比べて大きくなった近代的な建物を一つ建てるのには手ごろな間口となっていた。時代によって、建物の規模は変化する。この敷地規模であると、建物は三間半～四間の間口が取れる。この幅は、当時の商人にとって店舗設計をする上で実に重要な意味が含まれている。江戸時代、間口二～三間が一般的であった。近代に入って、ショーウィンドーが欠かせない要素であるとともに、顧客をスムースに引き入れるための出入口を二つ設けることが間口の条件となっていた。これを満たすのは三間以下ではだめで、少なくとも三間半が必要となる。このような見方をすると、昭和初期においては、この敷地規模が実に魅力的な広さとなっていた。時代の変化は思わぬところに福の神を舞い降りさせるものである。

ただ、彼のように銀座通りで土地を所有し、その上で商いをしている例はまだそれほど多くはない。この時期、煉瓦街建設のときの土地と建物の所有のズレが色濃く残っていたからである。銀座七丁目まで来たところで、明治期に見てきた同じ場所で土地と建物の変化を比較しておきたい。それは、質商・堺屋の土地である。昭和初期には代替わりして、鈴木一栄[14]が所有者となっていた。角地の亀屋鶴五郎商店は前田健二郎が手掛けた二階建ての店舗で商売を再開している（図31）。残りの敷地は、震災を経てどのように変化したのだろうか。そのことを確かめるために、敷地の裏に回ってみよう。昭和一二年に作成された『銀座七丁目町会・銀座八丁目町会・銀座三友町会』の地図を見ると、かつてあった鈴木一栄の店舗兼住宅の屋敷に代わり、L字形の路地が通され、その両側にぎっしりと飲食店が収まっている。関東大震災以降、銀座の路地は失われる一方で今日に至ったと思われがちである。だが路地が細かく描き込まれている明治三五年と昭和初期に作成されたこの詳細な地図を比較すると、あまり気づかないことであるが、銀座では震災後に路地が新しくつくられていたことがわかる。昭和初期にできた路地は二種類ある。一つは、先の谷口真寿の土地のように隣の敷地を買い取り、不連続であった路地をつなげるケースである。もう一つは、鈴木一栄の敷地のように敷地内で完結する通り抜けできない袋小路である。この時期、路地のリバイバルがあったのだ。

このように地主がしっかりと土地を維持し地域環境を支えている例は、江戸時代から継承している土地でも見ることができる。ここではよりメジャーな場所を訪れ、不在地主の土地と建物の関係で確かめることにしたい。銀座四丁目の交差点、

図 31 亀屋鶴五郎商店（『震災復興〈大銀座〉の街並みから　清水組写真資料』より）

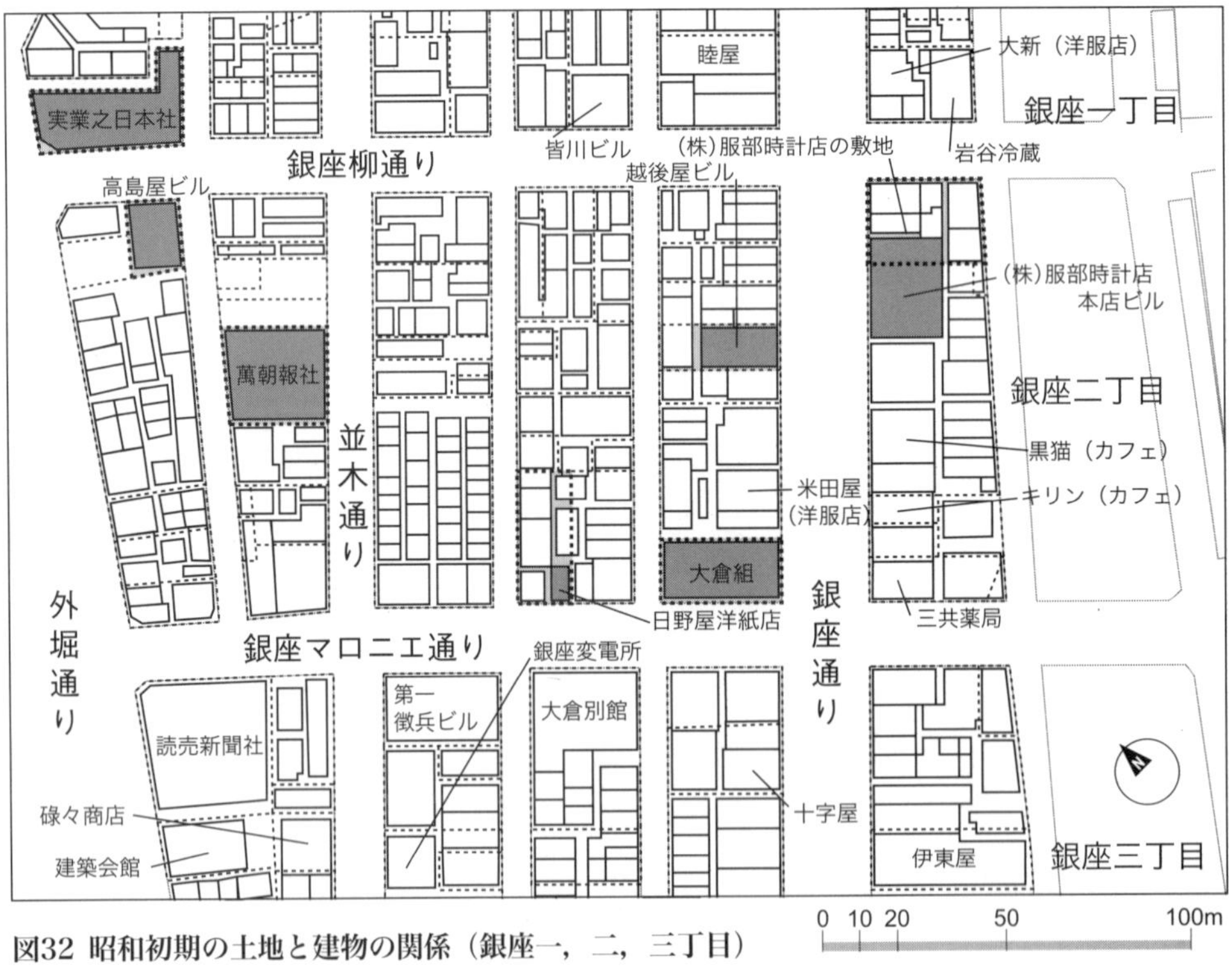

図32 昭和初期の土地と建物の関係（銀座一，二，三丁目）

注：敷地割りと建物配置は、図28と同様の図をもとに作成した．
　通り名は現在の名称である．

かつてここは尾張町の交差点と言われていた。江戸以来尾張町の銀座通りが一番賑わいがあったからだ。ちなみに、このあたりにある鳩居堂は日本で最も地価の高い土地として、毎年騒がれてきた。銀座五丁目東側角にある三愛ドリームセンターは、むかいの服部時計店(和光)と並んで現在銀座のシンボルとなっている。戦前はキリンビアホールと佐野足袋店であった。その隣に先の鳩居堂がある。この店は、寛文三(一六六三)年京都で創業したと言われ、薬種業を経て、薫香、筆墨の製造販売を行なう。遷都の際、宮中御用を勤めていたことから銀座のこの地に店を開いた由緒ある店だ。南隣の店も寛文一二年と古い。現在はハンドバッグの販売をしている大黒屋である。銀座通りに面するこれらの店はいずれも借地であり、この土地は日本橋区に所在地のある服部吉兵衛が江戸時代から継承し続けてきた。それは戦後になっても変わらない。しかも明治期から戦後まで敷地の形状をまったく変化させていない銀座の土地は、ここを除けば僅かで、きわめて珍しい。銀座には土地所有者が不在地主でありながら、明治期から延々と土地と建物の関係が維持され続けている場所もある。この土地の安定とその上で商いをする店の個性と伝統は、激しく変化する銀座にあって、厚みとゆとりをこのあたりに生みだしているように思える。

土地が維持されてきた一方で、過半数を越える銀座の土地は継承されなかった。このような場合、土地と建物の関係はどのように変化したのだろうか。その中の興味深い一例を訪ねることにしたい。銀座四丁目の交差点を渡り北に進んで行くと、右前の方角に名鉄メルサが見えてくる。銀座二丁目にあるこの建物の敷地は、昭和七年時点㈱服部時計店が所有する土地である。そこに所在地もあった(図32)。それは銀座四丁目角に二代目の本社ビルを建てるまでの仮本社があったからだ。この建物は、奇妙にも敷地とズレた所に建つことになる。ここに来て再び、煉瓦街建設のときに土地と建物が別々の所有形態となった状況を再確認できる場所に立つのだが、これらの土地と建物がどうしてそのようなことになったのかをもうすこし詳しく検証しておこう。まず土地は、青地幾次郎が所有していた二六三坪を手に入れる。しかし、そこには煉瓦建築を所有する商人たちが何人もいた。彼らはそこで商いをしているから、そう簡単にその権利を全部手に入れることはできない。敷地内では、南側にある呉服太物商の店を一棟手に入れただけである。後は、隣地の連屋化した煉瓦建築を所有する岸田吟香の店と南谷勧業場の建物を買い取った。これらの土地は渡辺てつが所有していて、こちらの方の土地と建物の所有も異なっていた。その結果、㈱服部時計店の仮本店ビルは思いもかけず所有することができた土地とズレた場所に建てることになったのである。

近代建築が建つ統合した敷地

震災以降も、銀座の敷地が統合されていく。それは、明治期に見られたような、集約化して大きな敷地とし、借地・借家経営するためではない。この頃になると、そのような土地の統合は見られなくなる。この頃の統合は、いくつかの中小規模の敷地を一つにまとめ、その上に近代的なビルを建てるためである。その例をいくつか探し歩くことにしたい。はじめに、銀座一丁目にある実業之日本社㈱代表の増田義一が所有する敷地を訪ねてみよう。外堀沿いに現在も同社のビルがあるので、その場所はすぐにわかるはずである。彼は二二六坪の敷地に実業之日本社㈱社屋を大正一三年に建てる[15]（図33）。震災以前、この敷地はいくつかの土地に分かれており、外堀通り側にある一八七坪の土地だけが増田義一の所有であった。その時にも、建物が一つだけ建てられていたが、延べ床面積千坪を越える大規模な近代建築を建てるにはすこし敷地が狭かったようだ。また、地続きにはいくつかに割られた他の土地があり、小さな建物が複数建てられていた。それらを合わせて一つの土地にまとめたのである。このビルは、震災後わずか一年で完成しており、周辺にはほとんど建物がなくひときわめだつ存在であった。

この時期、増田義一のように個人所有の土地に近代的なビルを建てる例は少なくなり、法人所有の土地のケースが圧倒的に増える。このような土地を見るために、だいぶ通い慣れた銀座柳通りを抜け、銀座通りに出よう。目的の場所は、明治期に訪れた現在の大倉本館、明治屋銀座ビルのある街区である。銀座二丁目の越後屋の店主・永井甚右衛門[16]は所有していた五八坪の敷地を合資会社銀座越後屋呉服店に法人化する。越後屋はさらに隣の山田巳代吉の土地を加え、一三七坪にした敷地に近代的なビルを昭和五年に建てる（図34）。アール・デコ風の装飾があるこの建物は当時の雰囲気を保ちながら健在である。この店の場合も、増田義一同様、新規に土地を購入したのではない。江戸時代から商いをしてきた土地を明治期に手に入れ、その後近代的なビルが建つ規模に敷地を拡大したのである。土地も建物も流動していた震災後の銀座では、このような種地があると、隣地を統合できる可能性が高くなっていた。越後屋は宝暦五（一七五五）年京橋の南伝馬町で呉服店を創業し、二代目のとき早くも銀座の当地に店を構えているから、二〇〇年ものあいだ同じ場所で同じ業種を営むきわめて珍しいケースである。さらに言えば、江戸以来の呉服の店が当時の最新のデザイン、アール・デコと結びつくあたり、銀座の真骨頂といえる。

図 33 実業之日本社ビル（『震災復興〈大銀座〉の街並みから　清水組写真資料』より）

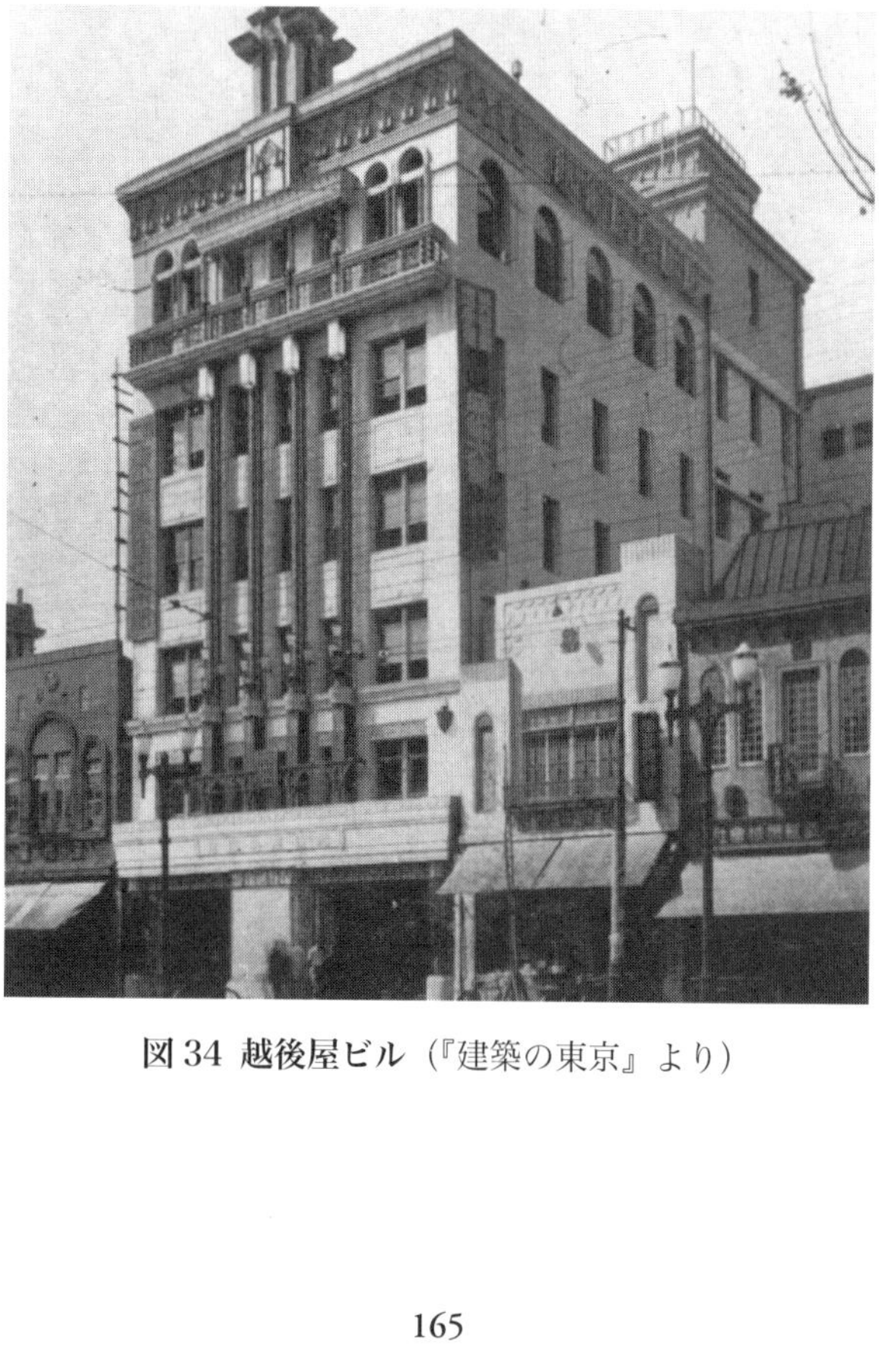

図 34 越後屋ビル（『建築の東京』より）

越後屋を後にして、銀座通りから銀座マロニエ通りに入り、東にまっすぐ進むことにする。この通りの両側は現在大規模な建築が並んでいる。その一つプランタン銀座の並びにある列柱を配した昭和初期の建物が次の目的の場所である。銀座三丁目にあるこの建物は、第一徴兵保険㈱が隣の島田新七（神奈川県）の所有していた五九坪を加え、二二一坪に増やした敷地の上に建てられた。この会社は、明治三一年五月に元老・山県有朋らが資本金三〇万円で創立した保険会社である。はじめは、営業所を銀座の彌左衛門町（現銀座四丁目）に置いていた。明治三八年に本社を日本橋区呉服町に移転するが、大正一〇年には再び銀座に戻ってくる。震災を挟んで大正一四年、銀座通り沿いに銀座ビルヂングが完成し、そこに本社が移転した。現在の松屋があるところである。このビルは、六階までを松屋呉服店に賃貸し、七、八階の床を本社としていた（図35）。第一徴兵保険㈱は、大正から昭和にかけて大きく発展し、すぐに本社社屋が手狭となったことから、昭和六年になり銀座三丁目に完成した新本社社屋に再び移転する。この建物は、徳永庸《よう》が設計した柱頭に華麗なアカンサスの葉飾りがあるギリシア神殿のコリント式列柱を配し、鉄骨鉄筋コンクリート造りに花崗岩貼りで仕上げた重厚な意匠である。

煉瓦街建設期の銀座は、コリント式ではなく、後のローマ時代のトスカナ式列柱が都市景観の重要な要素となっていた。トスカナ式の列柱を配した島田組の建物が思い返される。その後列柱を配した建築は明治・大正期を通じて新たに建つことはなかった。だが昭和初期、第一徴兵保険㈱に見られるように、銀行や保険会社は、世界大恐慌のあおりを受けるなかで、威厳とそれにもとづく信用性をアピールするために、こぞって列柱のある新古典主義の建築を建てている。銀座は再び列柱を持つ建築がリバイバルしたのである。次々に戦前の建物が壊されていくなかで、質の高い第一徴兵保険㈱のビルだけが、現在（二〇〇三年春）まで建ち続ける（図36）。煉瓦街時代の記憶とともに、建築の生命力をそこに感じる。

最後にもう一つ、敷地を統合して近代建築を建てた例を見ておきたい。それは、現在並木通り沿いにある資生堂本社ビルが建つ銀座七丁目の場所にあたる。このビルの南側三分の二ほどの土地には、かつて㈶日本貿易協会のビルが建てられていた（図37）。明治一八年大倉喜八郎などの呼び掛けで設立されたこの財団は、新規に吉田嘉助など複数の土地を手に入れている。それらを合わせた二七〇坪の広さの敷地には、三階建て地下一階の鉄筋コンクリート造りのビルが大正一二年四月に着工する。工事は震災で一時中断したが、大正一五年八月に竣工する。

銀座では隣り合った複数の土地を新規に、しかも同時に手に入れることは難しい。吉田嘉助がどのような考えでこの土地を手放したのかはわからないが、日動火災のビルの一件も含め、地主としてなんらかのかたちで銀座の都市や文化に貢献し

図 35 松屋が入った銀座ビルヂング
（絵葉書）

図 36 第一徴兵保険㈱のビル
（1994 年撮影）

図 37 並木通り沿いの日本貿易協会ビル
（『震災復興〈大銀座〉の街並みから　清水組写真資料』より）

ようとしていたと考えても方向違いではないように思う。さらに、大倉喜八郎のこの財団への関与も、銀座が街として都市文化を成熟させつつあったことを物語る。㈶日本貿易協会の活動で興味深いことは、美術工芸に関する活動とともに、東京芸術大学美術学科の前身である東京美術学校の創立に寄与していることである。(17) 芸術や文化を育てる発信源が当時の銀座にあった。現在、銀座の企業と芸術を専攻する大学がジョイントし、銀座から文化発信を試みようとする動きがある。これなども昭和初期に芽生えていたこうした流れと同調するものである。銀座には文化発信する土壌が歴史的に備わっているようだ。

この建物は、昭和四五年隣接していた資生堂に土地が売却されるまで、半世紀近く建ち続けた。美術工芸の進展に努力した㈶日本貿易協会の土地が芸術文化活動に企業としての意識が高い資生堂に受け継がれたことになる。資生堂は、この敷地を本社社屋の建設用地として手に入れるとともに、この時期化粧品部の建物が建つ土地も購入している。企業が土地を手に入れ、安定的な経営基盤を築こうとする姿勢がここにうかがえる。銀座通り沿いの角地、現在ザ・ギンザがある福原合名会社のこの敷地（八三坪）は、水谷カジと吉川源太郎の土地を合わせて、一つの敷地にしたものである。そこには亀屋鶴五郎商店と同じ建築家・前田健二郎の設計した資生堂化粧品部の建物が昭和三年に再建する。そして、そこでは震災前からのギャラリーもオープンし、街との関係をより深めながら都市の文化空間が定着しつつあった。

銀座の人、建物、土地のエネルギー

震災を経て、復興を果たした銀座は、明治・大正期になかった新たな都市文化の要素を付加し、あるいは誕生させ、モダン都市として街を輝かせることに成功した。

銀座には、関東大震災以降十数年の短い間に新古典主義建築をはじめさまざまな様式建築が凝縮して建てられた。その中には、一九二〇年代にニューヨークで花開いたアール・デコの建築スタイルも同時代的に銀座の都市空間に出現する。さらに、戦後インターナショナルスタイルとしてもてはやされる装飾を排除した建築も登場していた。昭和初期の時代は、明治初期の煉瓦街建設が官主導による様式の統一であったのとはまるで異なる都市空間をつくりだしたことになる。

この短い時期に百を越えるこれらの建築を銀座に建てることができたのは、煉瓦街建設以降、銀座商人の成功者を多く生みだす土壌が明治・大正期を通じて出来上がっていたからである。彼らはクライアントとして、建築家の才能をいかんなく発揮させた。それは建築の外部空間ばかりでなく、豊かな内部空間をこの時期つくりだせたことでもわかる。昭和の新しい時代、銀座は訪れた人たちを建物の内部へと誘い込んでいき、人々の豊かな感性を引きだす空間をつくりだしたのである。

いま一つ、銀座が震災以降厚味のある場をつくりあげた要因があった。それは、銀座の土地を安定的に所有、維持し続けた銀座に根を張る地主の存在である。これも煉瓦街建設当時とは大きく異なる。銀座の人たちが多くの土地を所有することで、現在のまちづくりや建築条例的なことをこの時期すでに土地所有者を中心とした銀座の住民が試みていた。

昭和初期の銀座は、人の意識の高さ、建築空間の豊かな表現と土地の安定が絡み合って、魅力的なモダン都市空間に仕立てることができたといえよう。ただ残念なことは、戦時統制によって昭和一〇年以降銀座をもり立ててきた小林時計店、亀屋鶴五郎商店をはじめ多くが店を閉じてしまったことだ。そして、昭和一〇年以降新しい建物はほとんど建つことがなく、この空白の時期の後に、空襲でモダン都市は焼失する。もし戦災にあわなかったなら、このようにつくられた銀座がその後どのように成熟したのか。そのことが知りたくなる。数寄屋橋の水辺空間、銀座通りや外堀通りの街並み、そして個々の建築の内部空間。昭和初期は、次々に都市の空間を魅力的な場に変容させていた時代であり、夢半ばという思いがある。しかも戦後から今日まで半世紀以上が経過して、現在銀座に存在感のある建築の多くが昭和初期に建てられたものであるだけに残念でならない。

(1) 『京橋区史』東京市京橋区役所、一九三七年(復刻版、飯塚書房、一九八三年)、一〇八七ページ

(2) 前掲書『京橋区史』一〇八九—九〇ページ。下町を炎の渦に巻き込んだ火事は、東京市の旧一五区の河岸地を含めた町数一四七九町のうち、一部焼失をも含めて全体の七割近くにあたる一〇〇五町を焼失させた。

(3) 帝都復興事業は国・府・市の三者が協力して始められた。東京市は、まず復興計画を立案するために復興委員会を組織して諮問機関とした。この執行機関としては、土地区画整理事業のために区画整理局(のち復興事業局)を設け、他の復興事業を事業局課で行なっている。

(4) 『交詢社百年史』では、交詢社の土地と時事新報社の土地を担保にして、三井信託銀行から借り入れ、昭和二年四月中に支払うことになったと記されているが、昭和七年の地籍図には二八八坪の敷地が㈱三井銀行となっている。これは明治時代からずっと変わっていない。

(5) 銀座にはじめてビアホールができたのは明治二三(一八九九)年で、日本麦酒が直営する「恵比寿ビアホール」が現在の天國のビルの建つ銀座八丁目に開店した。その後、㈱大日本麦酒は明治三九年に日本麦酒、札幌麦酒、大阪麦酒の三社が合併

して名前を変えた。

（6）銀座文化史学会『震災復興〈大銀座〉の街並みから　清水組写真資料』秦川堂書店、一九九五年、八九ページ

（7）昭和一一年の奥野治助の納税額は所得税一九七円である。

（8）『中央区の文化財（七）建造物』中央区教育委員会、一九八八年参照

（9）明治四三年の郡司平六の納税額は所得税九六九円である。

（10）昭和一一年の谷口真次郎の納税額は所得税一〇〇七円、営業税三八〇円である。また、昭和一一年時点の谷口真寿の所得税は大正一四年時点の一五五八円から三五三六円に上がっている。本文で、土地所有者の納税額を示しているが、これは昭和一一年時点の交詢社『日本紳士録』に記載されている金額である。その納税額がどれくらいの価値に相当するかの目安として、昭和七年から一一年の昭和初期の値段を週刊朝日編の「値段史年表」から拾ってみた。銀行員の初任給（大卒）七〇円（昭和八年時点は、明治四三年から一・八倍、昭和六〇年で一七五七倍）。銀座の一坪当たりの地価一万円（昭和一一年時点は、大正二年から二〇・〇倍、昭和六〇年で六〇〇〇倍）。公務員の初任給七五円（昭和一二年時点は、明治四四年から一・四倍、昭和六〇年で一七一七倍）。もりそば一〇銭（昭和九年時点は、明治四四年から二・九倍、昭和六〇年で三三〇〇倍）。大工手間賃一円八九銭（昭和一〇年時点、大正元年から一・六倍、昭和六〇年で七〇四九倍）。家賃一二円（昭和七年時点、明治四〇年から四・三倍、昭和六一年で四五八三倍）。

（11）篠田鑛造『銀座百話』角川選書、一九七四年、一八二ページ

（12）野口孝一『明治の銀座職人話』青蛙房、一九八三年、九〇ページ

（13）昭和一一年の田村藤兵衛の納税額は所得税一二二九円である。

（14）昭和一一年の鈴木一栄の納税額は所得税八七七円である。

（15）増田義一（所得税一万五一九四円）は、実業之日本社㈱代表の他、大日本印刷㈱社長など数々の役員の肩書もあり、衆議院議員、早大理事にもなった人物である。住居は小石川区原町一二五にあるが、彼の所在地は実業之日本社㈱の社屋がある場所にあった。この時代、居住地がすなわち所在地ではないことは特別ではない。震災で居住地は郊外に移したが、所在地を銀座に残すケースは、他に資生堂の福原家などいくつかの例がある。

（16）昭和一一年の永井甚右衛門の納税額は所得税七八円である。

（17）前掲書『震災復興〈大銀座〉の街並みから　清水組写真資料』一九–一二一ページ

第四章　銀座の魅力を追って——戦後から現在まで

GINZA

一　破壊と喪失から出発する戦後

変貌する街並みと都市文化

東京大空襲と戦後の掘割の埋め立て

東京が火の海になった記憶を持つ人は、現在少なくなりつつある。私もその記憶を持ち合わせていない一人である。戦争から復員した小説家・安岡章太郎は、隅田川の橋に立ち、焼け野原になった東京を見た。随筆「隅田川」において、彼は国破れて山河が残っていることを実感したと語っている。現在の東京は、ビルが林立しているために、街が土や水の自然環境の上に成り立っていることを忘れがちである。なぜ今日の銀座がこのような都市空間をつくりだせたのか。この本も、再びその土地が持つ場所の意味を問い直しながら、焼け野原になった銀座から戦後の土地と建物の歴史を続けることにしていきたい。

昭和二〇（一九四五）年、米軍機による空爆が東京ではじまる。銀座が直接被害を受けた爆撃は二回であった。そのうち五月二五日に起きた二回目の空襲は、銀座通りにある松屋、三越のデパートをはじめ、御木本真珠店、鳩居堂などの専門店の数々を相次いで炎上させ、木挽町にある歌舞伎座も同じ日に罹災した（図2）。この爆撃で、モダン都市として空間を再生しつつあった銀座は焼き払われ、銀座七、八丁目を除き瓦礫の街に変貌したのである（図1）。

東京大空襲は、東京二三区部における面積全体の約四分の一を焼失させた。焼跡に残ったもえがらはものすごい量にのぼり、主要道路にうず高く積まれる。これを処理することが戦後復興の優先課題となった。灰燼処理事業の第一歩は昭和二〇年九月からはじまる。この事業は、当初現地に埋め込んで処理することを原則とし、都心や交通が激しい人目につきやすい所から焼跡の外形を整えることに重点が置かれた。昭和二一（一九四六）年には区画整理事業の一部に灰燼処理が組み込まれる。それは、民間の復興意欲が高まるにつれ、建設現場の灰燼を道路に運びだす者が増えていたことを考慮したからであ

図１　東京大空襲の銀座焼失区域と建物疎開地区

注：建物配置は，『火災保険図』（昭和７-11年）をもとに作成した．ただし，銀座五丁目の田村藤兵衛の建物は
　『京橋区銀座五六丁目銀座西五六丁目町内図』（昭和16年７月発行）を参考に修正を加えた．
　また，建物疎開で空地になった地区は精度の高い図面を入手できなかったので，建物との関係に誤差がある．

る。だが昭和二二年になると、インフレの進行で、国からの補助金が削減され、区画整理地区は縮小する。道路には灰燼の山が再び築かれ、広幅員の昭和通りの中央部分には灰燼がうず高く積まれるようになった。

このことが半ば恒常的になり、交通・衛生・公安上からも問題が生じはじめていた。灰燼の処理に困った東京都は、流れが止まり船の航行に役だたない川、水の浄化が困難な状況の川を対象に、灰燼による埋め立てを決定する。同時に、埋め立てた土地を宅地にして売ることで、灰燼処理の事業費を捻出することにした。昭和二三年度の最初の埋め立て事業では、三十間堀川、東堀留川、龍閑川、新川の埋め立てが決まる。三十間堀川の埋め立てにより、思いがけなく銀座が木挽町とはじめて陸続きとなり、三百年以上続いた島の環境がこの時点で大きく変質したのである（図3）。当時、三十間堀川などの掘割を埋め立てることに反対する声もあったが、戦後復興の勢いと舟運の衰退が「水の都」をつくりあげた掘割の埋め立てに向かわせた。その後も浜町川など、埋め立て工事が急ピッチで進められ、帯状の土地が下町に誕生していく。

一方、昭和二四年八月には、総司令部から東京都内にある公道上の露店を翌年三月三〇日までに撤去する命令が下された。銀座では、各方面からの反対が強く、露店の撤去が命令の期日よりも遅れ、昭和二六年一二月、大晦日の夜までずれ込んだ。それほど惜しむ声が強かった。銀座の露店は戦災後にできた闇市とは違う。明治期から、銀座の街の発展と呼応して、銀座を訪れる人や銀座の住民に愛されてきた（図4）。露店の方にも、まがい物を売らないという自負があった。この露店から出発して銀座の顔となった商店もあり、長いあいだ商店街とともに街の賑わいをつくりだしてきたのである。それが皮肉にも、三十間堀川の埋め立て地にできた「銀一ストア」と「銀座館」の建物に露店の撤去を命ぜられた商人たちが入り、新天地での商売をはじめる。この時期、銀座は掘割の一部と露店を同時に失うことになった。

昭和三〇年代に入ると、土橋から城辺橋までの外堀がさらに埋め立てられた。今度は麻痺状態の都心の交通渋滞を解消するためである。銀座を取り巻いていた残りの掘割も埋め立てられ、高速道路が建設される（図5）。昭和三四（一九五九）年には、土橋から新幸橋、山下橋、数寄屋橋、そして比丘尼橋に至る掘割に代わって、できたばかりの高速道路に自動車が走りはじめる。その下では「ギンザナイン」と名づけられた商店街の各店がオープンしていた。これは日本最初の高速道路であると同時に、ビルの上に高速道路を走らせる世界的にも珍しいものであった。そのために、当時都市景観にもさまざまな検討が試みられていた。

だがその後、「水の都」と謳われた江戸の掘割はことごとく高速道路に代わることになり、街への配慮も失われていく。

図２　炎上する銀座（『銀座と戦争』平和のアトリエより）

図３　東京都心部の水辺の埋め立て（明治25年と昭和47年の比較）

図４ 戦前の銀座の夜店（『資生堂百年史』より）

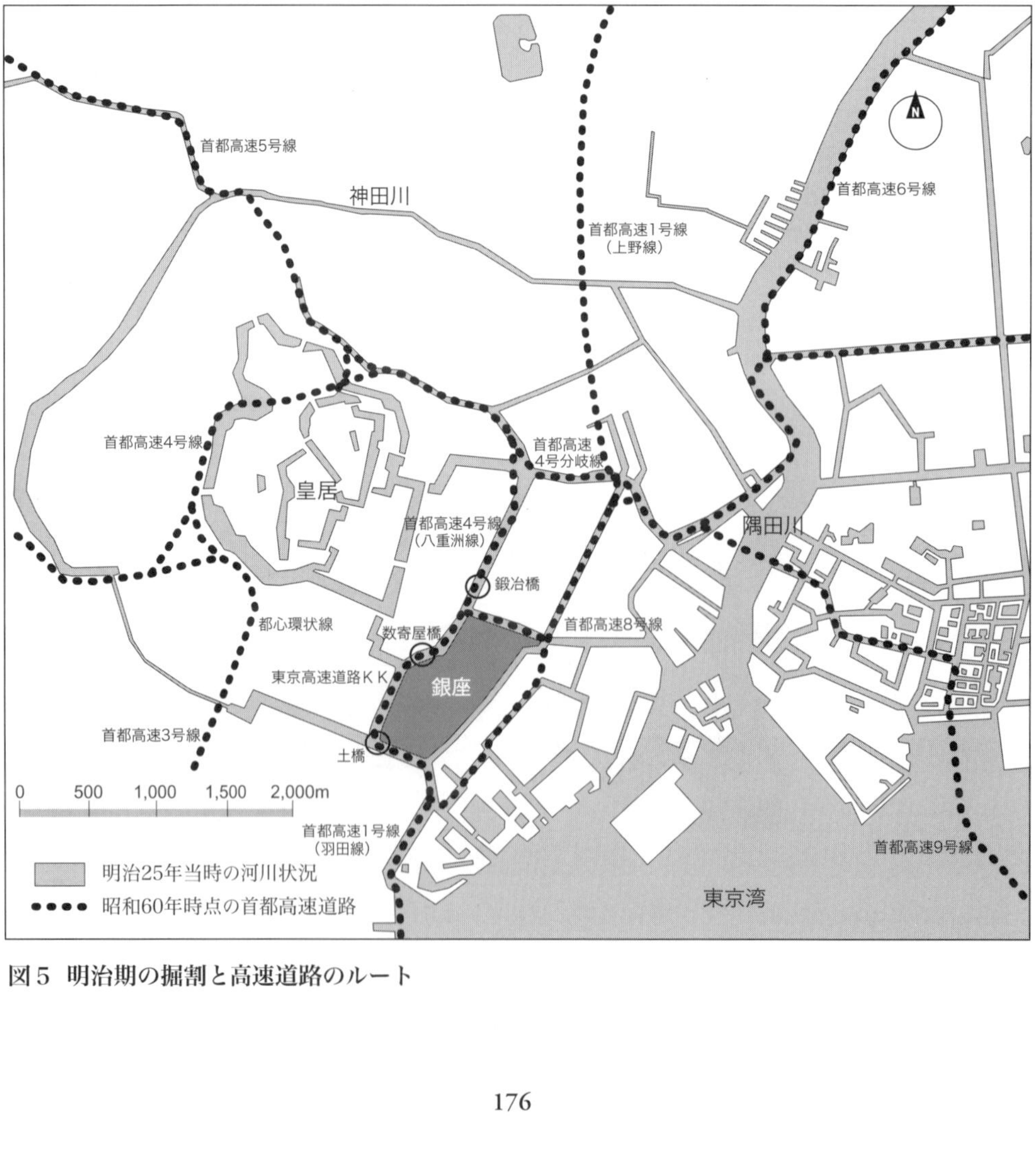

図５ 明治期の掘割と高速道路のルート

都心部において、高速道路が通っている所はかつての掘割であったと考えてまず間違いない。そして、銀座の四周を取り巻いていた掘割はこの時すべて消えたことになる。

子供たちの眼差しが捉えた昭和二〇年代

昭和二五（一九五〇）年、建設資材統制が解除される。同時に「建築基準法」の防火地域の制限で木造の建築が禁止されたことが大きな要因となり、都心部のビル建設は予想を越える活況を見せはじめる。銀座では、晴海通り沿いに建てられた九階建ての不二越ビル（一九五二年）が目を引いた。このビルの屋上には、菓子会社の地球儀をかたどったネオンサインがあり、昭和三〇年代の銀座を知る人には馴染みが深いはずである（図6）。松坂屋は昭和二七年に既存の建物を残して増築し、外装を一変させている。高さ五二メートルの高さに伸びたこのデパートの「展望台」は、二〇年来の「銀座の最高峰」であった服部時計店を抜く。この頃までに、商業地域ではすでに高さ制限三一メートルを超えるビルを建設する道が建築基準法改正により開かれていたが、大地震のにがい経験もあって高い建物が建たずにいた。だがこの松坂屋の増築に刺激されるように、その後三一メートルの高さを越えるビルが次々と建ちはじめる。戦後最初の「ビル建設ラッシュ」の時代が銀座に訪れようとしていた。

空襲の傷跡が残りながらも、戦後復興の気運が高まりつつあった昭和二〇年代後半、そこで商い、暮らしていた人たちの目に、銀座はどのように映っていたのだろうか。幸いなことに、その状況を知ることができる興味深い調査が行なわれていた。泰明小学校の児童が調べた銀座調査である。

この調査は、昭和二四年五月から二六年七月の二年余にわたって行なわれ、『私達の銀座の研究（第六学年児童共同研究）』として昭和二八年に刊行された。これをもとに、昭和二〇年代後半の銀座の様子を垣間見ることにしたい。建物総数は一六三五戸と記されている。昭和二九年の建物総数一九四〇棟の八四・三％にあたる。昭和二九年の時点でも、裏通りや路地にはまだ空地がところどころに残っていた（図8）。その三年以上前の調査であるから、空襲で焼失した銀座一〜六丁目にはより多くの空地が残されていたことが想像できる。そのことを確かめるには、昭和二二年米軍が撮影した空中写真が役立つ（図7）。これを見ると、空襲で焼かれなかった銀座七〜八丁目以外はかなりの空地が残る。彼らの調査がこれらの間の時期

図６　不二越ビルの地球儀など立体広告塔が競う晴海通り（絵葉書）

図７　昭和20年代はじめ頃の空中写真（銀座一〜四丁目）（国土地理院蔵）

図8　1954年の建物と空地

注：ベースの地図は1954年の建物状況を示している.

に実施されたことから、一六三五戸という数は悉皆的なものであると考えてよさそうだ。

当時、建物総数の六四%が商店（一〇四九戸）であり、その約三割にあたる三〇四店が専用の店舗で占められていた。すなわち、商店のうちの三分の二以上はまだ居住者がいたことになる。また、六%が純然たる住宅であり、全体の四割強の建物では生活が営まれていた。昭和三〇年でも、掘割に囲まれた銀座には七一二一人の人が住んでいた。戦前から比べると銀座の居住者は半分弱に減るが、戦前期までに培われてきた生活を主体とした地域コミュニティが生き続けるだけの住民はいたのである。

戦後一〇年にも満たないこの時期、銀座で商売をする店は終戦時を境に戦後派と老舗派の新旧店舗が二分するほどになっていた。当時の激変する銀座の状況がよく表われている。この戦後派の主たる業種は飲食店や会社、銀行で、旧来から銀座の繁栄を支えてきた老舗とは対照的である。このことを察知した子供たちの目は、変化しつつある銀座の流れを鋭く読み取っていた。しかも、このような時代に彼らが調査を行なったことに大変な驚きと新鮮さを感じる。

この調査結果で興味深いことは、「西銀座六丁目に貴金属美術品店が多いのは、往時帝国ホテルに宿泊した旅客が銀座に出る最短の直線路であり、高級品の販売に適した地域である」と指摘していることだ。現在銀座四丁目にある明治一二年創業の天賞堂は尾張町二丁目（現銀座六丁目）からの出発である。また、銀座通りにある明治二六年創業のミキモトも、現在の場所が創業地ではない。銀座六丁目ではないが、明治三〇年代に彌左衛門町（現銀座四丁目）、元数寄屋町（現銀座五丁目）と店舗を移してから現在地に落ち着く。一方画廊は銀座六丁目の西側に集中している。

このような流れを述べた後で、彼らは将来に向けて発展性のある場所が銀座五丁目以南の西銀座であると展望を示している。地理的条件などを考えると、確かにこのような結論に至ることはわかる。さらに、この一帯にかかわる戦前の人たちの街づくりへの情熱が戦災を経てさらに大きく膨らんでいた可能性も高い。当時みゆき通りは山下橋を通って、帝国ホテルなど日比谷方面との結びつきが強かったし、彼らが通う泰明小学校に沿ったこの通りにはフランス語のしゃれた店が次々と彼らの目に飛び込んできたであろう。その後しばらくして、「みゆき族」といわれた若者がこの通りに現われる。このあたりは昭和二〇年代から三〇年代にかけて、晴海通りよりも活気があり、みゆき通りが何かを感じさせる雰囲気をもっていたことを彼らが敏感に捉えていたと考えられる。

現在西銀座五丁目以南を歩いて感じることは、みゆき通りの延長線にある帝国ホテル、日比谷公園とはＪＲ線などの鉄道が走る高架線下の長いガードで断ち切られている感が否めないことだ。しかも、外堀通りは銀座通りや晴海通りに比べ、店の華やかさや人通りの多さに格段の違いがある。しかし、改めて銀座とその周辺がわかる地図を取り出して眺めてみると、小学生たちが抱いたイメージは間違いないように思われる。外堀通りを軸に、数寄屋橋と土橋の交差点の拠点があり、サブとなるみゆき通りなどが周辺とのかかわりをつくりだすように延びている。それではどうして、外堀通りが今日への発展の可能性を秘めながら、銀座通りや晴海通りと肩を並べる賑わい空間にならないでいるのか。その大きな要因の一つは、戦後土地所有が激変したことで、街のキーパースンであった吉田嘉助や小林伝次郎らの大地主が外堀通り沿いから次々と姿を消していったことである。銀座通りにも確かに土地所有の面からのキーパースンがいた。しかし、こちらの場合は土地以上に建物を所有し、そこで商う人たちが街づくりを推進するより強い力となっていた。外堀通りはそのような体制が整う前に長い戦争に突入し、多くの有力者がこの通り沿いから離れてしまったのである。この違いが、戦後の激動する時代に外堀通りを次のステップに押し上げることができなかった理由としてあげることができる。ただ将来の銀座を考える時、この外堀通りは銀座の重要な通りになることは確かであり、そうなることで銀座全体がより面として活性化できるはずである。

変貌する都心、動きだす銀座（一九五〇年代）

昭和二九（一九五四）年、銀座には一九四〇棟の建物が建てられていた（図9）。そのうち二階建て以下の建築物が実に八六・八％（一六八四棟）あり、当時の銀座は圧倒的に低層の木造建築で占められていたことがわかる。銀座七、八丁目は、戦中の建物疎開で空地となった部分が一部あるものの、火災から免れた木造の建物は健在であった。震災後まもなく建てられたバラック建築の銀座千疋屋、銀座通りでは珍しい和風の瓦葺き二階建ての建物・天國、そして戦前の看板建築のいくつかも時代の波にさらわれずに残り続けていた。裏通りや路地裏に入ると、このあたりは当時の面影をとどめる建物が現在も見受けられる。それから四〇年間、銀座には一〇九五棟の建築が新しく建つ。しかも、平成六（一九九四）年時点ではこれらのうちの約三分の一が再び建て替えられ、現存してないことにも驚かされる。ビル建設ラッシュの物凄さと同時に、建て替えのスピードの早さが数字の上からもうかがえる。

昭和三〇年前後からは、第二次の「ビル建設ブーム」が銀座ではじまろうとしていた。昭和三一年八月九日付の『朝日新

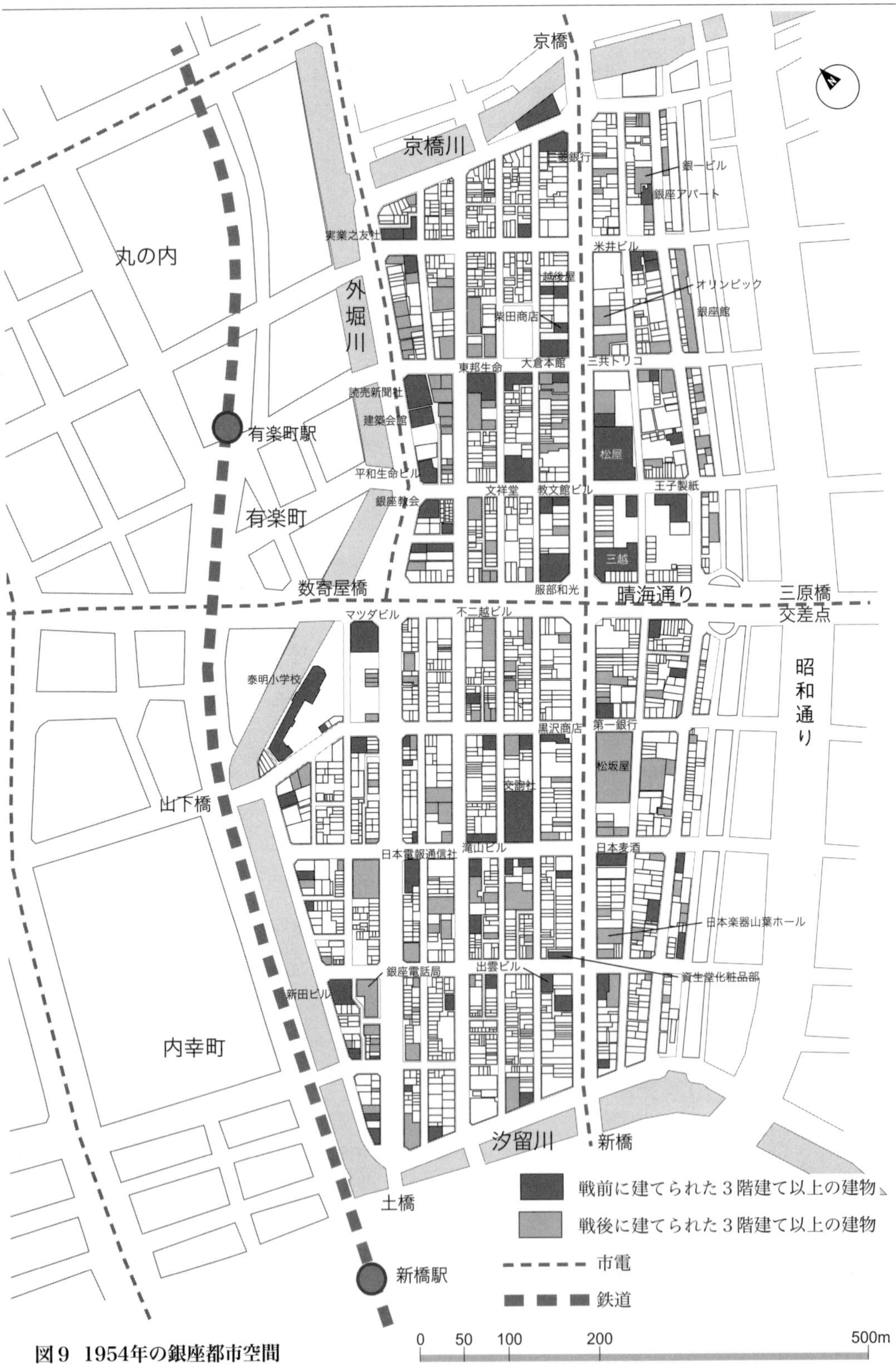

図９ 1954年の銀座都市空間

注：ベースの地図は1954年の建物状況を示している．
　　建物の名称は「大銀座最新地図」（昭和29年）による．

図10 1955年から1960年までの６年間に新築解体した建物

注：ベース地図は1960年の建物状況を示している．
　　建物の名称は1962年発行の住宅地図をもとにしている．

0　50　100　200　500m

聞』には「銀座はビル・ブーム」という見出しの記事が載る。そこには「戦後一一年、ようやく木造建築の寿命が終りに近づいたこともブームの原因だ」と記されている。建てられてから一一年といえば短すぎるようだが、この記事からは急ごしらえの建物で占められていた当時の街並みの様子が読み取れる。活況を見せはじめていた銀座は、その土地の広さに限界がある。店を拡げようとすれば、おのずと上に伸ばす他はない。先の新聞記事でもう一つ興味深い文面は、「木造では三階建以上は許されないので鉄筋ということになっていった」というくだりである。この頃の建物の主流が木造で、当時の商店にすれば、高層化するにもまずは木造で考えてみるのが一般的であったようだ。

昭和三〇年代中頃の銀座周辺を見渡すと、高速道路の建設が着々と進んでいた。戦後しばらく変化を見せなかった東京駅の八重洲側でも、昭和二七年に新八重洲口の改札が使用開始となる。その後鉄道会館の建設、丸の内側と結ぶ自由通路が開通するなど、東京駅における乗降客の流れは一変し、八重洲側の玄関口の比重が増大していた。その影響で、八重洲周辺の地域は急速に新しいビルが建ちはじめ、ビジネス街としての様相を見せはじめる。

この時代、銀座の周辺部の変化で忘れてはならないのは晴海である。昭和二〇年代後半、『都に夜のある如く』で「銀座からタキシーだったらほんの五分のここの、驚くべき荒涼は強く私の心を打った」と高見順に書かせた晴海では、昭和三〇年に第一回の東京国際見本市が開催され、その後の第二回の見本市には約八五万人の参観者を集めた。晴海は新生の国際港として大きく変貌しようとしていた。

終戦の混乱期を抜け、昭和三一（一九五六）年からは神武景気に支えられ、銀座のビル化の進行も本格化する。一方で、急ごしらえの建物が木造の本建築に建て替えられることも少なくなかった。銀座には、昭和三〇（一九五五）年から昭和三五（一九六〇）年の六年間で二〇五棟の建物が新しく建ち、一八八六棟となっていた（図10）。この間に新築した一二一棟が三階建て以上の建物、残りの四割がまだ二階建て以下の木造建築である。

一九六〇年代は、みゆき族、平凡パンチの発行、アイビールック、VANなど若者文化が街に吹き出しはじめていた。銀座にも、戦前の「モボ」や「モガ」が闊歩した銀座通りではなく、横丁と呼ばれるみゆき通りや晴海通りに、若者たちが流れ込む。これらの若者に呼応するように、石津謙介がデザインする、テイジンの素材を若い人にアピールする商品が晴海通り沿いの店に並んだ。戦後の世相を反映する映画が戦前の時代劇を圧倒するように、銀座は変化する若者をターゲットにしていく。一九五〇年代後半、主要な角地にはまだ新しいビルがほとんど建てられていない。ただ一つだけ銀座一丁目東側の京橋橋詰、京橋側からの銀座の入口の位置に三階建ての映画館・テアトル銀座ができる。この場所は、江戸以来銀座では重要な橋詰でありながら、鉄道や地下鉄の出入口が遠く、取り残された感があった。銀座四丁目からは離れており、東京駅からは距離があった。国鉄（現ＪＲ）の駅がある有楽町や新橋はさらに遠かった。このやや不便な場所に位置していることから、銀座では、むしろ街の外れ的なイメージを持たれていた。そんな場所に映画館がお目見えしたのである。銀座での若者文化の台頭とともに、繁華街としての銀座は賑わいの場が広がる可能性を見せはじめていた。

さらに銀座七丁目には、劇場を持つ銀座ガスホール（昭和三一年）がこの時期に建つ。戦前戦後のダンスホールやキャバレー、ビヤホールが乱舞した歓楽街としての方向性、あるいは戦後の若者文化の台頭とは別に、都市文化を担う空間としてのギャラリーとともにホールや劇場が銀座に展開する先駆けとなって登場する。それは、戦後の若者文化と一線を画す銀座の都市文化が厚みを増す動きでもあった。

都市文化としての映画、画廊

映画と画廊に焦点をあてることによって、都市文化としての銀座の一面が見えてくる。震災後の銀座に、いち早く映画が流れ込む。銀座通りにはシネマ銀座という映画館が、汐留川に面しては前線座ができていた。昭和七（一九三二）年に封切られた日本映画は、東京の日活と松竹の二社が四割強の高い割合で配給している。両社は洋画の配給をめぐっても競っており、松竹座チェーンと日活外国映画チェーンは映画館を系列化した。後に東京宝塚劇場（東宝）も加わり、映画人口の増加に応じて、映画産業の合理化が進む。こうした背景のなかで、小林一三率いる東宝は東京宝塚劇場を中心とした日比谷・有楽町の興行街を演出する。日比谷映画劇場・日本劇場を開館・移管し、さらに劇場として有楽座を開場させた。日比谷から数寄屋橋（現千代田区有楽町）にかけて、アミューズメントセンターとしての東宝娯楽街を形成していったのである。一方日活も、歌舞伎座や東劇のある築地に豪華な意匠を纏った松竹会館を竣工させ、拠点強化を図っていた。このように大資本が都市の娯楽に参加していくことで、これらの流れはさらに映画を大衆文化にまで押し上げた。

戦後は空前の日本映画ブームが訪れ、銀座にも数多くの映画館ができる。西に位置する東映と東に位置する日活、この二大映画会社が日本の映画ブームに火をつけていき、熱狂的な映画ファンの心を捉えていく。しかも銀座は被写体としての場にもなった。その頃、日活現代劇部は多摩川、松竹キネマは蒲田にそれぞれ撮影所を設けて映画製作をつづけていた。特に、撮影所が銀座に近く、本社が木挽町にあった松竹は、銀座を舞台にした映画を多く撮り続ける。「銀座化粧」(昭和二六年)、「銀座の恋の物語」(昭和三七年) のように銀座がタイトルとなっている作品、あるいは銀座という名がタイトルになくとも、復興する銀座、高度成長で活気に満ちた銀座が映画のさまざまなシーンに登場した。変貌する若者と都市にカメラのレンズが向けられていたのである。

昭和三〇年、井上友一郎の小説『銀座二十四丁』を映画化した川島雄三監督の作品は、復興する銀座を舞台にストーリーが展開する。服部時計店の時計塔のアップからはじまり、高度成長に突入する前の銀座を克明に描きだす。汐留川や水上バスの発着場、巨大な地球儀の形をしたネオンサイン、装いを整えはじめた通りなど、昭和二〇年代の銀座を知りたい人にはたまらない。この映画のラストシーンは変化しつつある銀座通りをゆっくりと移動しながら街並みを連続的に撮り続けるところでエンディングを迎える。躍動する銀座、変化する銀座が目に焼きつく。若き浅丘ルリ子も可愛いが、この映画は銀座が主人公であることをラストシーンは語っている。

昭和二八年の小津安二郎監督の「東京物語」にも銀座通りが登場する。この映画では、主演の若き未亡人・原節子が東京を訪れた義理の両親役、笠智衆と東山千栄子を案内する。そこには変化する都市社会の中でテキパキと仕事をこなす義理の娘と変化の激しさに戸惑う夫婦が対照的に描かれている。その時、彼らが乗ったハトバスの窓からは銀座通りの商店が映しだされ、ここでも服部時計店が象徴的に画面に現われる。彼らのすばらしい演技が、現実の銀座とだぶってくる。そこには、伝統の厚みを尊重する新しさと爽やかな変化を尊重する古さが描きだされている。異なった良さを認めあうところに銀座の懐の深さがあり、若者を受け入れながら媚びない銀座の姿がそこにあった。その特色を彼ら三人は人間模様として演じているように思えるのだ。

もう一つ、原節子は銀座のとっておきの場所に案内する。この頃いち早く増改築をすませた松坂屋、この映画に登場する松屋に展望台があった。この映画に、展望台から東京を眺めるシーンがある。昭和二七、八年の時代は、遠くまで街並みが続く風景がパノラマで見ることができた。今、デパートの屋上に上がっても、周囲のビルに阻まれて遠望することができない。展望台から彼らは国会議事堂を確かめあうが、当時のように銀座からこの議事堂を眺めることができるのは、私が知る限り木挽町にある日産ビルの最上階からだけである。銀座四丁目にある王子製紙本社ビルをはじめ、銀座のビルをいくつか上がらせてもらったが、確認することができなかった。ともかく、日産ビルからは映画のシーンとだぶらせて、当時の様子と半世紀の間に高層化した銀座周辺の都市空間とを比較することができる（図11）。

東京オリンピック（昭和三九年）の頃までの十数年、銀座は都市空間として映画に映しだされる魅力的な場があった。しかしその後は、掘割が埋め立てられて高速道路となり、新しいビルが次々と建てられ、路地を失っていく。「銀座二十四丁」にも掘割を映しだすシーンがある。銀座は掘割とともに街を成熟させてきたのだと実感させられる。

昭和三〇年代に入り画廊も銀座のステイタスの一要素として、三島由紀夫の『永すぎた春』などの小説に登場する。先の映画「銀座二十四丁」では、ナレーターを勤める森繁久彌が東京の画廊が一六店、そのうち一三店が銀座にあると紹介している。すこし少なすぎるようにも思うが、その後の昭和三九年には銀座の画廊が五〇店近くに増える。

明治三五年の銀座の詳細地図を見ていると、骨董商（寸松堂）、美術商、古物商、美術品陳列所（生秀館）などの店が目に止まる。銀座に住んでいた画家・岸田劉生も、これらの店に顔をだしていたのかもしれない。このことが今日画廊が集まる銀座と直接結びついたかどうかはわ

図 11　日産ビルから見た国会議事堂（1994 年撮影）

からないが、美術品を扱う店もかなりあり、画廊的な要素もあったかもしれない。明治の早い時期には、今日目にするような画廊はなく、新聞社などが社屋内で美術の展覧会を主催している。銀座には新聞社が多く、絵画や彫刻を鑑賞するためにおのずと多くの人が銀座を訪れていた。

画廊は明治四三年、神田に高村光太郎が開設したのがはじまりであると言われる。その後、大正期頃から資生堂が企画展示や芸術家に発表の場を提供する画廊を開き、震災後には日動画廊が日動火災海上の一階フロアに開設し、優れた芸術作品を一般に公開する。さらに戦後、このような芸術鑑賞の場が街中に増えることで、銀座は画廊のメッカとなっていく。

昭和三〇年代を経て、銀座には画廊がますます集中するようになる。新しく創業したものばかりではない。昭和二五年神田から銀座通りに移ってきた銀座八丁目の兜画廊のように、他の場所からの流入組も少なくない。昭和五〇年には、銀座の画廊が百軒を越えた。バブルが崩壊する前、平成元（一九八九）年の住宅地図帳で画廊を抜きだすと、ざっと一七〇店が数えられた（図12）。これらの画廊は銀座にまんべんなく分布しているが、なかでも銀座六丁目、銀座通りの西側の地区は全体の二五・三％（四三店舗）が集中していた。先の小学生の調査で画廊が多いと指摘していた場所だ。

次いで多いのが銀座七丁目の銀座通り西側の二三店舗であるから、この二つの丁目は四割近くが店を構える画廊街となっていた。これらの画廊は、日動画廊のように大きなビルの一角をスペースとする場合もあるが、小規模なビルが建ち並んでいる場所に集中している。また、こぢんまりとした低層の建物が画廊になっている所も見られる（図13）。作品の展示にスペースを提供している貸し画廊は、建物のファサードが作品を通りからも意識してもらえるように開放的につくられている。ウィンドーショッピングとはまた違った楽しみが銀座の街歩きにはある。一方、画商が経営する画廊は特定の画家の作品を静かに展示し、絵を買う意思のある客だけが入れるように、比較的閉鎖的な空間づくりとなっていることが多い。その点、日動画廊は戦前から、街とのかかわりのなかで、誰もが作品を鑑賞できるオープンな場をつくりだしていた。しかも単に絵を売るだけではなく、若手芸術家の登竜門となる賞を設置するなど、画廊界だけでなく銀座の街に果たしてきた役割は大きい。

銀座に最も画廊が集中していた時には、その数が二百とも三百とも言われている。しかし、高度成長期以降の銀座はすこしずつ若い芸術家との接点が遠のいてしまっていた。これからの銀座は、彼らとの接点の場を再びつくりだし、新たな都市文化を花開かせる環境を整えていくことが望まれる。街と若き芸術家によるこのような都市文化を発信する場が増えていくと、街歩きの興味もさらに倍増するのだが。

図 13 銀座の画廊
（2000 年撮影）

図12 1989年時点の画廊分布

注：ベース地図は，1989年の建物状況を示す．
　　画廊は，1989年の住宅地図帳から拾ったもので，実際にはこれよりも画廊の数は多い．

戦後の土地所有

その後の大規模土地所有者と商人たち

戦後、東京の市街地では土地の売買や敷地の分割が活発化する。そのことに決定的な影響を及ぼしたのが、昭和二一年の財産税（財産評価の七五％を納税する一時課税）の制定である。この法律の導入は、同じ時期の耕地に対する農地解放と並んで、市街地の土地市場に大変革をもたらし、都市の土地を激しく流動させた。

戦前から続く大地主は、敗戦で経済的に零落していた。その状況に追い討ちをかけるようにこの財産税の納付が待ち受けていたのである。彼らは、そのさい土地を処分するか、借地人付きのまま土地を国庫に物納するか、どちらか選択せざるをえなくなっていた。(1) 東京の市街地は虫食い状況に物納された大蔵省の用地が細かく点在し、大規模な土地が次々と細分化した。このような土地事情は、銀座にもはっきりとあらわれている。

昭和七年から昭和二七年にかけて、分割された敷地の数は一三九件にのぼる（図14）。昭和七年の全敷地数の実に四分の一が分割されていたのである。そのうち、個人の敷地は九三・五％（一三〇件）を占め、いかに多くの個人敷地が分割されたかがわかる。なかでも、かつての大規模地主の所有する比較的大きな土地の分割が目につく。このように分割された結果、戦後銀座の敷地件数は四九五件増え、倍近くの一〇四九件となる。明治五年にはほとんどなかった六〇坪未満の敷地が全体の六八・四％を占めるまでになった。

銀座の大規模土地所有者は、明治四五年時点の一四人、昭和七年時点の八人から、さらに五人にまでその数を減らしていた（図15）。銀座煉瓦街建設以前からの銀座の地主で、一〇〇〇坪以上の土地所有者は小林伝次郎と松沢八右衛門の二人だけとなる。(2) その彼らでさえ、小林伝次郎は昭和七年時点の二四四五坪に比べ、六〇％にまで土地を減らしており、松沢八右衛門は四分の一の土地を失う。彼らに代わって、デパートの㈱松屋が一六二〇坪となり、銀座最大の土地を所有する地主になった。この時期に一〇〇〇坪以上の土地を銀座に所有できた法人は㈱松屋だけで、しかも一カ所にあれだけの規模の敷地となると、過去の銀座にはない。

その他の大規模地主はどうなったのだろうか。昭和七年時点で銀座最大の二五一〇坪を所有していた吉田嘉助は、昭和二七年時点でわずか二二九坪にまで土地を減らしていた。複数の親族にも土地を分割譲渡しているが、それらの土地をすべて合わせても六二五坪にすぎない。吉田嘉平と吉田嘉助、二人が所有していた最盛期の土地(四四八三坪)のわずか一四%である。外堀通りとみゆき通りの交差する角地にある洋服店店主の書いた一代記『銀座・壱番館物語』(渡辺実著)がある。それには次の文章が載せられている。「昭和二一(一九四六)年から農地改革が実施されました。それまでの大地主やお金持ちは、税金の支払いに四苦八苦するようになったのです。私が世話になった地主さんも『土地を買ってくれないか』と言ってよこしました。昭和二四年のことです」と書いている。この地主とは吉田嘉助のことである。ここに戦前の大規模地主から借地で商いをする商人に移っていく戦後の土地の様子を垣間見ることができる。彼ら大規模地主が手放した土地は、服部時計店クラスの建物が充分に建つ三〇〇坪以上の広さである。それらの土地が複数の敷地に分割売買されたのである。外堀通り沿いの商いの拠点であった吉田嘉助の土地三二八坪は八つに分割され、一三四坪を彼自身が所有するだけとなる。そして、角地の一つが先の壱番館の土地となる。震災後、外堀通り沿い一帯のまちづくりに熱意を燃やしていた吉田嘉助は、無念にも分割された土地を維持することが精一杯の状況となっていた。

当時の吉田嘉助の苦境を知るために、その状況をよく示す土地を訪ねてみよう。それは銀座四―五、晴海通り沿いにある一八五坪の土地である。現在その土地には、天賞堂などのビルが建っている。彼はこの土地を六つに分割した。そのうち吉田嘉助自身が四四坪を所有し続け、吉田倉に二カ所、三四坪と二三坪の敷地を譲渡している。残りの四五・三%にあたる土地を手放す。この分割された土地の中には大蔵省の敷地があり、物納した土地と考えられる。大変な苦労がそこから読み取れる。戦後の吉田嘉助は、戦前に居を構えていた品川町の立派な屋敷も売り払い、荏原郡品川町から中野区千代田町に居住地を移している。銀座の街づくりに夢見た地主も、その場所からますます離れていくのである。それは何も彼だけではない。震災を契機に都心の商業地から周縁のお屋敷町に居住地を移した地主の多くが、土地の維持に困窮してさらに郊外へと移転する図式が数多く浮かびあがる。

戦後の銀座の土地では、同じ場所に所在地を持つ地主の件数が二六一件と圧倒的に増え、全体の三分の一強の割合を占めるようになる。それは、先ほどの壱番館の例で触れたように、かつて借地で商いをしていた店の多くが、売却を迫られてい

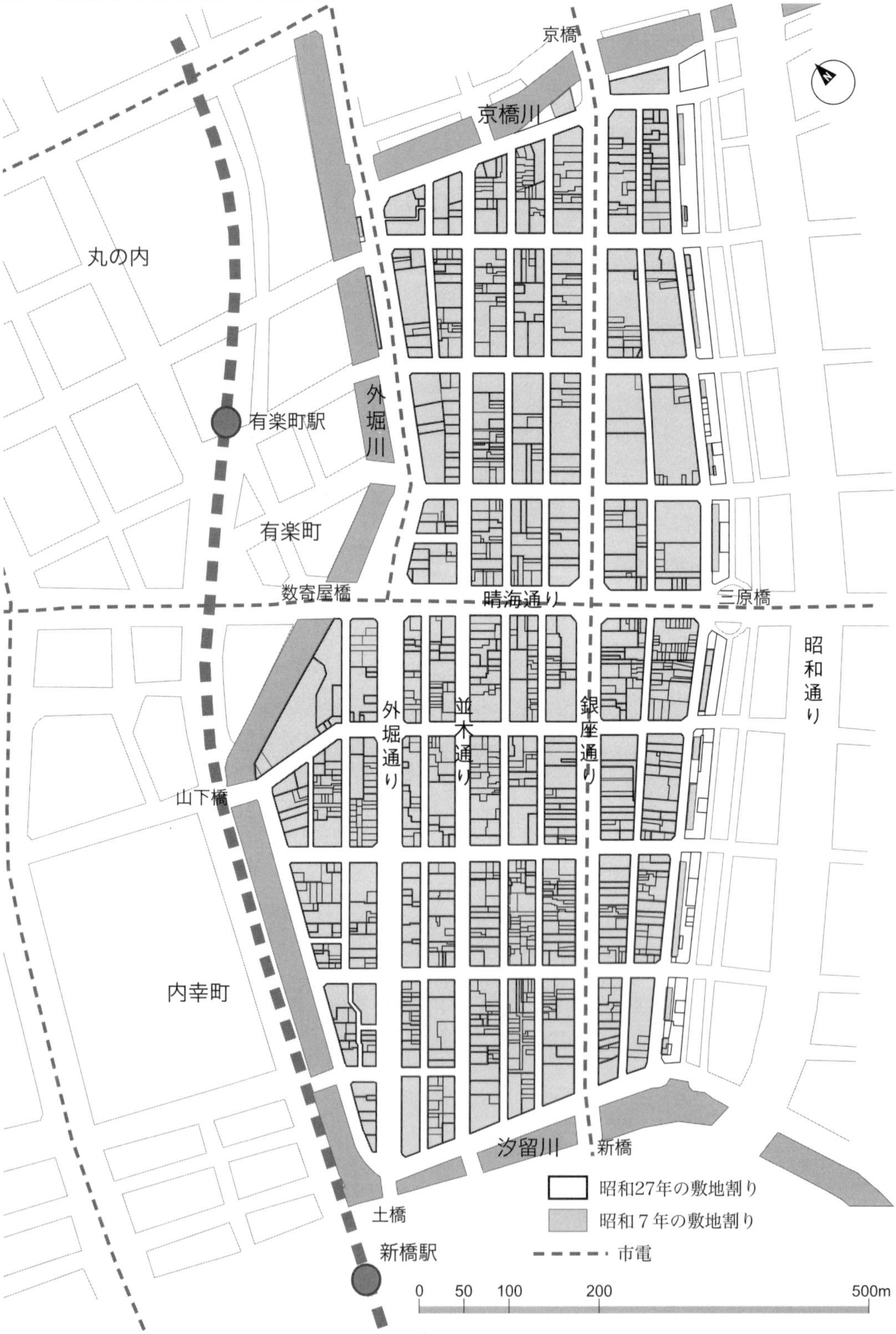

図14　昭和７年と昭和27年の敷地割りの比較

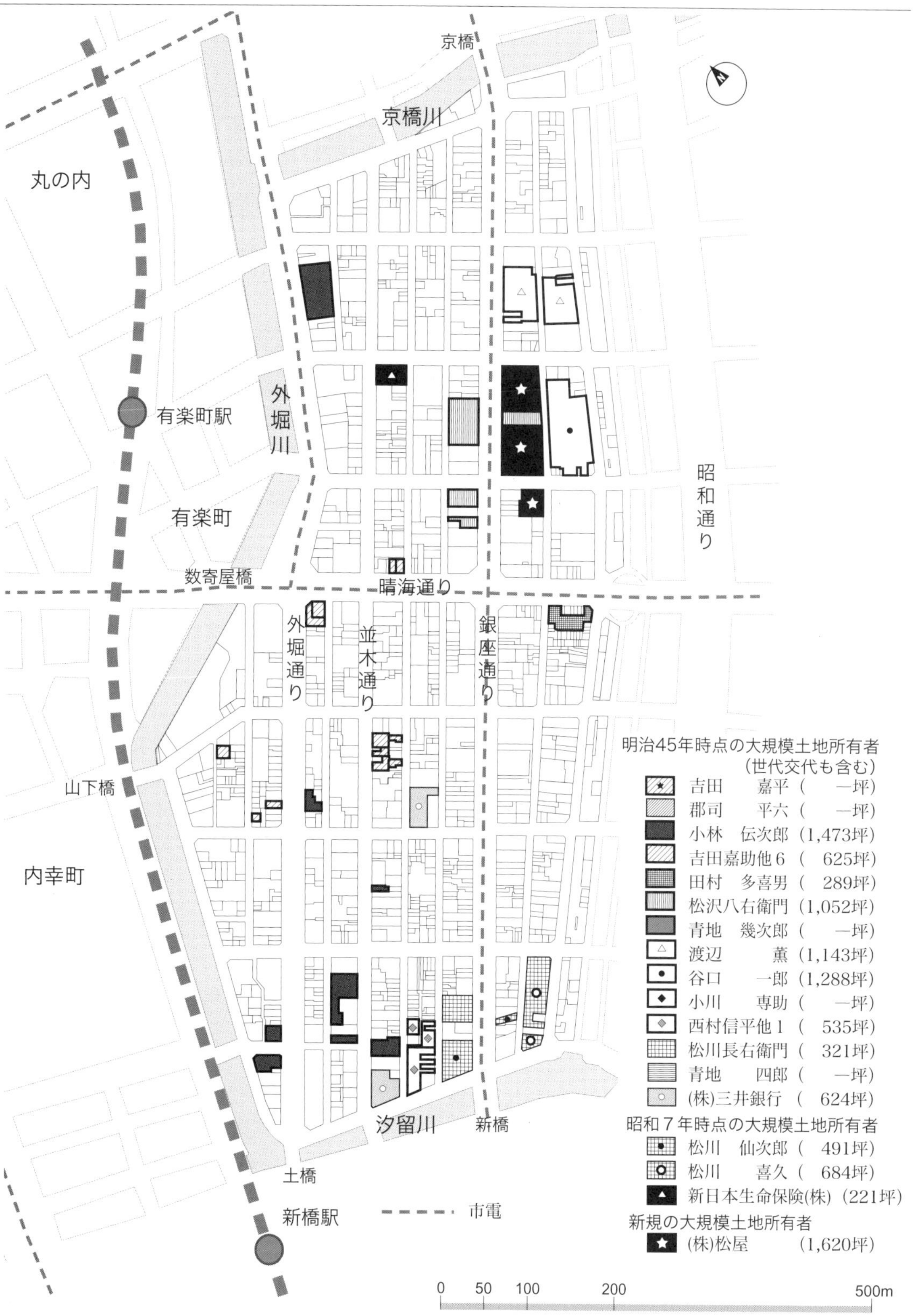

図15　新旧の大規模（1,000坪以上）土地所有者の分布（昭和27年）

注：ベース地図は昭和27年の敷地割の状況を示している．

図16 「同敷地内」に所在地を持つ土地所有者と法人の土地（昭和27年）

注：ベースの地図は昭和27年の敷地割の状況を示している．

た地主から土地を分割購入したからである。この時、これらの商店主はまだ個人経営が主で、職と住も一致していた。その後、銀座に土地を持つことができた商人たちは、店や土地・建物を法人化する時代に入る。そして、銀座の大規模土地所有者と同じように職・住の分離が起きる。高度成長期に、彼らは周辺や郊外地から銀座の店に通うようになり、サラリーマン化する。銀座の人口は戦後一万人を割り、高度成長期の最中には二千人近くにまでその数を減らす。銀座の土地は不在地主化の傾向を強めていく。

法人が所有する敷地数も二七・三％に増える（図16）。敷地の件数はまだ三割に満たないが、面積規模では法人が個人に肉迫するまでになっていた。法人の土地の中には、個人所有の敷地が法人に代わったものもある。高度成長期以降はこのようなケースが目立つ。

戦前の早い時期に、法人化した一例を銀座六丁目で見ることができる。それは、銀座通り沿いにある現在銀座くのやの建物が建つ場所である。この土地は、大正一二年の震災が起きる三日前に菊地利助（銀座西五－五）が銀座六－一一の敷地（六五坪）の土地を購入したものである。その後合名会社菊地商店とし、激動する銀座で土地が継承された。彼は五代目で、初代が天保八（一八三七）年に日本橋本石町から銀座みゆき通り沿いに麻・綿糸問屋を開いたというから、この店は江戸からの老舗の暖簾を守り続けてきたことになる[3]。江戸以来の老舗が暖簾と土地を守り続けることは非常に難しい。銀座くのやの本店はもともとここではなく、いわば支店として買われた土地が暖簾を継承しているのである。高度成長期以降は、銀座の地価が高騰し、法人化することで商売の安定化を図らざるをえない時代に入っていた。

銀座八丁目に見る土地の行方

ここまでは土地とその所有者に焦点をあて、戦後の動きを読み取ってきた。それでは、土地と建物の関係は戦後どのように変化したのか。そのことを確かめるために、主に銀座八丁目を巡りながら見ていくことにしたい（図17）。まずは、土橋の上に立とう。現在すでに橋はないのだが、ＪＲ線新橋駅銀座口の改札口を出て、外堀通りと高速道路が交差するあたりにあった。目当ての土地には、塔状の建物が建てられているのですぐわかる。ここは、戦前から戦後にかけて、法人から法人に所有者が移る。この五七坪の土地は、かつて㈱江木写真店が所有していた。それを㈱日本電気工業館が手に入れ、その後静岡新聞静岡放送へと所有が移る。

㈱江木写真店は、明治一六（一八八三）年に土橋橋畔のこの地で開業した。この写真館は高級を売り物にしていた。その顧客層には皇室関係の各宮家や華族、政治家、実業家などが多く、なかでも財界の巨頭・渋沢栄一男爵の愛顧が特に厚かったという。『遠ざかる大正　私の銀座』の著者・瀬田兼丸は、当時の江木写真館の建物を次のように表現している。「和風の屋根ばかりの上に白亜の洋館、それに付属した七段立ての塔がニョッキリ、瓦屋根を尻目にそそり立っている」と。当時の写真を見ると、実にぴったりの表現だ（図18）。

この土地は風変わりな建物が建つ場所なのだろうか。東京名所の一つにもなっていたこの塔は震災で焼失し、姿を消す。しかしその後、丹下健三が設計した塔状の静岡新聞静岡放送のビルがそれを継承するかのように異形を放ち続ける（図19）。この土地は二方向から道路が迫る角地にあり、細長い台形をしている。普通に建物を建てるには敷地の形状に恵まれていないのだが、非常にめだつ場所である。塔状の建物を建てたくなる場所であるのかもしれない。

江木写真館は初代保男、二代目定男父子の卓越した経営手腕で写真業界の名声を得ていたが、定男は大正一一年に享年三七歳の若さでこの世を去る。追い打ちをかけ

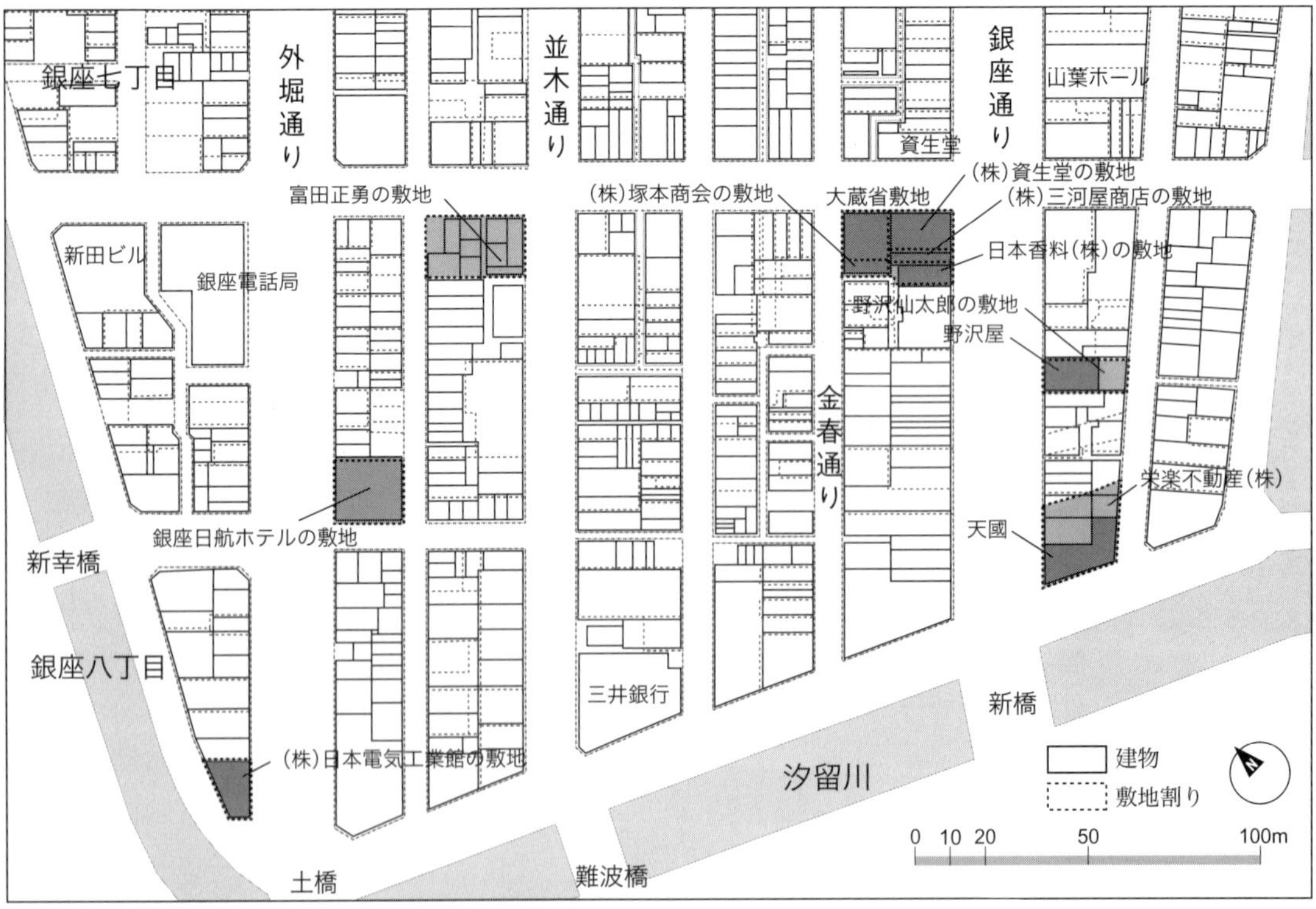

図17　昭和27年の土地と建物（銀座七，八丁目）

注：敷地割りは，『東京都土地要覧　地籍図・地籍台帳』（編中央区不動産調査会，1953年）をもとに作成した．
　　建物配置は，「大銀座最新地図」（1954年）などをもとに作成した．

図 18 明治期の江木写真館，奥には小林時計店が見える（『銀座文化研究』より）

図 19 静岡新聞静岡放送ビル（1994 年撮影）

るように、大正一二年の大震災で仕事場が灰燼に帰し、大変な痛手を被る。その翌年、再建を期して五十嵐与七が専務取締役に就任する。この写真館を任された彼の所在地は、銀座西八―六となっており、㈱江木写真店の近くに居住していた。この外堀沿いの土地は銀座の花街に近く、明治期は待合が多かった。それとともに一般の住宅もあり、暮らしの場でもあった。五十嵐与七の例でも見て取れるように、この辺は震災後も職住の近接した街の環境を保ち続けていたことが知れる。その後五十嵐はオリエンタル写真工業㈱の取締にもなっている。(4) 銀座の地ではじめられた個人の写真館は、企業化し、合併を繰り返しながら姿を変え、いつしか銀座から姿を消す。

もう一件、法人から法人に移った土地を訪れておこう。それは銀座八丁目の新橋橋詰にある一七八坪の土地である。ここは、合名会社安田保全社（麹町区大手町）から永楽不動産㈱（千代田区大手町）に売却されている。だが戦前から戦後、そして現在も天麩羅商の天國が営業している場所でもある。昭和一〇年頃、天國の当主・露木元蔵は一〇〇〇円を越える納税額があったことから、かなり手広い商いをしていた。(5) そのような店でも、戦前はまだ借地での経営であった。また、売買した会社の名前でもわかるように、これは不動産を扱う会社同士の売買である。この時期、地籍台帳にはこうした不動産業者の名前が多く、エンドユーザーに渡る前の途中経過の記録が多く残されている。これらの会社が銀座の土地取引に関与していることから、個人の相対の取引ではなく、不動産業者を仲介した取引が一般化しはじめていることがわかる。

以前この土地には、明治三二（一八九九）年七月に開店した新橋ビヤホールがあった。日本で第一号のこのビヤホールは新橋橋詰の角地で開業したのである。大震災による焼失後は、静養軒支店が洋酒食料品の店を開く。天國はその後の昭和五年に和風二階の店舗を建てて開業するのである。ここは、木挽町二丁目にあった「本家天國」の二男の経営である。大正一三（一九二四）年に汐留川岸の「天松」を買収して開業したのが始まりであり、その後銀座のこの地に移る。(6) 土地所有だけでは銀座と木挽町の関係が見えてこないのだが、その土地の上での人の営みを調べていくと相互に関係の深いことがわかる。この天國ばかりでなく、本店が木挽町にあり、次男、三男に暖簾分けして、銀座に店を出すことが戦前の料理店にはよく見かけられた。

借地での店の経営に関しては、銀座四丁目の木村屋総本店も同じような例としてあげることができる。「あんパン」で有名な木村屋は、明治二年芝日蔭町に「文英堂」として創業するが、家屋が焼失したために翌年尾張町の空家を借りての再スタートとなる。だが明治五年の大火で再び焼けだされ、明治七年には銀座四丁目の現在三越百貨店のあるあたりに移る。(7) 現在の場所に落ち着くのは三越デパートが震災後にビルを新築したことがきっかけとなる。服部時計店（現和光）の隣に店を開くが、昭和二七年の地籍台帳にも木村屋の名前はない。少なくとも昭和二七年までは借地であった。戦前まで、現在私たちがよく知る銀座の商店の中にはこのような例が少なくない。当時の人たちは借りる方が得だという考えが一方であり、土地への執着があまりない店も多かった。

個人から個人に土地の所有が移るケースは、戦前と比べると少なくなるが、まだ過半数を越えていた。ここでは二つの例を見ることにしたい。まず最初に訪れる土地は花椿通り沿いにある。現在プラザＧ８とオサダビルが建てられている。これは本郷区に所在地のある萩原多兵衛が所有していた一七一坪の土地で、北多摩郡多摩村の富田正勇に売却されており、不在地主同士の売買であった。昭和二〇年代、この土地にはバーやキャバレー、割烹などが寄り合うように店を構え、飲食店街が形成される。さらに路地裏にも、小さな店がひしめくように建てられていた。一九八〇年代までは、この路地も健在であった。その後、新しいビルに建て替わり路地が無くなるが、そのビルには再びバーやクラブなどの飲食店が各階を埋め尽くす。ビルの中の様子を示すようにビルの袖看板にいくつもの小さな照明入りの看板が付けられた風景は、銀座七、八丁目の金春通りや西五番街、並木通り沿いでよく見かける（図20）。これらに光が入ると、このあたりは独特の景観が浮かびあがり、通りを包む。ビル化しても花街の雰囲気がどことなく残されていることを知る。

二つめの土地は、銀座通り沿いにある。銀座八丁目東側、現在銀座第２ワールドビルが建っている。戦前には、品川町に所在地がある西沢半助が五二坪のこの敷地を所有していた。その後この土地は、以前からここで野沢屋を経営していた野沢仙太郎に売却される。西沢半助は明治期、近くの竹川町（現銀座七丁目）で手広く旅館業を営んでいた人物である。「東京博覧図」にも彼の旅館が描かれており、かなり繁昌していたことが予想される。大正初期には銀座通りに面した部分が三階建ての和風旅館に建て替わる。(8) ただし、この土地は借地であった。彼は他にも外堀通り沿いなどに土地を所有している。そのことを考えると、銀座通りで商いしている方の土地を手に入れられるだけの資産はあったと考えられる。しかし、彼は銀座で長く商いをしていてもやすやすとその土地を手に入れることはできなかったようだ。ここでも、煉瓦街建設時の土地と建物の所有が別々であった残像を見る。一方購入した野沢仙太郎は銀座通りに面した一部だけを商いに使っている。質商とは違い、このように商い安定のために土地を手に入れたケースでは、表の通りに面して店を建てる。ただ敷地の奥行が長いことから、裏通りに面した残りの土地は他に貸している。このような土地の使い方は戦前まで一般的に見られた傾向で、戦後

図 20 金春通り（1994 年撮影）

図 21 かつて小林時計店があった場所に建つ日航ホテル（1994 年撮影）

図 22 山田巳代吉の敷地であった場所に建つ資生堂会館と出雲ビル（1994 年撮影）

もさらに続いていることが、この野沢仙太郎の敷地の利用からわかる。

最後に訪ねるのは個人から法人に所有が移った二つの敷地である。まず外堀通り沿いの小林伝次郎が商いの拠点としていた土地に向かうことにする。銀座西八―一にあるこの一一八坪の敷地は、戦後日本航空㈱に買収され、昭和三五年に日航ホテルが建つ（図21）。小林時計店は、銀座の大規模土地所有者としてこの本にも再三登場してきた。二代目伝次郎の時代、明治一七年に刊行された墨刷番附「東京高名時計商繁昌鏡」にはその名が大きく記載されてもいる。明治期には伝統に裏打ちされた時計の老舗として面目躍如たるものがあった。だが戦時中、店の営業が継続しえない状態となり、昭和一八年一二月末日に四代目の小林伝次郎は廃業に追い込まれる。昭和一一年時点でも、彼は二万円近くもの高額の納税額を支払っており、廃業するまで東都時計業界の重鎮であり続けていた。(9) このようにしてまた、銀座の盟主が戦後姿を消すことになる。

もう一つは個人の土地が分割されて、法人に移ったケースである。それは、銀座八丁目の角地にある山田巳代吉（荏原郡新井町）が所有していた二五八坪の敷地である（図22）。銀座通りに面したこの敷地は五つに分割され、元々この地で商売をしていた企業が移転することなく、表通りは㈱資生堂、㈱三河屋商店、日本香料㈱、裏通りは㈱塚本商会の所有となる。また、この分割された敷地の一部に大蔵省の土地も含まれていることから、彼は物納というかたちで税金を納めたようだ。一九九〇年代のバブル崩壊後、土地の物納が飛躍的に増加したことは私たちの記憶にまだ残っているはずである。このバブル期以降の銀座でそのようなことは起こらなかった。しかしこの時期の銀座からは、地価の高い土地を売却して納税にあてるだけでは治まらない、財産税の厳しい現実を見る思いがする。一方でこのことは、煉瓦街建設以来土地と建物の権利関係が不一致であった二重構造を、土地が建物にすり寄るかたちで解消されたことを示す一例でもある。この時期、土地の分割で土地と建物のズレは一挙に解消する方向に向かうことになる。

二　街と建築の空間的関係性――低成長期の銀座

銀座の街の新たな流れ

角地の建築表現（一九六〇年代）

日本で最初の超高層建築・霞ケ関ビルディングが竣工した年、昭和四三（一九六八）年の銀座では大きな出来事があった。銀座通りの大改修が行なわれたのである。都電の廃止にともなって、その敷石を歩道に敷きつめ、ビスタの通ったまっすぐな街路に沿って、二列の街路灯が整然と並んだ。直線的な街路に触発されるように、銀座通り沿いも各々の建物の壁面線の整った街並み景観がつくりだされようとしていた。この高度成長期にあたる昭和三六（一九六一）年からの一二年間、銀座には三七八棟の新しい建物が加わる（図23）。平成六（一九九四）年時点の銀座は、実に四分の一をこの間に建てられた建物が占めていた。新築の棟数は、昭和三〇年代前半の時期に比べやや減るが、その多くは六～九階建ての建築が中心であり、復興時期とは異なり一棟当たりの建築規模が大規模化する。またこの凄まじいビルの建設ラッシュは、二階建て以下の木造建築を毎年約五四棟の割で壊していたことになる。銀座は木造が密集する家並みから中層以上のビルが建ち並ぶ風景に大きく変容しはじめていたのである。

この時期の興味深い変化は、銀座の都市空間のイメージを強く印象づける二つの建築が交差点角に建つことだ。その一つは、銀座四丁目交差点の三愛ドリームセンター（昭和三七年）である（図24）。この建物の敷地規模は三〇〇平方メートル（約九〇坪）あるが、むかいにある和光の敷地面積の四割にも満たない。大規模なビルを建てるには狭すぎる。設計者である林昌二は、その敷地に銀座の新たなシンボルを建てるために、総ガラス張りの円筒形のビルを立ち上げることで、角地の特性を見事に建築に反映させている。ここでは厨房や便所などの設備を裏の一カ所にまとめ、計画上不利な円の平面構成を解決する。そのことで、残りの二七〇度はパノラマが楽しめる魅力的な内部空間をつくりだせた。上階のレストランからは、存

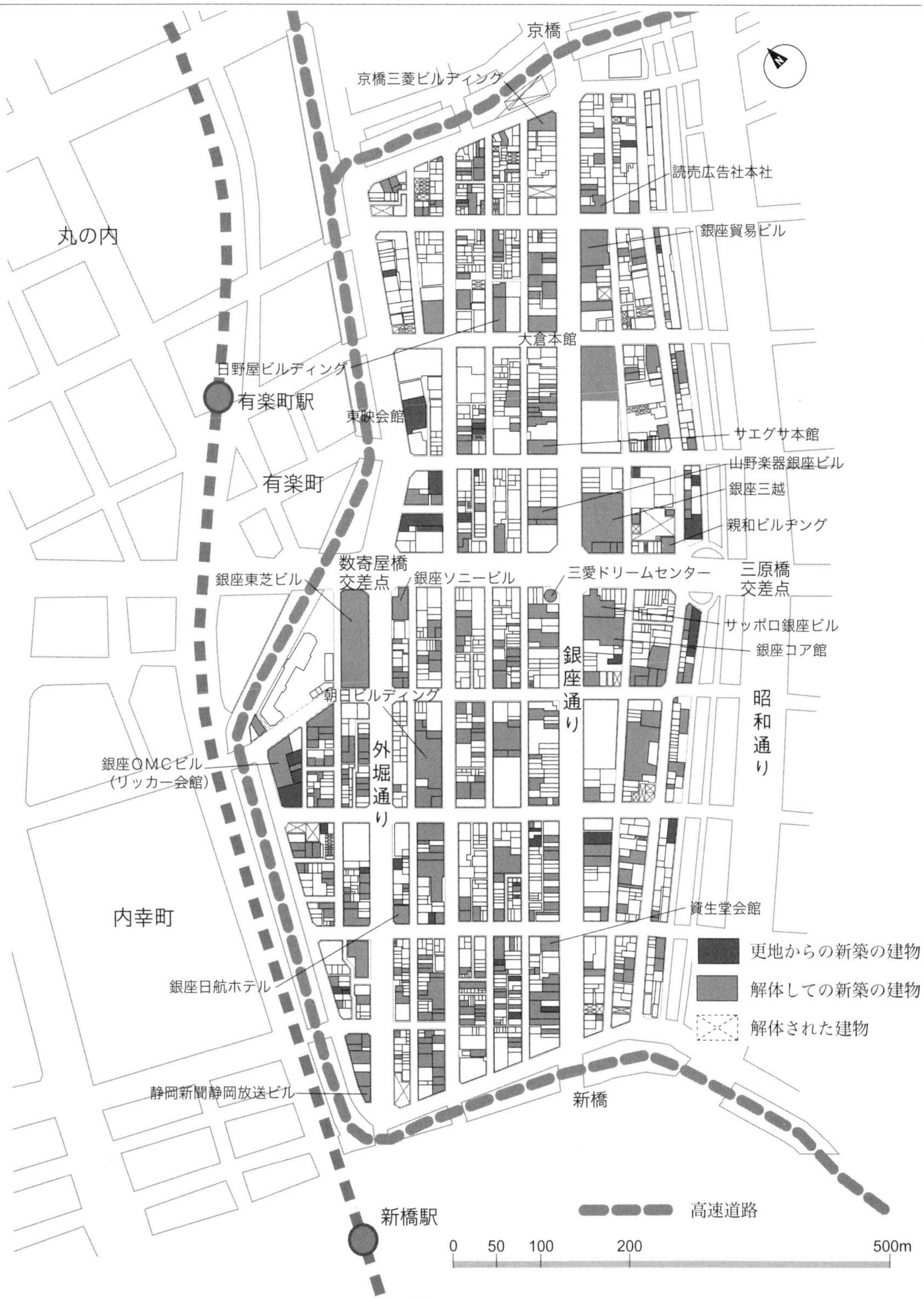

図23　1961年から1972年までの12年間に新築解体した建物

注：ベースの地図は1972年の建物状況を示している．
建物の名称は1999年の住宅地図帳をもとにした．ただし，
当時と名称が変わった建物は（　）内に旧名称を記載した．

図 24 三愛ドリームセンター
（1994 年撮影）

図 25 三愛ドリームセンターのレストランからの眺め（2000 年撮影）

在感のある和光のビルが銀座の風景として浮かびあがり、日本の都市景観に欠けている贅沢な借景を堪能することができる（図25）。この建物のいま一つの魅力は、建てられた当時の状態がよく維持されていることである。ガラスの目地切りにはステンレスのフレームを使っている。この時期、ステンレスはきわめて高価であった。だが、この建物はそれをあえて使うことで良い保存状態が保て、今も新鮮な雰囲気を印象づけている。

和光の建築は角度によってさまざまに表情を変える。三愛ドリームセンターのむかい、サッポロ銀座ビルディングの上階にあるホールからは、和光のビルをほぼ正面から眺めることができる（図26）。路上で感じたどっしりとした重みがすこし消え、建物の軽やかさと優雅さが表に現われてくる。この建築に対する設計者の細やかな配慮が、このような視点の変化によってもうかがえる。

建築が古いものから壊されるわけではない。それは、その場に建ち続ける建築の存在理由である。あるいは場所の力との関係性がある。いくら優れた建築であっても、土地が不安定であれば建物の寿命は短い。一方で安定した土地が用意されていたとしても、建築が場所の力を読み解けずにいれば時代の変化に呑みこまれ、消えてしまう。銀座四丁目の交差点に立つと、各々の土地は単に敷地の規模ではなく、意志を持った場所であり、その土地との関係を建築が空間として見事に表現しえたとき、魅力的な都市景観となることを実感するのである（図28）。

もう一つの交差点は数寄屋橋である。戦前、このあたりはモダンな水辺都市の空間を描きだしていた。戦後掘割が埋め立てられ、その上に高速道路ができる。この橋の持つ意味が薄れ、都市空間としてスポットライトを浴びる場所は橋から交差点に変わりつつあった。数寄屋橋周辺の空間構造が変質してきた流れを敏感に捉えたのが、昭和四一（一九六六）年にオープンした芦原義信設計のソニービルである（図27）。数寄屋橋交差点の広さは銀座四丁目と変わらない。大きく異なるのは、四つ角の一つが数寄屋橋公園のオープンスペースとなっており、広がりがあることだ。だが、空間構成上は締まりを欠く不安定な感覚を持つ場所でもある。ここは、橋の持つ求心力もなく、四つ角に建物が収まる安定感も望めない。このビルは、数寄屋橋交差点のコーナーに小さなポケットパークをつくりだすことで、橋とは違った一つの方向に呼び込む求心力をさりげなく演出した。皆さんは、数寄屋橋公園側の角に立ってスクランブル交差点を渡る時、どのような方向に進もうとするのだろうか。観察していると、多くの人がソニービルの方に歩いている光景を目にする。

信号が青になり、ソニービルをめざして渡っていると、この建物のファサードにいくつもの顔があることに気づく。何気

図26 ライトアップされた服部時計店（和光）（1999年撮影）

図 27 ソニービル（1994 年撮影）

図 28 銀座四丁目の交差点（1994 年撮影）

なく見ると、晴海通り側に正面のファサードが向けられているように見える。また外堀通りの反対側から今一度見てみると、建物の正面ファサードはこちらですと言いたげに街並みに収まっていた。かと言って、通りに面した二面だけが建物のメインの表情をつくりだしているわけではない。斜に構えた建物の視線が交差点を渡る私を見ている。驚いたことにこの建物は三つの顔に仕立て上げられていたのである。なるほどと思うこの建築は自己表現に止まらない。周辺の環境も受け入れながら、場所の魅力を引きだしている。

交差点を渡り、建物に引き込まれた人たちはスキップフロアーとなっている四つの分割された床に導かれる。ここは立体化した内部の建築空間を街路化することで、外の街路空間と一体化させる試みがなされている。この建物は、立体化する銀座が歩んできた歴史を上手に消化しながら、内部の空間に表現している。あるいは銀座の特色である路地を見事に立体化しているようにも思える。外部空間と内部空間を一つの空間にまとめあげる効果的な手法は、夜になってより光を放つ、内部から漏れでた照明がさらに街との一体感を柔らかく主張する。この建物が建てられたことによって、水辺を失った数寄屋橋周辺は新たな街と建築の関係を創造しはじめたのである。

そして忘れてならないことは、この土地がかつて外堀通り沿いの街並みやまちづくりに奔走した銀座の大地主・吉田嘉助の土地であったことだ。それを知れば、この土地に示された建築表現は筋の通った歴史の上に建てられ、歴史と空間を結ぶ架け橋でもあることがわかってくる。

回遊する銀座の街並み変容（一九八〇年代から）

現在銀座には、服部時計店（和光）、大日本麦酒ビル（ライオン銀座七丁目店）など、建て替わらずにその存在感を充分に街に示しつづけている建築がある。これらは、戦後に建てられた現代建築より、長い年月銀座の顔として、表通りに立ちつくしている。建築の寿命は材料や構造だけではないことが、戦前の近代建築や木造建築を見ていると強く感じる。現在の銀座を語る上で欠かせないのがこのような歴史的な建築である。昭和二九（一九五四）年以降、平成六（一九九四）年までの間に新たに建てられた建築を現在の地図に色分けすると、私たちが今日見る銀座の建築がほとんどこの四〇年の間に建て替えられていたことに気づく[10]（図29）。だがよく見ていくと、現在残る歴史的建築が銀座の要所にしっかりと場所を占めている。これらの建築を訪ね歩いていると、いつしか銀座を回遊している自分自身に気づくのである。

銀座通りでは、ショッピングや食事を目的にすることもなく街歩きをする「銀ブラ」が明治期の終わり頃から流行していた。そして、このような街歩きを卒業すると、裏通りや路地を徘徊し、銀座を面として歩く楽しさを見つけだす。このような通《つう》とは違い、ショッピングや買い物をする人たちの流れは複数のデパートと数多くの専門店が建ち並ぶ銀座通りにやはり集中していた。JR線の有楽町駅から銀座四丁目に向かう人の流れはあるものの、高度成長期を過ぎても街の核をなす商業施設が銀座通り以外になかったのである。

一九八〇年代前半、銀座には一一五棟の建物が新しく仲間入りしていた。その中で外堀通り沿いでは一九八四年にプランタン銀座が建築学会のビル、読売新聞社の社屋の後に新しく誕生する（図30・31）。それとほぼ同じ時期に、数寄屋橋でも日劇と朝日新聞社の建物が取り壊され、そこに有楽町マリオンがオープンしていた。これらのファッションビルの誕生は、銀座の人の流れを大きく変えたと言われている。有楽町マリオンができたことで、それまでほとんどが地下鉄銀座線を利用していた銀座の来街客は、JRや地下鉄の有楽町駅も使うようになる。そこから銀座四丁目に至る晴海通りに、太い人の動線軸がつくりだされ、銀座通りに集中していた直線的であった人の流れが広がりを見せはじめた。

その直後にプランタン銀座ができると、有楽町駅から銀座に向かう人の流れはさらに二つに別れて太くなる。外堀通りやマロニエ通りにも流れ込み、訪れる人たちが銀座を面として回遊し、銀座三丁目、四丁目は人の動きでつくりだされる巨大な渦ができるようになった。このような面的拡大は、銀座の街や歩く人たちの年齢層にも変化をもたらす。銀座の人や銀座をよく知っている人が通る道であった横丁や裏通りに、家族連れやカップル、若いOLたちが歩きはじめる。そうなると、街路灯や並木、歩道が整備され、街並みもファッショナブルな装いに変わりはじめる。

ファッションビルの出現で人が回遊しはじめた流れは、一九八〇年代後半の銀座の都市構造全体にも影響を及ぼすようになる。その一つが、昭和六二（一九八七）年にオープンした京橋際の銀座テアトルビルである（図32・33）。映画館を取り壊した跡地に建てられたこのビルは、ホテル、映画館などが入る複合ビルとして装いを新たにした。銀座周辺には帝国ホテル、第一ホテル、東武ホテルなどかなりの数にのぼるホテルが立地している。銀座内にも銀座七、八丁目には日航ホテルをはじめ三つのホテルが建てられていた。だが、その他の銀座一〜六丁目にはホテルが一つもなかった（図34）。

このホテルの空白地帯に、しかも業務化が進む京橋寄りの場所でホテルを核にした複合施設が賑わいを演出し、銀座一、

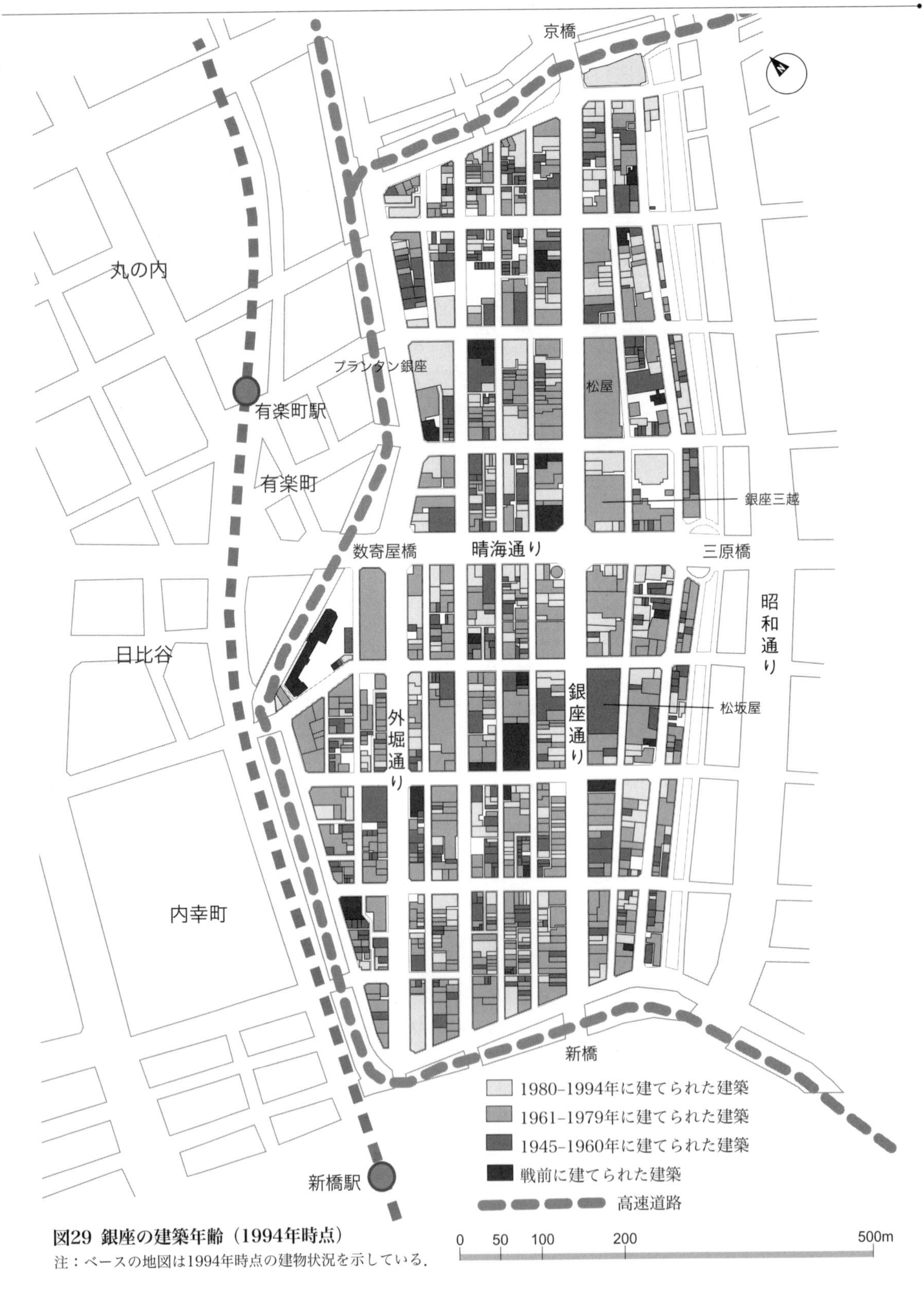

図29 銀座の建築年齢（1994年時点）

注：ベースの地図は1994年時点の建物状況を示している．

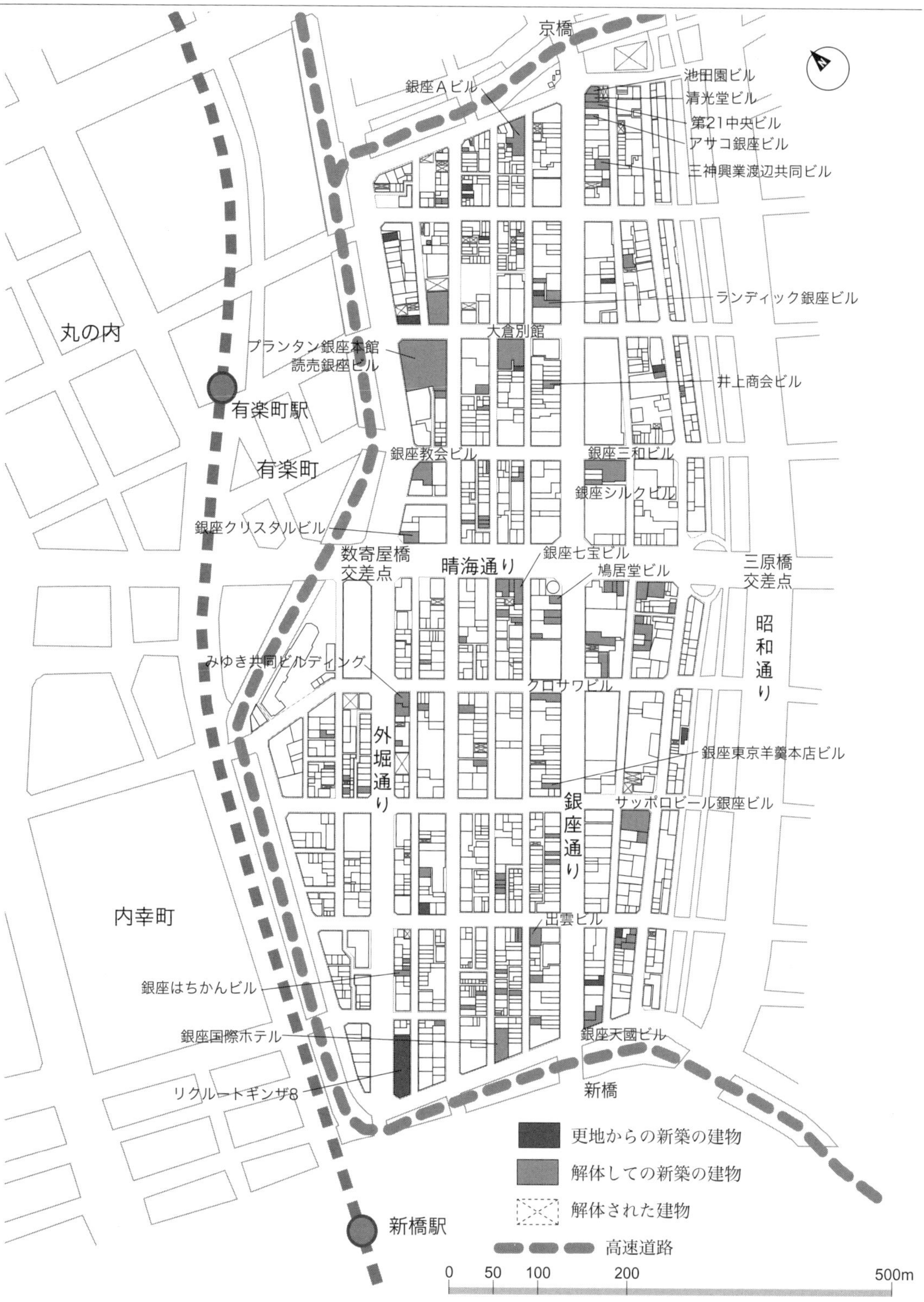

図30　1980年から1984年までの５年間に新築解体された建物

注：ベースの地図は1984年の建物状況を示している．
　　建物の名称は1999年の住宅地図帳に記載されているものである．

図 31 新聞社の跡地に建つプランタン銀座（1994 年撮影）

図 32 銀座テアトルビル（1994 年撮影）

図33 1985年から1989年までの５年間に新築解体された建物

注：ベースの地図は1989年の建物状況を示している．
建物の名称は1999年の住宅地図に記載されているものである．

図34 明治35年と平成６年の旅館・ホテルの分布比較

注：ベースの地図は1994年時点の建物状況を示している.

二丁目の街の活性化に一石を投じた。このことは、新たに誕生した回遊の流れとともに、銀座通りの太い人の流れの動線を銀座一丁目まで延ばすことにもなった。銀座の繁華街としての面的なエリアが多目的な都市環境をつくりながらより拡大しはじめる。銀座の新たな可能性を引きだす動きは、かつて三十間堀川があった銀座一、二丁目の埋め立て地に、近年になってホテルモントレ銀座が建てられたことで次のステップを踏む。それは、滞在型の観光都市空間としての始動であり、昼だけの銀ブラにとどまらない昼夜回遊する街の再編が試みられつつあることだ。同時に人の動きが面的になることで、ホテルの立地は裏通りの活性化にもこれから大いに役立つ動きになると考えられる。

二一世紀を迎えた現在から、銀座を再読する

現代に潜む江戸・明治の都市構造と変化する都市空間

バブル崩壊後の平成六（一九九四）年、六〜九階建ての建物の割合が過半数を越え、五九九棟となっていた（図35）。その一つが銀座一丁目、並木通りに面した幸稲荷の隣に新築している。この間を路地が通っており、魚屋と飲み屋が軒を並べている場所である（図36）。稲荷の横には鰻屋があり、気取らないその店構えと味は昔からの銀座の一面を伝えている。周辺が新しいビルに変わりつつある中で、ここはなかなか趣きのある一画である。

戦後、この路地一帯は敷地が細分化され、所有の異なる小さな土地各々に建物が建つようになる。新築したこのビルも旧来の商家が建つ程度の小さな敷地である。銀座ではこのような二〇坪くらいの土地にビルが建つケースをよく見かける。地価の高い銀座でビル化することはやむをえないことだが、気になるのは既存の路地の存在である。このビルは路地に配慮するように、路地側に内部の様子がわかる窓がいくつか取られ、その雰囲気が外にもれ出す工夫がされている。だが残念なことに、かつての路地との濃密な関係は薄れている。路地周辺がビル化する状況は今後もあちこちで起きる。磨けば魅力的になる路地が今でもたくさん残る銀座である。ビルを建てる時に配慮すべき課題がここにあるように思う。

木造建築が密集し、路地の雰囲気を残していた銀座八丁目の一画も、一〇階建てのビルに建て替わった。銀座は南北に細

図35 過半数を越えた銀座の6～9階建てのビル数（1994年時点）

注：ベースの地図は1994年の建物状況を示している．

図 36　銀座一丁目の幸稲荷と路地（1994 年撮影）

図 37　銀座八丁目のビルの中の路地（1994 年撮影）

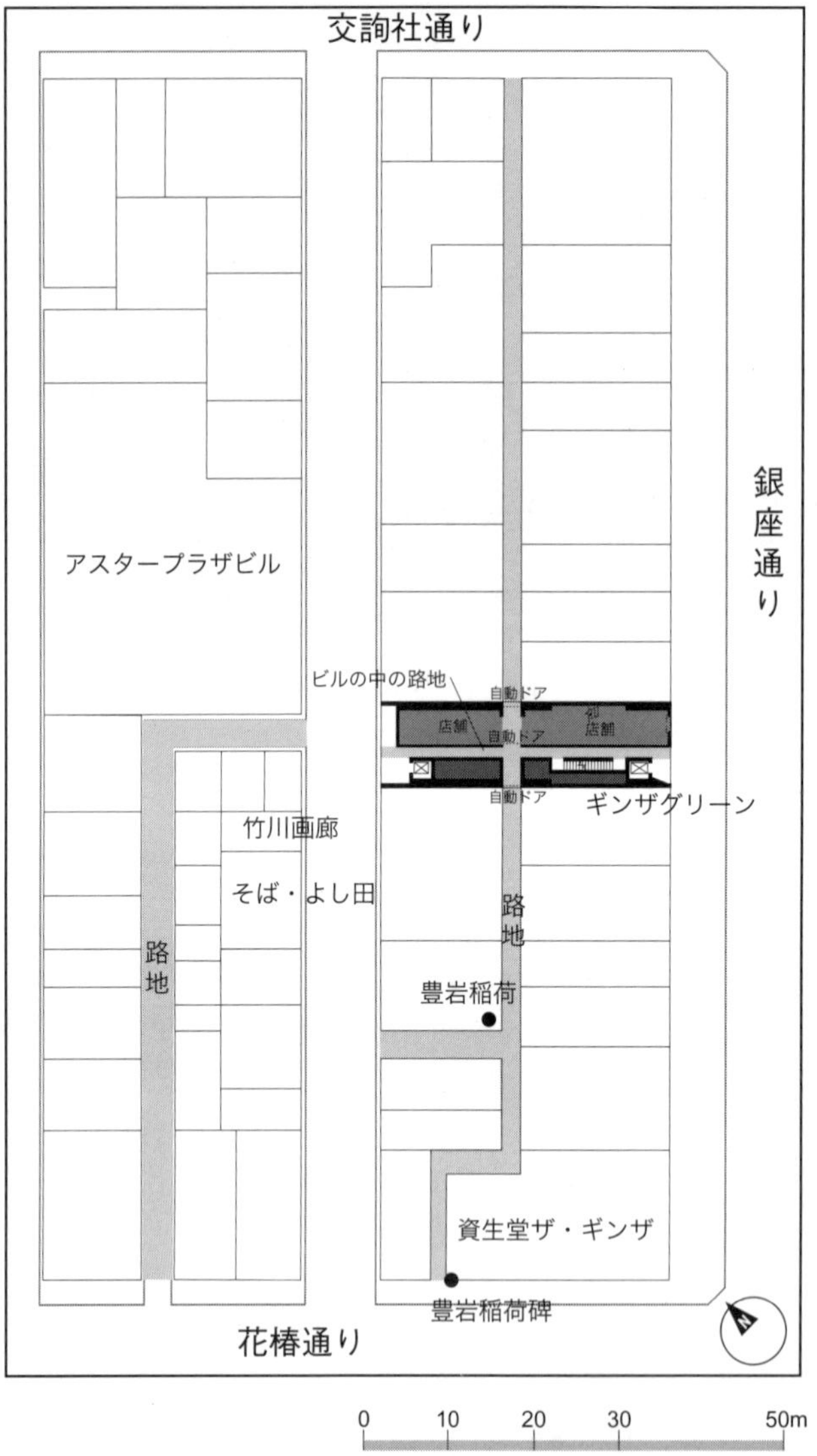

図38 街の路地とビルの中の路地（銀座七丁目）

注：ギンザグリーンの建物の図は，街の路地とビルの中の路地との関係を示すための概略図であり，精度に欠ける．

長い街区で構成されているから、隙間なくビルが建つと、目的地へ行くのに非常に遠回りをしなければならない。そこで、銀座では路地が活躍する。思いがけないところにある路地は、歩く行程をショートカットしてくれ、短距離で目的地まで導いてくれる。路地歩きに慣れると、銀座の街を効率よく歩くことができる。そのことを配慮してか、このビル内にはかつてあった路地が通路として活かされている(図37)。銀座ではこの他にもビルの中の路地をあちらこちらで見かける。これらの多くは必要に迫られた工夫なのだが、都市の中の路地は通路以上に開かれた空間から閉ざされた空間への変化、稲荷や小粋な店が隠れていたりする期待感を抱かせる奥性など、さまざまな魅力を持つ。その可能性をもっと積極的に再生、活用することで、銀座がますます厚味のある都市空間となるはずである。たとえば、これらの路地をしゃれた照明で空間演出したり、絵画や彫刻による路地ギャラリー、路上パフォーマンスの場にしていくなど、路地の可能性を引きだしていくと、銀座ルネッサンスの風を路地から吹かせることも可能だ。街はちょっとしたことで、大きな変化となって都市の魅力を増していくものである。

いま一つ路地が守られた話をしておきたい。近年銀座通りにある五七坪の敷地に建っていたTOTOビルが取り壊された。その跡地は、裏通りに面する敷地を加え、一〇〇坪強の町屋敷規模にしてギンザグリーンと名づけられたビルが建てられることになった(図38)。ここは、昭和初期の土地の所で一度訪れた場所であるから、読者の皆さんは周辺の状況が頭に入っていると思う。ここにビルが建つことがわかった時、銀座の人たちは南北の路地を無くさないでほしいという意見書をビルのオーナーに提出した。銀座七丁目にあるこの路地は銀座通りと平行し、花椿通りから交詢社通りまで抜けている。昔のままこのように長く延びている路地は銀座でも少なくなっている。再三述べてきたように、南北の路地は煉瓦街建設の時に誕生した銀座ならではの路地である。この意見書を受けたビルのオーナーはビル内に銀座通りから裏通りに抜ける路地をつくるとともに、それと直交する旧来からの路地を封鎖せず二四時間開閉する自動ドアにすることでつなぎ、路地を守った。この建築の平面計画を見ると、建物の中央に路地を通す町屋敷の原理が現代的にアレンジされ、表現しているようでおもしろい。

銀座は、江戸時代から表通り、横丁、裏通り、そして路地という道の構成、江戸の敷地規模の単位といったものが都市空間や建築空間をつくりだす上で重要な要素となってきた。ここで見る路地や町屋敷の規模をもつ敷地の活用の仕方は、江戸や煉瓦街の時代にできた都市構造をさまざまなかたちで継承したことになる。そのことは、将来の銀座のあり方を示唆しているようにも思える。

一方で、通りでも銀座が様変わりしはじめていた。近年並木通りが改修され、並木が続く落ち着いた道空間をつくりだすことに成功している。この通りの変化が街並みの雰囲気も輝かせつつある。グッチやルイ・ヴィトンといった外国ブランドの店が数多く店をだすようになった（図39）。これらの店に共通するのは、ディスプレーされた店内のしゃれた室内空間が外部の街並みと同化するように、オープンなガラス張りの店舗空間をつくりだしていることだ。街路を歩く人たちも並木通りの「銀ブラ」を楽しめる。従来からの店もこの変化に呼応してすてきな店舗の装いに変わりつつある。そして、古くからのしつらえの店は、かえって新鮮に見えてくる。並木通りの変化はこの街並みの空間スケールにぴたっとはまり、この通りにしかできない変化のスタイルを描こうとしているようだ。ここは、街の変化が楽しみな場所になりつつある。

現在外国ブランドの銀座出店は、並木通りから銀座通り、晴海通りへと波及している。ブランドのイメージを銀座という場所に表現するために新築した建物もある。晴海通りにあるガラスブロックを基調にしたエルメス銀座のビル、ハリーウインストンが入る銀座通りの透明ガラスを基調にした読売広告社のビルが世紀の変わり目の時期にオープンした（図40）。エルメス銀座のビルが建つ

図39 国内外のブランドの店が軒を並べ、輝きだす並木通り（2002年撮影）

図 40 エルメス銀座とソニービル（2002 年撮影）

敷地は、戦前から戦後にかけて㈱服部時計店が所有していた。その後隣にソニービルが建って以降三〇年以上もビルが建てられず、昭和六一年以降はコーヒーショップとレストランが入る二階建ての店舗となっていた。この土地にどのような意味をもたせるのかは、数寄屋橋一帯における将来の都市空間の方向性を占う上でも関心が集まる場所でもあった。

一方、読売広告社のビルの場合は近世以降の土地と建物、あるいは大家と店子の関係の特色が読み取れる。それは、この土地を所有する地主である読売広告社が横丁や裏通りに面する場所を占め、店子であるハリーウインストンが堂々と表通りに店を張る。この関係は、明治期の質商・鈴木利兵衛と亀屋との関係を想起させる。それは、土地の関係ではなく、現代版としての建物空間の中でつくりだしている。高度成長期の表通りをめざすことが土地所有者も含めすべてだという流れが、今一度揺り戻されているようで興味深い。

これらの店にはけばけばしい看板は取り付けられていない。看板が濫立する銀座通りや晴海通りに、かえって都市空間に存在感を示している。エルメス銀座のビルを設計したレンゾ・ピアノはガラスという素材が変化する銀座を象徴しているとする。その街と建物の内面で表情の変化を透視する境界をイタリアの伝統的な手法で制作したガラスブロックで立ち上げている。銀座は、変化の激しい街であるが、その成り立ちも商う人たちの考えも伝統に裏打ちされている。銀座に出店した外国ブランドの店は銀座の歴史に関心が高い。銀座が歴史のある個性豊な街であるからこそ、そこで商いをするのだという意志が建築にも表われている。いま銀座は、この街の歴史や個性を意識した建築が次々と建ちはじめることで、都市空間が豊かさを増す方向に変化しはじめようとしている。

現在の土地と建物の関係性を読み解く

戦後まもなく、銀座の敷地は細かく分割され、戦前の二倍近い数になった。その後半世紀が経過した平成一〇（一九九八）年には、全体でわずか四五件が増加しただけで、あまり変化がなかったように見える（図41）。しかし一つ一つを細かく見ていくと、丁目ごとに敷地の増減する数が大きく違うことがわかる。銀座一丁目では二七件増加しているのをはじめ、二丁目、三丁目、八丁目も敷地の数を増やし、高度成長期以降も激しく土地の分割が行なわれていたことを示している。複数の建物が建つ広い敷地が分割されただけではなく、町屋敷規模の敷地が表通りに面する敷地と、裏側の敷地に分割されたケースがめだつようになっていた。たとえば、先のギンザグリーンの敷地は戦前まで一つの敷地であった。それが戦後分割され、再度近年になって元の敷地規模に統合されたのである。

逆に、銀座五丁目は四七件敷地の数を減らすとともに、四丁目、六丁目、七丁目も同様に減らしている。ここでも敷地の分割が行なわれており、これらを差し引くといくつもの敷地が統合されたことになる。その多くは、デパートや企業が大きな建物を新築する際、周辺の敷地を一つにまとめたものである。銀座五丁目の阪急デパートが入る東芝ビルなどは敷地を統合し、戦後大規模なビルを建設した代表的な例である。また、銀座五丁目のソニービルが新築する際にも敷地を統合している。

このように戦後から高度成長期にかけての変化が激しかった時代はともかく、今日一度分割された敷地を再び統合することは難しい。建築の竣工した年代が大きく異なっていれば共同ビル化の可能性はほとんどなくなる。銀座でもビルの共同化が行なわれてきているが、その数は少ない。戦後早い時期の共同ビル化の走りとしては、銀座二丁目にできた七階建ての三共菊秀共同ビル（一九五一年）があげられる。また、銀座四丁目にある銀座コア館も複数の地主や借地権を持つ店が複雑な権利関係をまとめてビル化に成功している。ビルを共同化する最近の例では銀座八丁目、銀座通り西側のバーバリー銀座店がある（図42）。濱田撤三（ストゥディオ・バッフィ）設計のこのビルは、二つの敷地の上に建つ。一つは高度成長期以降複数に分割されていた土地を最終的にバーバリーの日本代理店である㈱三陽商会が一つの敷地にまとめたものである。また、南側は銀座博品館がすでにビルを建てており土地の形状を動かすことができない。そのために、敷地は鉤型をしている。北隣には、この土地に食い込むように隣の敷地がある。この土地は三重県の桑名に本店がある老舗佃煮商の貝新が所有していた。銀座通りの現在地に出店したのは昭和四〇年に土地を取得しての商いなので新しい。本店の創業は江戸時代からで、佃煮をはじめたのは明治時代である。これら二つの敷地を合わせると、約一三〇坪のほぼ矩形に近い敷地になるが、この敷地が加わらないと利用効率の悪い建物にならざるをえない。結果、双方の土地所有者の歩み寄りで、共同ビル化が実現した。このビルは土地を一体利用できるメリットを活かしながら、高級ブランドとは異質な佃煮店を見事に取り込んで建築のファサードをつくりだしている。土地の形状を生かしたまま、建築の空間を表現していく手法は、一〇〇坪以上の敷地を確保することが難しい銀座において、今後その数を増やすことが予想される。その時、異質な環境を一つの空間にまとめあげる建築家の感性がうまく発揮されれば、銀座の空間を多様なものにしてくれそうだ。

平成の時代に入るまでに、数多くの敷地が分割された。その中で、五〇〇坪以上の敷地がその規模を維持し続け、高度利

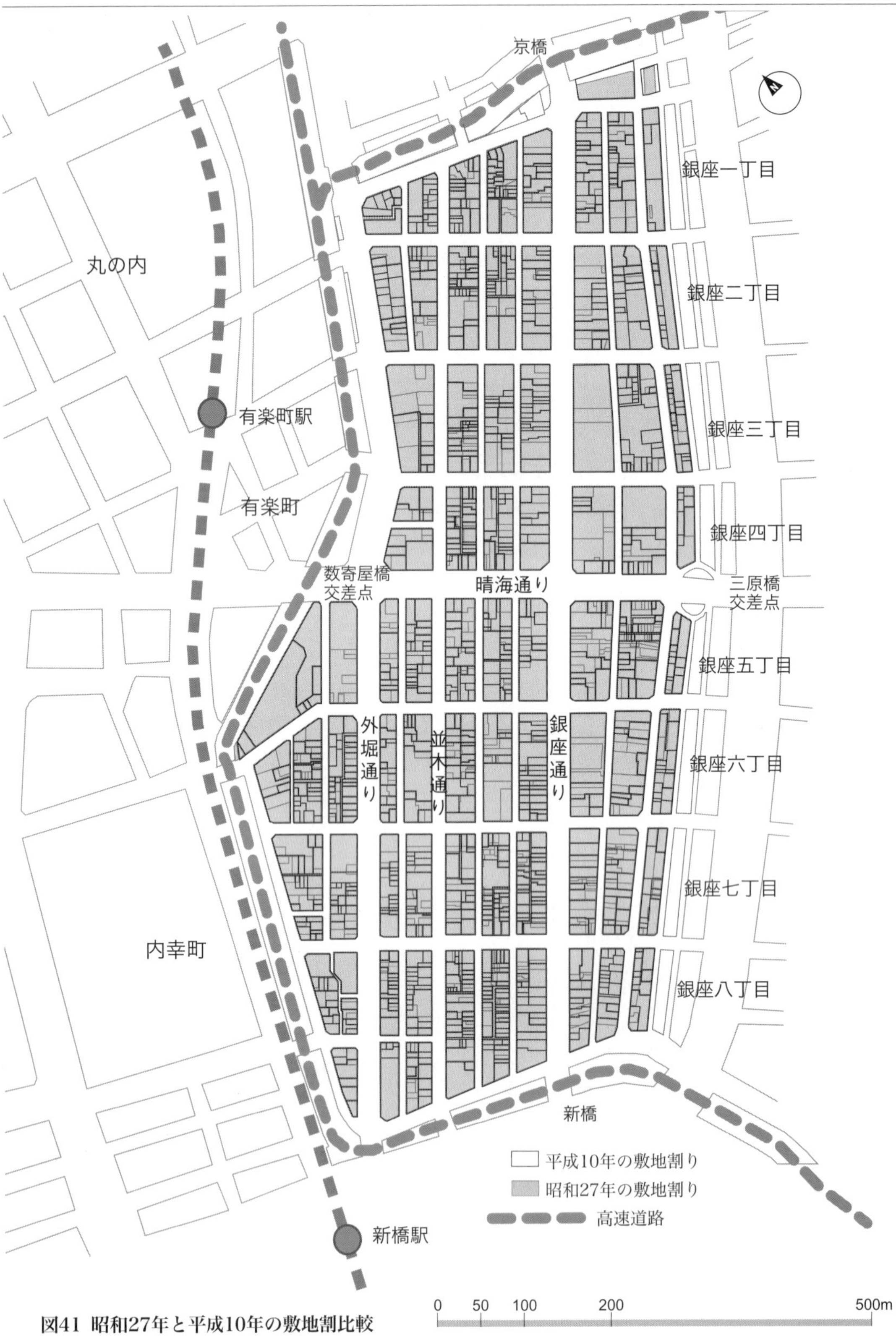

図41 昭和27年と平成10年の敷地割比較

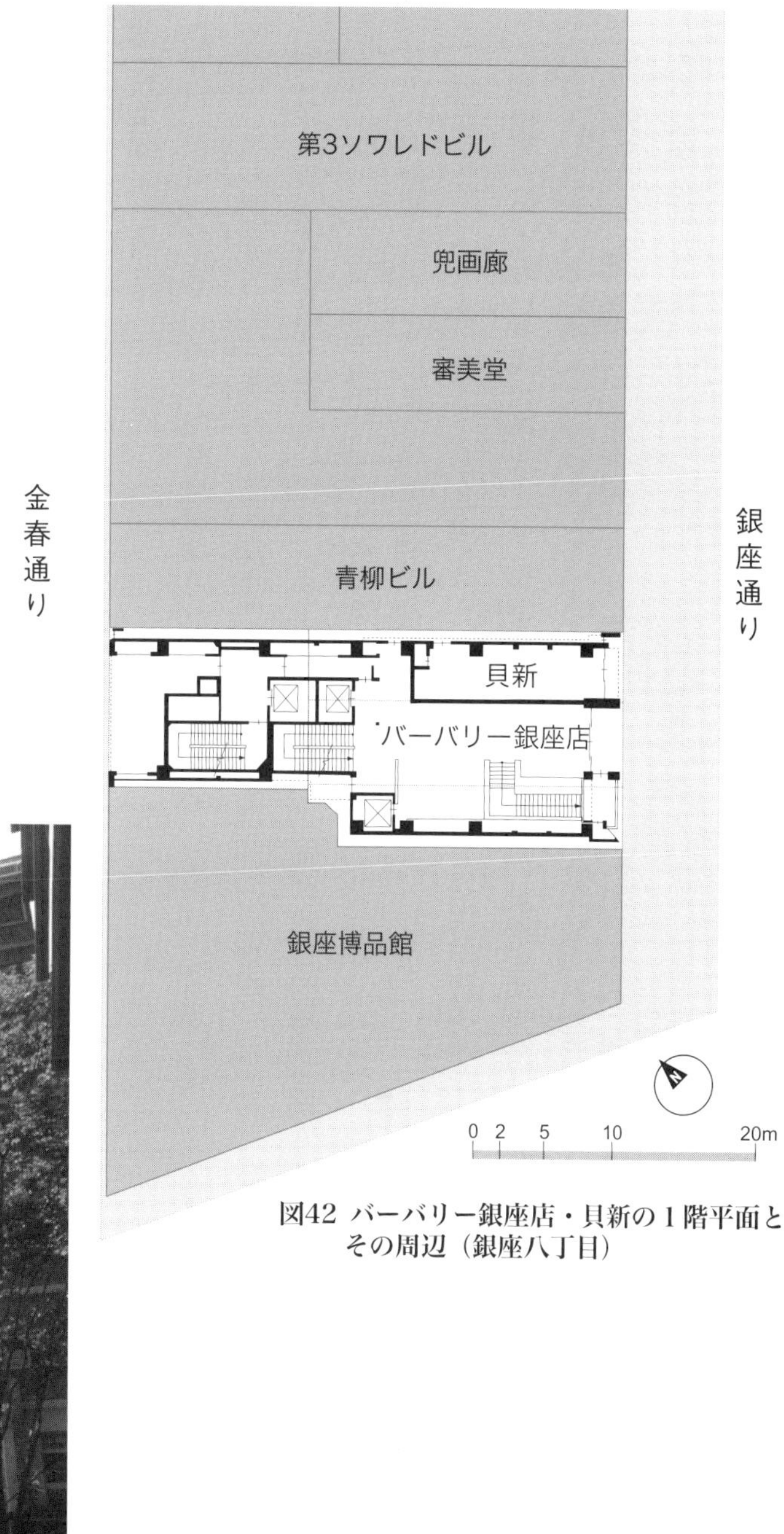

図42 バーバリー銀座店・貝新の1階平面とその周辺（銀座八丁目）

図 43 王子製紙㈱本社ビル
（1994 年撮影）

用されずに残る場所がいくつかあった。その一例が銀座四丁目にある七〇〇坪以上の広大な土地である。ここは、王子製紙㈱の前身である富士製紙㈱がすでに明治期その一部を種地として所有していた。震災後には、隣地を取得して七三九坪の大規模な敷地とし、その一部を使い五階建てのビルを建てていた。

一般的な銀座の敷地は、街区と町屋敷を基本にして、分割や統合を行ないながら多様な敷地規模をつくりだし、そこに建物が建てられてきた。それは主に銀座通り沿いとその西側の街区である。だが、この敷地はかつての三十間堀川に面しており、それに対して敷地割りがされていた。土地利用上も銀座の中では特殊である。それは、寛永期まで整然と並んでいたこのあたりの六〇間街区が、明暦の大火以降舟運を活かすための都市空間に再編したからである。明治初期には、寛永期までと明暦の大火以降の空間の構造をうまく取り混ぜて、この地区も煉瓦街の計画が行なわれた。その時、構造的には舟運を基本にした街区構成がそのまま生かされ、空間的には銀座通りからの街並みの緩やかな連続性を保つ工夫がされた。

明治以降は、銀座の顔であった新聞社と深く結びつき、銀座通りに面する街区と三十間堀川に挟まれたこのような土地に、製紙をはじめさまざまな業種の事務所や工場が数多く立地するようになった。かつては、ここに舟運によって新聞の用紙が運ばれた歴史もある。

しかし戦後になると、三十間堀川が埋め立てられた。そのことは、舟運機能の喪失だけでなく、この地区の構造や空間が成立する拠り所を失ったことになる。都市空間を考える上では、たかが不用河川ではなかったのである。高度成長期までに、この一帯は工場跡地などが新しいオフィスビルに替わり、土地の高度利用化が図られていた。三十間堀川が埋め立てられ、周辺環境が大きく変化する中で、各々の敷地割りには大きな変化が見られなかった。王子製紙㈱が所有する敷地も同様にその形状を変化させず、最後まで高度利用されずに残されていた。

この敷地は、松屋通り（横丁）と裏通りの三面に接しているだけで、銀座通りや外堀通りのような広い道路に面していない。三十間堀川に沿うという表の顔を失い、戦後このあたりは銀座通りの裏側のイメージを持たれていた。銀座において特殊な土地条件にあるこの場所は、今後どのような空間利用をしていくことが銀座の街全体にとって有効な手法なのかを問われていた。個々の土地だけの空間利用のスタンスだけでは解決できない重要な課題がここにあった。

その課題を背負って、平成三（一九九二）年に高さ六九・四メートル（最高高さ八一・四メートル）の当時銀座で最も高い王子製紙㈱本社ビルが建つ（図43）。このビルは三つの通りに面する私有地の一部を公共性の高い広場的な公開空地にすることで、建物の高層化を図っている。劣悪な周辺環境を改善し、高度利用を図るこの手法は、魅力的な都市空間に再生する可能性を持ち、その周辺にも豊かな外部空間を提供することができる。その手法が銀座において特殊な土地条件の上で試みられた。現状ではこの公開空地が銀座における都市の文脈を読み取り、それらの魅力を引き出しているとは思えない。建物の地下階に音楽専用の魅力的なホールをつくり、人々がくつろげる公開空地をつり、地域への惜しまぬ配慮をしているのだが、残念ながらこの土地と建物はその他の魅力的な都市空間をつくりだしてきた銀座の街並みと一線を画したままである。

街は異なった街区が何の脈略もなく集まって一つの都市空間を成立させているわけではない。公開空地の手法が銀座全体に展開されるべきであると考える人はきわめて少ないだろう。銀座において従来的な公開空地の手法が良いのかどうかも含め、銀座の歴史に裏付けされた土地と建物のあり方をもう一度問う必要がありそうだ。そして、そのための最大の課題は、異なった土地条件、それを生かす個々の手法から成立した異質の空間構造を、どのように緩やかに、しかも各々の空間の持つ環境特性を引きだしながら相互に魅力的な都市空間に再構築できるかということである。それは、個々の敷地だけで解決できる問題ではない。一方、都市の道は車をスムースに流すだけのものではない。すなわち、道は道、敷地に建つ建物は建物と分離して考えていく発想では解決できないのである。この街を人間の感性にうったえかける豊かな空間として維持し、新たな展開をしていくためには、画一的でない銀座独自の柔軟な道のあり方、歴史的な文脈から読み解かれた銀座固有の土地と建物の関係を総合的な枠組みの中で考えていくことが大切である。

（1）長谷川徳之輔『都市形成と土地市場』㈶建設経済研究所、一九八四年、一一一ページ

（2）小林伝次郎と松沢八右衛門はその名前を代々継承している。この人たち以外にも、銀座には名前を継承し続けてきた人たちはいると思われる。

（3）『銀座と生きる　銀芽会の三〇年』銀芽会、一九九五年、一二五ページ

（4）瀬田兼丸『遠ざかる大正　私の銀座』新泉社、一九八六年、三五一－三五四ページ。大正一一年の五十嵐与七の所得納税額は四一四円である。オリエンタル写真工業㈱は大正八年に設立され、昭和一六年八月に資本金五〇万円の日本写真工業㈱（昭和三年一一月設立、前身は小川写真化学研究所）と合併する（『日本の社会一〇〇年史』二八八ページ参照）。

（5）昭和一一年の紳士録によると、天國の当主・露木元蔵の納税額は、所得税が一〇四八円、営業税が三八六円となっている。

（6）前掲書『遠ざかる大正　私の銀座』三二六－三二七ページ

（7）大山真人『銀座木村屋あんパン物語』平凡社新書、二〇〇一年、一四、一九ページ

（8）野口孝一『銀座物語　煉瓦街を探訪する』中公新書、二〇〇六ページ。明治四三年時点の西沢半助の納税額は所得税四六八円、

営業税一八七円である。

(9) 昭和一一年時点で小林伝次郎の納税額は所得税が一万七九九四円、営業税が八五四円である。平野光雄氏の『明治・東京時計塔記』によると、昭和四三年時点では小林家の四代目当主が存命である。

(10) 各時代ごとに作成した地図は、各時代を連続的に考察できるように、スケールを統一した。

建築物の配置図の作成根拠は、一九九四年の住宅地図帳（ゼンリン S=1/1500）をS=1/1000に拡大したものをベースにし、この地図に一九九四年春から夏にかけて銀座の建築を一棟一棟現場で階数等を確認し、修正を行なった。その結果をもとに、一九九四年の住宅地図を修正したものを「ベース地図」としている。この一九九四年のベース地図から、時代を溯って、住宅地図で変化した建築を修正していくという方法をとった。一九九四年時点で建てられている建築が変化した場合は、当時の住宅地図帳に示されている階数、当時の空中写真や写真、建築関係の雑誌、建築の階数がわかる銀座関連の資料を使って、建築面積、建築の階数を決めた。以降、一九八九年、一九八四年、一九七九年、一九七二年、一九六〇年、一九五四年と遡って銀座全体の建物の配置を作成した。

参考文献

『朝日新聞の九十年』朝日新聞社、一九六九年

安藤更生『銀座細見』春陽堂、一九三一年（一九七七年に中公文庫にて再出版）

池田彌三郎『わが町　銀座』サンケイ出版、一九七八年

池波正太郎『池波正太郎の銀座日記（全）』新潮文庫、一九九一年

石塚裕道・成田龍一『東京の百年』山川出版社、一九八七年

石田頼房『日本近代都市計画の百年』自治体研究社、一九八七年

稲垣栄三『日本の近代建築』鹿島出版会、一九七九年

『江戸城下変遷図集（御府内沿革図書）』原書房、一九八五－八七年

大谷幸夫編『都市にとって土地とは何か』筑摩書房、一九八八年

大山真人『銀座木村屋あんパン物語』平凡社新書、二〇〇一年

岡本哲志『銀座研究（一）　土地の変化と人の動き』文化科学高等研究院、一九九五年

——『銀座研究（二）　都市と建築、場所論からの都市空間形成』文化科学高等研究院、一九九六年

——「場所からの都市設計論序説——銀座を研究する今日的意義」、『季刊ｉｉｃｈｉｋｏ』四〇、一九九六年

——「都市環境の変容プロセスとその原理——場所としての銀座をテクストとして」、『地球環境設計研究』一、文化科学高等研究院、一九九六年

——「図説　都市・銀座の破壊と再生」、福井憲彦・陣内秀信編『都市の破壊と再生——場の遺伝子を解読する』相模書房、二〇〇〇年

岡本哲志・久保田雅代「日本橋の河岸空間」、陣内秀信＋東京のまち研究会『江戸東京のみかた調べかた』鹿島出版会、一九八九年

オギュスタン・ベルク『都市のコスモロジー』講談社現代新書、一九九三年

小木新造「銀座煉瓦地考」、林屋辰三郎編『文明開化の研究』岩波書店、一九七九年

——『東京庶民生活史研究』日本放送出版協会、一九七九年

——他編『江戸東京学事典』三省堂、一九八七年

奥野健男『小説のなかの銀座』砂子屋書房、一九八三年

奥村五十嵐「銀座物語」、『新青年』臨時増刊、昭和一三年七月（モダン都市『都市の周縁』平凡社に収録）

小田喜代治『東京紳士服の歩み』東京紳士服工業組合、一九八五年

川崎房五郎『銀座煉瓦街の建設』都市紀要三、東京都、一九五五年

川本三郎『銀幕の東京　映画でよみがえる昭和』中央新書、一九九九年

——『雑踏の社会学』ＴＢＳブリタニカ、一九八四年

北島正元編『体系日本史叢書七　土地制度史』山川出版社、一九七五年

木村荘八著・尾崎秀樹編『新編東京繁昌記』岩波文庫、一九九三年

『京橋の印刷史』東京都印刷工業組合京橋支部、一九七二年

『京橋区史』東京市京橋区役所、一九三七年（復刻版、飯塚書房、一九八三年）

ギャラリー・間編集『建築ＭＡＰ東京』一九九四年

『ギンザアバウト』ザ・ギンザ、一九九五年

『銀座教会百年史』銀座教会、一九九四年

『銀座細見』講談社カルチャーブックス、一九九三年

『銀座と生きる　銀芽会の三〇年』銀芽会、一九九五年

銀座通り改修工事誌編集部会編集『銀座通り改修工事誌』建設省関東地方建設局東京国道工事事務所、一九九一年

「銀座の街並展」実行委員会編『銀座の街並展図録　世紀をこえる銀座の活力』二〇〇〇年
銀座百店会編『銀座商人道』一九八九年
銀座文化史学会編『震災復興〈大銀座〉の街並みから　清水組写真資料』秦川堂書店、一九九五年
『銀座まちづくりヴィジョン――銀座に柳は必要か』銀座通連合会、一九九九年
久住清次郎編著『沖牙太郎』故沖牙太郎伝記編纂係、一九三二年
『建築ガイドブック　東日本編』新建築社、一九七九年
『建築文化』一九七二年一月号
小泉孝・小泉和子『銀座育ち　回想の明治・大正・昭和』朝日選書、一九九六年
（財）交詢社編集『交詢社百年史』一九八三年
今和次郎・吉田謙吉『考現学採集（モデルノロヂオ）』（復刻版、学陽書房、一九八六年）
斎藤月岑、挿絵・長谷川雪旦・雪堤『江戸名所図会』天保七年（『新版江戸名所図会』角川書店、一九七五年）
三枝進「ウォートルスの経歴に関する英国側資料に関して」、銀座文化史研究会編『銀座文化研究』第六、七、八号、一九九一、一九九二、一九九四年
（株）サッポロライオン企画『ビヤホールに乾杯』双思書房、一九九四年
椎名誠『銀座のカラス』朝日新聞社、一九九一年
資生堂編『銀座』資生堂、一九二一年
――『資生堂百年史』資生堂、一九七二年
――『銀座モダンと都市意匠』資生堂、一九九三年
――企業文化部編『創ってきたもの　伝えてゆくもの』資生堂、一九九三年
篠田鑛造『銀座百話』角川選書、一九七四年
柴田和子『銀座の米田屋洋服店』東京経済、一九九二年
渋谷隆一編『明治期日本全国地主資産家資料集成』柏書房、一九八四年
清水正雄『東京はじめて物語　銀座・築地・明石町』六花社、一九九八年
清水博「情報を捉えなおす――場所の研究シリーズ」、『Ｈｏｌｏｎｉｃｓ』五―一（秋）、一九九五年
陣内秀信『東京の空間人類学』筑摩書房、一九八五年
――・岡本哲志編著『水辺から都市を読む』法政大学出版局、二〇〇二年
鈴木理生『江戸の川・東京の川』日本放送出版協会、一九七八年
瀬田兼丸『遠ざかる大正　私の銀座』新泉社、一九八六年
『第二十版　大衆人事録　東京篇』帝国秘密探偵社、一九五八年
高見順『都に夜のある如く』文芸春秋、一九五五年
多賀義勝『大正の銀座赤坂』青蛙房、一九七七年
武田勝彦・田中康子『銀座と文士たち』明治書院、一九九一年
玉井哲雄『江戸　失われた都市空間を読む』平凡社、一九八六年
――編集、石黒敬章企画『よみがえる明治の東京　東京十五区写真集』角川書店、一九九二年
田村栄太郎『銀座・京橋・日本橋』雄山閣、一九六五年
「第一大区沽券地図」一八七二年作成、東京都公文書館所蔵
『大日本全国持丸長者改正一覧』明治一三年（『明治期日本全国資産家地主資料集成』柏書房、一九八四年に収録）
『大日本百科事典　ジャポニカ』小学館、一九六九年
『大日本持丸鏡』明治八年（『明治期日本全国資産家地主資料集成』柏書房、一九八四年に収録）
『中央区沿革図集［京橋編］』東京都中央区立京橋図書館、一九九六年
『中央区史』中巻、下巻、東京都中央区役所、一九五八年
津村節子『銀座・老舗の女』文春文庫、一九八五年

『東京案内』東京市役所、一九〇七年
『東京高速道路　三〇年のあゆみ』東京高速道路株式会社、一九八一年
『東京市及接続郡部　地籍地図・地籍台帳』東京市区調査会、一九一二年
『東京市史稿』市街編第五四、一九六三年
『東京社会辞彙　完』毎日通信社、一九一三年（復刻版、湘南堂書店、一九八七年）
『東京都土地要覧、台帳編（中央区）』一九五二年
『東京における紙商百年の歩み』東京都紙商組合、一九七一年
『東京府誌』明治一一年編纂
富山秀男監修『資生堂ギャラリー七十五年史（一九一九〜一九九四）』資生堂、一九九五年
内藤昌『江戸と江戸城』鹿島出版会、一九六六年
中村孝士『銀座商店街の研究』東洋経済新報社、一九八三年
『日経アーキテクチュア』一九八七年五月一八日号
『日経アーキテクチュア』一九九三年一月一八日号
日本建築学会編『日本近代建築総覧』一九八〇年
『日本全国五万円以上資産家一覧』明治三五年（『明治期日本全国資産家地主資料集成』柏書房、一九八四年に収録）
『日本の会社一〇〇年史』東洋経済新報社、一九七五年
野口孝一「銀座煉瓦街の建設と地主ならびに家屋所有者の状況」、東京都立大学都市研究センター編『東京　成長と計画　1868－1988』一九八八年
——『明治の銀座職人話』青蛙房、一九八三年
——『銀座煉瓦街と首都民権』悠思社、一九九二年
——『銀座物語』中公新書、一九九七年
野崎左門『私の見た明治の文壇』春陽堂、一九二七年（『明治文学回顧録集（一）』筑摩書房、一九八〇年）
博報堂生活総合研究所『タウン・ウォッチング』ＰＨＰ研究所、一九八五年
長谷川徳之輔『都市形成と土地市場』、（財）建設経済研究所、一九八四年
服部銈二郎「銀座の象徴性――商業近代化に果たした銀座の役割」、『立正大学人文科学研究所年報』一九七四年
——「都心盛り場『銀座』の機能と象徴性」、磯村他『人間と都市環境（一）　大都市中心部』鹿島出版会、一九七五年
初田亨『都市の明治』筑摩書房、一九八一年
——『カフェーと喫茶店』ＩＮＡＸ、一九九三年
——『モダン都市の空間博物学』彰国社、一九九五年
——「明治三五年の都市・銀座における建築機能の分布」、『日本建築学会計画系論文集』五〇四、一九九八年二月号
——・盛本隆詩「明治三五年の銀座の建築と都市構造」、『工学院大学研究報告』第七九号、一九九五年一〇月
原田弘『銀座　煉瓦と水があった日々』白馬出版、一九八八年
原田豊『銀座百年の定点観測』風媒社、一九八八年
平野威馬雄『銀座の詩情』一、二、白川書院、一九六六年
平野光雄『明治・東京時計塔記』明啓社、一九六八年
福井憲彦『時間と習俗の社会史』新曜社、一九八六年（ちくま学芸文庫、一九九六年）
福田勝治『銀座』玄光社、一九四一年
藤森照信『明治の東京計画』岩波書店、一九八二年
——『日本の近代建築』岩波新書、一九九三年
前田愛『都市空間のなかの文学』筑摩書房、一九八二年
松崎天民『銀座』銀ブラガイド社、一九二七年（再出版、中公文庫、一九九二年）
松葉一清『帝都復興せり！』平凡社、一九八八年
——『東京ポスト・モダン』平凡社、一九八八年

――『東京現代建築ガイド』一九九二年
松本哉『永井荷風の都市空間』河出書房新社、一九九二年
水原孝『私の銀座昭和史　帝都モダン都市から世界の銀座へ』泰流社、一九八八年
三田村鳶魚『伸び行く銀座』銀座二丁目町会、一九四二年
水上瀧太郎「銀座復興」、『水上瀧太郎全集』七巻、岩波書店、一九四一年
村松伸『上海・都市と建築　一八四二―一九四九年』パルコ出版局、一九九一年
『明治期銅版画東京博覧図』湘南堂書店、一九八七年
師岡宏次編著『写真集　銀座残像』日本カメラ社、一九八二年
山本哲士『場所環境の意志』新曜社、一九九七年
吉原健一郎・大濱徹也編『江戸東京年表』小学館、一九九三年
龍悌三著、日動画廊編集『日本の洋画界七十年　画家と画商の物語』日経事業出版社、二〇〇〇年
渡辺実『銀座・壱番館物語』主婦の友社、一九九〇年

おわりに

銀座はめまぐるしく変化を繰り返す街である。それでありながら、この街は「銀座らしさ」をいつの時代にも醸しだしてきた。銀座には何か街の特色を生みだす装置でもあるかのようだ。銀座の人は「銀座フィルター」という言葉をよく口にする。これが目に見えない選別装置、あるいは場所の篩なのかもしれない。銀座のおもしろさは、時代の要請のなかで、出店する業種をあえてこばまない気概があることだ。マクドナルドの日本第一号店が出店した時も、最近の例で言えば若者文化の発信源である吉本興業が銀座七丁目に進出した時も、銀座の人はさほど驚きもしなかった。銀座は時代を敏感に映しだす場でもあるが、それらが銀座という場所に馴染まない限り、そこから姿を消すはずであるという自負が銀座の人にはあるからだ。

ただその時、私には一抹の不安があった。「銀座が銀座らしい」というのはどのようなことか。銀座は日本ばかりではなく、世界にも通じる店が軒を連ねている。個々の店主の資質の高さには驚く。彼らが代を重ねながら「銀座フィルター」を育ててきたことは確かである。しかし、それらを一つ一つ浮きぼりにして、繋ぎあわせても、具体的な「銀座フィルター」のイメージは見えてこない。繁華街はどこでもそうなのかもしれないが、銀座全体がどのように歴史を重ね、重層した都市環境を構築してきたのかを知る手立てが過去に蓄積されていないのである。場の勢いが消えれば、それで終わりということでもないはずである。何代も世代を重ねながら、街の繁栄とともに独自の都市文化を築き上げてきた銀座には、表層からは見えてこない何かがあるように、そのとき私には思えた。そして、具体的な銀座を描きだすために、土地と建物、人のかかわりから歴史的に都市構造を読み解くことができると考えるようになった。これが銀座の研究をはじめる出発点である。

この本は、文化科学高等研究院から研究助成を受け、一九九三年から四年間進めてきた、銀座の基礎研究がベースとなっている。だが、その後も銀座に関してはさまざまな角度から研究を進めてきた。そのため、文章や図版は新たに書き直し、本としての体裁を整えるために大幅な文章の修正・加工を加えている。私が進めてきた一連の銀座研究では、スタートの段階から本として出版に至るまで、多くの方々にお世話になっている。この研究をはじめるそもそものきっかけとなったのは、四半世紀にわたる都市の共同研究を通じてさまざまな示唆に富んだアドバイスをいただいている法政大学教授の陣内秀信氏の、文化科学高等研究院での都市研究をやってみないかという誘いからである。文化科学高等研究院では、銀座研究の場を与えていただいただけでなく、この研究組織の中心メンバーである信州大学教授の山本哲士氏、学習院大学教授の福井憲彦氏をはじめとして、哲学、社会学、歴史学、情報科学などの異分野の研究会のメンバーの方々から計り知れない刺激を受けることができた。また、この研究で土地所有に大いにこだわりを持つに至ったのは、一九八〇年代から明海大学教授の長谷川徳之輔氏と長年にわたり東京の土地の共同研究をさせていただいたことによる。それらの研究の延長線上に銀座の土地の考え方もある。

この本は、銀座という特定の場所での研究成果である。銀座の土地利用に関する研究の先駆者である野口孝一氏や工学院大学教授の初田亨氏、さらには銀座で商いをされ、しかも銀座の研究者である三枝進氏をはじめ、銀座で商いをされている多くの方々の助言が無ければこの研究は成り立たなかった。銀座通連合会、全銀座会に所属する方々とのさまざまなかたちでの交流は、書籍や現地での調査だけでは得られない貴重な体験をさせていただくことができた。ここに一人一人の氏名をあげて感謝の辞を述べることができず残念である。さらに、初期の研究段階でサポートをしていただいた竹沢えり子、栗原佐和子、白田敦子、高村（旧姓・山田）敬子の各氏には大変お世話になった。

銀座の研究が出版に不向きであるために、二冊の報告書としてまとめてから六年近くの歳月を費やしてしまった。この研究が出版まで漕ぎ着けたのは、本にするために大掛かりな再編集をしている段階で、良きアドバイザーとして長い目で見守りつづけていただいた南風舎の小川格氏の根気強い激励と助言に負うところが大きい。そして法政大学出版局編集代表の平川俊彦氏、担当の秋田公士氏はこの研究の意義を理解し、快く出版を引き受けて下さった。心より感謝申し上げたい。さらにこの本が世にでることができたのは、他にも数えきれないほどの方々の協力と励ましがあった。これらの方たちには感謝の念が絶えない。

二〇〇三年三月二日

岡本哲志

著者略歴

岡本哲志（おかもと さとし）

1952年，東京都中野区に生まれる．法政大学工学部建築学科卒業．（株）都市・建築設計室T. E. Oを経て，1984年に岡本哲志都市建築研究所を設立，現在に至る．日本橋，丸の内，銀座など東京に関する調査・研究，国内外の都市と水辺空間に関する調査・研究に長年携わる．

専攻：都市論，都市史，都市計画．

著書：『江戸東京のみかた調べかた』（共著，鹿島出版会，1989年），『江戸東京を読む』（共著，筑摩書房，1991年），『水の東京』（共著，岩波書店，1993年），『江戸東京学への招待（2）都市誌篇』（共著，ＮＨＫブックス，1995年），『都市の破壊と再生』（共著，相模書房，2000年），『川・人・街』（共著，山海堂，2001年），『水辺から都市を読む』（共編著，法政大学出版局，2002年），ほか．

銀座——土地と建物が語る街の歴史

2003年10月１日　初版第１刷
2005年５月20日　　　第２刷

著　者　岡本哲志

発行所　財団法人 法政大学出版局
〒102-0073 東京都千代田区九段北3-2-7
電話 03-5214-5540／振替 00160-6-95814

組版　緑営舎
印刷　平文社
製本　鈴木製本所

Printed in Japan

ISBN4-588-78607-5